植物病原生物现代检测技术及应用

邵秀玲　厉　艳　邓学农　张成标　陈长法　主编

中国质检出版社
中国标准出版社
北　京

图书在版编目（CIP）数据

植物病原生物现代检测技术及应用/邵秀玲等主编. —北京:中国质检出版社，
2015.10

ISBN 978-7-5066-8032-5

Ⅰ.①植… Ⅱ.①邵… Ⅲ.①植物—病原微生物—研究 Ⅳ.①S432

中国版本图书馆 CIP 数据核字（2015）第 205729 号

中国质检出版社
出版发行
中国标准出版社

北京市朝阳区和平里西街甲 2 号 （100029）

北京市西城区三里河北街 16 号 （100045）

网址：www.spc.net.cn

总编室：(010) 68533533 发行中心：(010) 51780238

读者服务部：(010) 68523946

中国标准出版社秦皇岛印刷厂印刷

各地新华书店经销

*

开本 787×1092 1/16 印张 14 字数 286 千字

2015 年 10 月第一版 2015 年 10 月第一次印刷

*

定价 46.00 元

编 委 会

前言
PREFACE

植物病原生物是指那些能够引起植物病害的有害生物,其覆盖面广、生物种类跨度大,从世界上最小的生命个体——核酸分子类病毒到更为复杂的蛋白——核酸复合体结构的病毒,从低等的原核生物细菌、植原体到高等真核生物(如线虫、螨虫、寄生种子植物)都被划入植物病原生物的行列。形态多样的结构特点、复杂多变的生理生化特征及要求各异的培养条件都给植物病原生物的检测鉴定工作带来了挑战。传统的检测方法已经不能满足现代农产品质量安全控制发展的要求,而分离培养、形态观察、生理生化、选择培养基、酶联免疫等检测病原菌、病毒的手段具有灵敏度低、特异性差、费时费工等明显缺点,在实际检测过程中逐步暴露出很大的局限性,已不能满足现代检测的需要。

近年来,随着生命、环境、新材料等科学的发展,以及生物学、信息学、计算机技术的引入,融合诸多学科所长的多种综合型、交叉型现代生物检测技术在植物病原生物检测领域逐渐崭露头角并得以应用。有害生物的防控是关系到农业生产及生态环境安全乃至国计民生的重大问题,据联合国粮农组织报道,全世界5种重要作物——稻、麦、棉、玉米和甘蔗,每年因有害生物造成的经济损失达2000亿美元以上。植物病原生物现代检测技术作为保障农作物质量安全的重要现代技术支撑,在农产品生产、重大流行病害疫情的控制和预警以及进出口农产品贸易中发挥着越来越重要的作用,其研究和发展是备受全世界关注和重视的全球性研究课题。为了进一步推广现代生物检测技术的应用,提高我国植物病原生物检测技术的现代化水平,本书编写人员从应用现状和技术特点入手,对新世纪以来,国际上逐步兴起或具有开展"潜力"的新技术进行了系统的梳理和筛选。全书共十一章,以"噬菌体展示技术""基质辅助激光解吸离子-飞行时间质谱技术""高效液相色谱技术""生物传感技术"等为代表的十多种检测技术凝结了现代生物学、现代物理学、化学的发展结晶,这些简单、快速、灵敏、特异性强、高通量的新型经典技术将在书中以"精品"的形式呈现给读者。

本书是在山东出入境检验检疫局植物检疫科学研究的基础上,汇聚了近年来科研人员的研究成果而成,主要涵盖了《免疫荧光及实时荧光PCR技术在鉴定多种检疫性粮食、花卉病原细菌工作中的应用》《新型变性高效液相色谱技术(DHPLC)快速检测植物病原的研究》《重要检疫性植物细菌的 LAMP 检测筛选技术研究》《噬菌体展示技术耦联表面等离子体谐振生物传感技术高通量快速检测植物病原细菌的研究》《关键中毒菌唐菖蒲伯克霍尔德氏菌及其生物毒素检验鉴定体系的建立》《进口非植物产品携带外来杂草风险评估及检疫监管体系的建立》《基于 SELEX 技术的进境种子中丁香假单胞菌分子检测平台的构建及应用》、国家自然科学基金项目《拉曼光谱技术在植物病原菌检验检疫中的应用》及"十二五"科技支撑项目《植物检疫性昆虫、线虫与杂草 DNA 条形码检测技术研究与示范应用》等十多项省部级科研项目的主要技术,为更详细地介绍相关技术的发展进程或特点,内容可能会涉及某些仪器的公司或品牌,旨在便于读者更直观地了解仪器的技术特点,而非出于商业目的。

本书是由从事植物检疫鉴定研究一线的工作人员结合自己的实践经验编写而成,适用于高校、科研院所中从事植物保护、植物检疫工作的研究人员及相关仪器开发人员参考和教学使用,希望该书能为读者的研究工作带来一些新知识、新理念的同时提供有益的借鉴。

由于成书时间不长,编者都是利用业余时间辛勤笔耕,加上编写人员水平有限,书中难免有错误和不妥之处,希望读者批评和指正。

编　者
2015 年 7 月于青岛

目　录
CONTENTS

第一章　噬菌体展示技术 ⋯⋯⋯⋯⋯⋯⋯⋯⋯⋯⋯⋯ 001

第一节　噬菌体展示技术的原理 ⋯⋯⋯⋯⋯⋯⋯ 001

一、噬菌体展示技术的基本原理 ⋯⋯⋯⋯⋯⋯⋯ 001

二、噬菌体展示载体的主要类型 ⋯⋯⋯⋯⋯⋯⋯ 003

三、噬菌体抗体库类型 ⋯⋯⋯⋯⋯⋯⋯⋯⋯⋯⋯ 005

四、噬菌体展示技术的优势 ⋯⋯⋯⋯⋯⋯⋯⋯⋯ 005

第二节　噬菌体展示技术的建立 ⋯⋯⋯⋯⋯⋯⋯ 006

一、噬菌体展示技术的建立过程 ⋯⋯⋯⋯⋯⋯⋯ 006

二、噬菌体展示载体的构建 ⋯⋯⋯⋯⋯⋯⋯⋯⋯ 007

三、噬菌体文库的筛选 ⋯⋯⋯⋯⋯⋯⋯⋯⋯⋯⋯ 010

四、大容量抗体库的构建策略 ⋯⋯⋯⋯⋯⋯⋯⋯ 012

五、抗体片段的选择 ⋯⋯⋯⋯⋯⋯⋯⋯⋯⋯⋯⋯ 012

六、抗原的选择 ⋯⋯⋯⋯⋯⋯⋯⋯⋯⋯⋯⋯⋯⋯ 013

第三节　噬菌体展示技术在植物病原生物鉴定中的应用 ⋯⋯⋯ 013

一、噬菌体展示技术在植物病原细菌检测中的应用 ⋯⋯⋯ 013

二、噬菌体展示技术在植物病毒检测中的应用 ⋯⋯⋯ 014

三、噬菌体展示技术在植物病原真菌检测中的应用 ⋯⋯⋯ 015

四、噬菌体展示技术在植物检疫领域的研究与应用 ⋯⋯⋯ 015

五、噬菌体展示技术的应用前景及展望 ⋯⋯⋯⋯⋯ 015

参考文献 ⋯⋯⋯⋯⋯⋯⋯⋯⋯⋯⋯⋯⋯⋯⋯⋯⋯ 017

第二章　环介导等温扩增技术 ⋯⋯⋯⋯⋯⋯⋯⋯ 021

第一节　环介导等温扩增技术的原理 ⋯⋯⋯⋯⋯ 021

一、环介导等温扩增技术概述 ⋯⋯⋯⋯⋯⋯⋯⋯ 021

二、环介导等温扩增技术的改进与深化 ⋯⋯⋯⋯ 025

第二节　环介导等温扩增技术在植物病原生物鉴定中的应用 ⋯⋯⋯ 026

一、环介导等温扩增技术在植物病毒检测中的应用 ⋯⋯⋯ 026

二、环介导等温扩增技术在植物病原真菌检测中的应用 …………………… 027

三、环介导等温扩增技术在植物病原细菌检测中的应用 …………………… 027

四、环介导等温扩增技术在植物检疫领域的研究与应用 …………………… 028

参考文献 ……………………………………………………………………… 029

第三章 基因芯片技术 …………………………………………………… 032

第一节 基因芯片的原理 …………………………………………………… 032

一、基本原理 ………………………………………………………………… 032

二、基因芯片的种类和实验过程 …………………………………………… 033

三、基因芯片的数据处理方法 ……………………………………………… 034

第二节 基因芯片技术的应用 ……………………………………………… 038

一、基因芯片技术在植物病原生物鉴定中的应用 ………………………… 038

二、基因芯片技术在植物检疫领域中的研究与应用 ……………………… 039

三、基因芯片技术在其他领域中的应用 …………………………………… 040

第三节 问题与展望 ………………………………………………………… 044

参考文献 ……………………………………………………………………… 045

第四章 DNA 条形码技术 ………………………………………………… 049

第一节 DNA 条形码技术的原理 ………………………………………… 049

一、DNA 条形码概述 ……………………………………………………… 049

二、DNA 条形码的产生和原理 …………………………………………… 049

三、DNA 条形码与 DNA 分类 …………………………………………… 050

四、DNA 条形码基因片段的选择 ………………………………………… 051

第二节 DNA 条形码技术的建立 ………………………………………… 051

一、DNA 条形码基因序列的使用 ………………………………………… 051

二、DNA 条形码的相关争论 ……………………………………………… 053

第三节 DNA 条形码技术在植物病原生物鉴定中的应用 ……………… 056

一、DNA 条形码技术在植物病原细菌鉴定中的应用 …………………… 056

二、DNA 条形码技术在植物病毒鉴定中的应用 ………………………… 057

三、DNA 条形码技术在植物病原真菌鉴定中的应用 …………………… 057

四、DNA 条形码技术在植物寄生线虫鉴定中的应用 …………………… 058

五、DNA 条形码技术在螨虫及昆虫鉴定中的应用 ……………………… 059

六、DNA 条形码技术在植物检疫领域中的研究与应用 ………………… 060

七、DNA 条形码技术在检验检疫领域的研究与应用 …………………… 061

第四节 DNA 条形码技术的不足及展望 ………………………………… 065

一、DNA 条形码存在的问题 ……………………………………………… 065

二、传统分类学与 DNA 条形码的关系问题 ………………………… 067

三、DNA 条形码的展望 …………………………………………………… 068

参考文献 …………………………………………………………………… 068

第五章 焦磷酸测序技术 …………………………………………… 073

第一节 焦磷酸测序技术的原理 …………………………………………… 073

一、焦磷酸测序技术简介 ………………………………………………… 073

二、高灵敏度焦磷酸测序反应 …………………………………………… 074

三、大规模并行焦磷酸测序的实现 ……………………………………… 075

四、PCR 引物与测序引物的设计对焦磷酸测序结果的影响 ………… 076

五、提高焦磷酸测序定量性能的方法 …………………………………… 077

六、焦磷酸测序仪的研制 ………………………………………………… 079

七、焦磷酸测序反应模板的制备方法研究 ……………………………… 081

八、焦磷酸测序技术的优势 ……………………………………………… 082

第二节 焦磷酸测序技术在植物病原生物鉴定中的应用 ……………… 083

一、焦磷酸测序技术在植物病原细菌鉴定中的应用 ………………… 083

二、焦磷酸测序技术在植物病原真菌鉴定中的应用 ………………… 084

三、焦磷酸测序技术在植物病毒株系鉴定中的应用 ………………… 084

四、焦磷酸测序技术在植物检疫领域中的应用 ……………………… 084

五、焦磷酸测序技术在其他领域中的应用 …………………………… 085

参考文献 …………………………………………………………………… 086

第六章 生物传感技术 ……………………………………………… 090

第一节 生物传感技术的原理 …………………………………………… 090

一、生物传感器的基本概念 ……………………………………………… 090

二、生物传感器的基本组成和工作原理 ………………………………… 090

三、生物传感器的分类 …………………………………………………… 092

四、生物传感器的发展阶段 ……………………………………………… 097

五、生物传感器的技术优势 ……………………………………………… 098

第二节 生物传感器技术在植物病原生物鉴定中的应用 ……………… 098

一、生物传感器在植物病原生物鉴定中的应用 ……………………… 098

二、生物传感技术在植物检疫领域的研究与应用 …………………… 100

三、生物传感器在其他领域中的应用 ………………………………… 100

四、生物传感器的发展趋势和应用前景 ……………………………… 102

参考文献 …………………………………………………………………… 103

第七章 单克隆抗体技术 …………………………………………… 105

第一节 概述 ……………………………………………………………… 105

第二节　单克隆抗体技术的原理 ························· 106

　　一、单克隆抗体的概念 ····························· 106

　　二、单克隆抗体与多克隆抗体的区别 ··············· 108

　　三、杂交瘤技术的诞生 ····························· 109

　　四、单克隆抗体的方法原理 ······················· 110

　　五、单克隆抗体技术的优缺点 ····················· 112

第三节　单克隆抗体技术的操作步骤 ··················· 113

　　一、单克隆抗体制备的程序 ······················· 113

　　二、杂交瘤技术制备单克隆抗体的主要步骤 ········· 113

第四节　单克隆抗体技术在植物病原生物鉴定中的应用 ··· 127

　　一、单克隆抗体技术在植物病毒鉴定中的应用及展望 ·· 128

　　二、单克隆抗体技术在植物病原细菌鉴定中的应用及展望 ·· 130

　　三、单克隆抗体技术在植物病原真菌鉴定中的应用及展望 ·· 134

　　四、单克隆抗体技术在植物病原线虫鉴定中的应用及展望 ·· 135

　　五、单克隆抗体技术在螨虫及昆虫鉴定中的应用及展望 ·· 136

　　参考文献 ······································· 138

第八章　色谱技术 ································· 142

第一节　色谱技术的原理 ····························· 142

　　一、色谱技术的概念 ····························· 142

　　二、色谱技术的种类 ····························· 143

　　三、色谱技术的发展 ····························· 149

第二节　色谱技术在植物病原生物鉴定中的应用 ········· 152

　　一、色谱技术在植物病原细菌鉴定中的应用 ········· 152

　　二、色谱技术在植物病原真菌鉴定中的应用 ········· 153

　　三、新型变性高效液相色谱技术（DHPLC）在植物检疫领域的研究与应用 ·· 154

　　参考文献 ······································· 154

第九章　基质辅助激光解吸离子-飞行时间质谱技术（MALDI-TOF MS）

··· 157

第一节　质谱技术的产生和发展 ······················· 157

　　一、同位素质谱技术 ····························· 157

　　二、快原子轰击质谱技术 ························· 158

　　三、电喷雾质谱技术 ····························· 158

　　四、基质辅助激光解吸电离技术 ··················· 158

　　五、联用技术 ··································· 159

第二节　MALDI-TOF MS 的原理与特点 ································ 160

一、MALDI-TOF 质谱的构成及工作原理 ···················· 160

二、MALDI-TOF MS 质谱技术的特点 ······················· 163

第三节　MALDI-TOF MS 的影响因素 ·························· 164

一、基质及样品本身 ·· 164

二、数据处理及数据库 ······································ 165

第四节　MALDI-TOF MS 在细菌鉴定中的应用 ·············· 165

一、质谱用于细菌检测及鉴定的发展历史 ·················· 165

二、MALDI-TOF MS 技术对细菌鉴定的研究方向 ·········· 166

三、MALDI-TOF MS 技术在临床微生物鉴定中的应用 ······ 167

四、MALDI-TOF MS 技术在植物细菌鉴定方面的应用 ······ 173

五、MALDI-TOF MS 技术在植物检疫领域的研究与应用 ···· 174

参考文献 ·· 174

第十章　光谱技术 ·· 181

第一节　光谱技术的原理 ···································· 181

一、光谱技术的概念 ·· 181

二、近红外光谱技术 ·· 181

三、拉曼光谱技术 ·· 187

四、腔衰荡光谱技术 ·· 192

五、紫外光谱技术 ·· 193

六、原子荧光光谱技术 ······································ 194

七、激光诱导击穿光谱技术 ·································· 194

第二节　光谱技术在植物病原生物鉴定中的应用 ············ 194

一、光谱技术在植物病原细菌鉴定中的应用研究 ············ 194

二、光谱技术在植物病原真菌鉴定中的应用研究 ············ 194

三、光谱技术在植物病毒鉴定中的应用研究 ················ 195

参考文献 ·· 196

第十一章　菌体脂肪酸分析技术 ···································· 199

第一节　菌体脂肪酸分析技术的原理 ························ 199

一、脂肪酸的特点与分类 ···································· 199

二、菌体脂肪酸可用于细菌鉴定的原因 ···················· 201

三、菌体脂肪酸分析的优势 ·································· 202

四、菌体脂肪酸分析的基本操作 ···························· 202

五、气相色谱法在菌体脂肪酸分析中的应用 ················ 203

第二节　菌体脂肪酸分析技术在植物病原生物鉴定中的应用 ……………………… 205

一、菌体脂肪酸分析技术在植物病原生物鉴定中的应用实例 ……………… 205

二、植物病原生物脂肪酸分析技术展望 ………………………………………… 208

参考文献 ………………………………………………………………………………… 209

后记 ………………………………………………………………………………………… 210

第一章　噬菌体展示技术

　　噬菌体展示技术(phage display technology)最初由美国 Missouri 大学的 George P. Smith 创建,是 20 世纪 90 年代建立和发展的利用噬菌体表达外源基因从而实现基因克隆化的一种重要的分子生物学技术。该技术以噬菌体或噬粒为载体,使外源肽或蛋白基因与噬菌体表面特定蛋白基因在载体表面进行融合表达,进而通过亲和富集法筛选表达有特异肽或蛋白质的噬菌体。

　　噬菌体展示技术的操作主要是通过几轮"吸附—洗脱—扩增"的淘洗(panning)过程后,将噬菌体展示文库中能与感兴趣的靶分子结合的噬菌体克隆淘洗出来,通过进一步的功能鉴定得到能与靶分子特异结合的噬菌体克隆。根据噬菌体克隆所展示多肽或蛋白与相应编码基因一一对应的关系就可明确与靶分子对应的配体的基因型和表现型特点。

　　噬菌体展示技术正逐渐发展成为发现具有新功能的多肽和改变已有多肽的性质的强大工具,作为一种基础研究工具,在蛋白质工程和细胞生物学中应用广泛,包括解析蛋白功能、发现受体对应的新配体和新抗体,目前已被广泛应用于细胞信号传导、基因表达调控、人源单克隆抗体的制备、药物筛选和疫苗研制以及疾病的诊断和治疗等研究领域。

第一节　噬菌体展示技术的原理

一、噬菌体展示技术的基本原理

　　噬菌体展示技术是一种噬菌体表面表达筛选技术,其原理是以噬菌体为载体,将外源核酸片段(一组随机多肽编码序列或基因群)克隆至噬菌体外壳蛋白基因中形成融合,并以融合蛋白的形式表达于噬菌体表面,众多融合型噬菌体便组成了噬菌体展示库。随后,将噬菌体过柱,用固定化的靶分子去筛选与之亲和的噬菌体。通过与特定的靶标反应,不能结合的噬菌体被洗脱掉,而能结合的噬菌体被保留下来并通过感染大肠杆菌得以扩增和富集,实现高通量筛选。

　　G. P. Smith 最先将限制性内切酶 EcoR I 的基因片断插入丝状噬菌体 f1 的衣壳蛋白 g III 中,成功展示于噬菌体表面并表现有限制性内切酶活性。把已有的受体的特异性配基固定于固相表面,对某一噬菌体展示库进行筛选,淘洗掉非特异性重组噬菌体,即所谓的生物淘洗(biopanning),然后解离出锚定于固相表面与特异性配基相结合的特异性重组噬菌体。展示某一外源肽的重组噬菌体中即含有编码此蛋白的外源插入基因,因此在得到有某一目的功能蛋白的同时,通过对插入 DNA 序列的测定能容易地得到其基因序列,绕过传统的从蛋白测序再到基因克隆的复杂程序。噬菌体表面展示把外源蛋白与噬菌体衣壳蛋白融合表达并展示于噬菌体表面,加上高效的生物淘洗,借助蛋白与基因的对应关系,能迅速地得到目的受体蛋白及其基因序列。因此,噬菌体展示技术能广泛地用于涉及蛋白识别的研究领域。以 M13 噬菌体展示系统为例,噬菌体表面展示流程图见图 1-1。

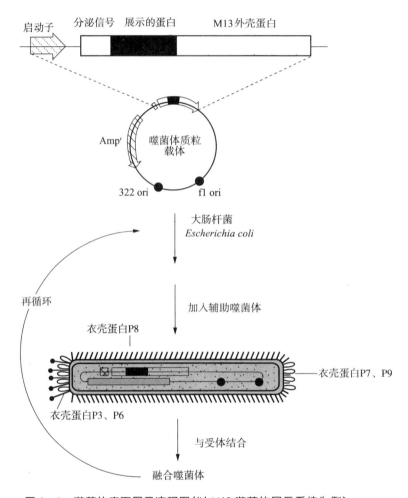

图 1-1　噬菌体表面展示流程图(以 M13 噬菌体展示系统为例)

噬菌体展示技术的显著特点是建立了基因型和表现型之间的对应关系。操作简单易行,该技术采用经典的 PCR 分子克隆等技术即可操作,在几周内即可筛选 $10^6 \sim 10^8$ 克隆,筛选获得抗体库可以用于原核系统表达,无需组织培养,极大地降低了成本。筛选获得噬菌体随机肽库具有容量大、体积小、筛选简便、制备成本低、可多次扩增等突出优点。有学者甚至认为,噬菌体展示文库中的随机多肽库的应用范围仅仅受到人的想像力的限制。

二、噬菌体展示载体的主要类型

噬菌体表面展示一般采用噬菌体载体和噬菌体质粒(phagemid)载体两种。

(一) 噬菌体载体

噬菌体展示技术的一个重要构成是噬菌体载体,有许多种噬菌体可以作为载体运用于噬菌体展示:丝状噬菌体、λ噬菌体、T4噬菌体、T7噬菌体。

1. 丝状噬菌体

丝状噬菌体是单链环状 DNA 病毒,包括:M13、fd、f1 噬菌体。其基因组为 6.4 kb,共编码 10 个不同的蛋白质。在丝状噬菌体 10 个蛋白质中,与表面展示有关的蛋白质主要是由基因Ⅲ(g3)和基因Ⅷ(g8)编码的外壳蛋白 gp3 和 gp8,分别可构成 gp3 和 gp8 展示系统。gp3 和 gp8 蛋白的 N 端均游离在外,外源肽通过柔性接头与其 N 端连接,融合蛋白即可展示外源肽段的构象。gp3 和 gp8 融合蛋白的差别在于:①融合外源肽段大小的能力不同。gp3 可融合较大的外源肽段,这是 gp3 展示系统最突出的特点,对外源多肽或蛋白质的大小无严格限制,较长的多肽甚至整个蛋白质都可整合到基因Ⅲ外壳蛋白上,大至 50 ku[1] 的蛋白质已被成功展示。而 gp8 分子较小,只能融合较小的外源肽段,如五肽或六肽,携带肽段太大会影响外壳的组装。②拷贝数不同。gp3 的拷贝数仅 3~5 个,这可以减少多价结合,故可用于选择高亲和力的配体。gp8 的拷贝数极多(2700 个),制备人工疫苗则以 gp3 作为融合部位更为适宜。丝状噬菌体展示系统是最早开发的展示系统,技术最为成熟,但是该系统展示的多肽或蛋白需要经过细胞膜分泌出来,不利于展示那些难以分泌的肽或蛋白,并且其 N 端可以融合的外源多肽容量有限。

2. λ噬菌体

λ噬菌体是最早使用的克隆载体,它在分子克隆中始终起着重要作用。其两端为不闭合的线形双链 DNA,末端为长 12 个核苷酸的互补单链。λ噬菌体展示系统是将外源肽或蛋白质与λ噬菌体的主要尾部蛋白 PV 或λ噬菌体头部组装的必需蛋白 D 蛋白融合而被展示的。与丝状噬菌体比较而言,λ噬菌体是在宿主细胞内组装后再释放而不必通过分泌途径,因此它可展示的肽或蛋白质范围较广。成熟的λ噬菌体颗粒有两个结构单位,即由头部和尾部组成。D 蛋白是λ噬菌体头部组装必需的蛋白,也称装饰蛋白,分子质量为 11 ku,有 405 个拷贝。λ噬菌体的主要尾部蛋白 PV 形成管状结构,分子质量为 25.8 ku,在衣壳表面有 192 个拷贝。D 蛋白 N 端,PV 蛋白 C 端都可供外源序列插入或替换。这两个基本展示位点属于多拷贝,适合于展示低亲和力的肽或蛋白,可以用来展示大肽,故可用于构建随机引物 cDNA 文库。

3. T4噬菌体

与λ噬菌体一样,T4 噬菌体是在宿主细胞内装配,不需通过分泌途径。因而可展示

---

1)　1u＝1D,1ku＝1kD。

各种大小的多肽或蛋白质，很少受到限制。T4 噬菌体载体可以体外组装且系统容量大（35 kb 以上），拷贝数高，在分析抗原表位、细胞因子、受体及生物工程学等方面有相当大的应用潜力。但由于其采用的是 C 端融合，这对研究蛋白质 N 端的功能不适合，而使它在蛋白质生物研究中的应用受到局限。T4 噬菌体展示系统是 20 世纪 90 年代中期建立起来的一种展示系统。它的显著特点是能够将两种性质完全不同的外源多肽或蛋白质，分别与 T4 噬菌体的衣壳蛋白 SOC 和 HOC 的 C 端融合而直接展示于 T4 噬菌体的表面，因此它表达的蛋白不需要复杂的蛋白纯化，避免了因纯化而引起的蛋白质变性和丢失。

4. T7 噬菌体

Houshmand 等在 1999 年建立了以 T7 噬菌体为载体的展示系统。T7 噬菌体衣壳蛋白通常有两种形式，即 10A（344 个氨基酸）和 10B（397 个氨基酸），独特的 10B 衣壳蛋白区存在于噬菌体表面，所以被用作噬菌体展示。T7 噬菌体展示系统的优点有：①T7 噬菌体生长非常迅速，在固体培养基上形成噬菌斑只需 3 h，在菌液中从感染到裂解只需 1 h～2 h，节省了大量时间。②可表达大于 50 个氨基酸的多肽片段而不需辅助噬菌体进行包装。③可高拷贝地表达约 50 个氨基酸的多肽片段或低拷贝地表达 1000 个氨基酸的多肽片段。④T7 噬菌体在高 pH（pH 为 10）、高盐（5 mol/L NaCl）、变性剂（100 mmol/L DTT）等条件下十分稳定，有利于根据不同需要采用多种条件进行筛选而不影响噬菌体本身活性。T7 噬菌体的这些特性使之成为替代其他传统系统的更好选择。

（二）噬菌体质粒载体

噬菌体质粒中除质粒自身的复制起点和抗药性基因外，还含有噬菌体的一完整的衣壳蛋白（gp3 或 gp8）基因以及噬菌体的基因间隔区（intergenic region，IC），该区含有决定噬菌体 DNA 复制起始、中止和被组装识别的序列。噬菌体自身无编码组装成熟的蛋白，不能独立组装成熟，故需辅助噬菌体的参与。辅助噬菌体含有生命周期所需的全套基因，可提供噬菌体 DNA 复制、组装和感染所需的全部基因产物；但在其基因间隔区插入了 lacZ 片断，使 gp2 蛋白不能对其有效的识别，在有噬菌体质粒存在时噬菌体质粒被优先启动滚环复制，产生 ssDNA 并被组装（一般包装的噬菌体质粒多于辅助噬菌体约 50 倍）。辅助噬菌体编码的正常衣壳蛋白与重组衣壳蛋白竞争组装，因此成熟的噬菌体粒子上既有正常衣壳蛋白又有重组衣壳蛋白，竞争组装的结果使每个噬菌体表面展示平均不到一个融合 gp3 蛋白。

噬菌体载体（见图 1-2）由于不需要辅助噬菌体，所以操作相对而言比较简便。噬菌体载体由于有辅助噬菌体的功能互补，对外源肽的承受能力较大，分子质量高达 50 ku 的蛋白已成功融合表达于 gp3 蛋白。噬菌体载体基因组比较大（大约 9 kb～10 kb），复制效率、转化效率也相对较低，所以获得高质量的载体 DNA 较从噬菌体质粒中获得要更困难。噬菌体质粒由于使用辅助噬菌体能较好地避免以上问题。

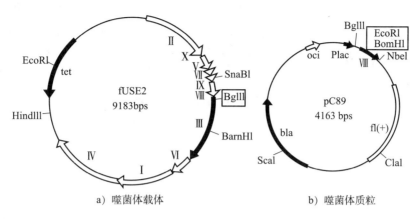

a) 噬菌体载体　　　　　　b) 噬菌体质粒

图1-2　噬菌体展示的两类载体

三、噬菌体抗体库类型

根据抗体基因的来源不同,抗体库可分为天然库、免疫库、半合成库和全合成库。天然库的抗体基因来自非免疫个体B细胞的IgM mRNA,可获得针对各种抗原的抗体。但由于缺乏亲和力成熟的过程,抗体的亲和力较低。免疫库抗体基因来自免疫个体B细胞的IgG mRNA,可获得针对特定免疫原的抗体。半合成库是人工合成的一部分抗体可变区序列与另一部分抗体基因的天然序列组合构建的抗体库。全合成抗体库中的抗体基因全部由人工合成。合成的抗体库由于克服了生物来源抗体库中抗原的多样性具有潜在偏向性的局限,可获得针对各种抗原的特异性抗体,而且合成抗体库的通用性,非常适合自动化操作。合成库含有丰富的针对细胞表面标记物抗原的抗体,而免疫抗体库由于体内的免疫耐受机制,造成针对细胞表面抗原的抗体基因丢失。显然,对于蛋白质组学的研究,天然抗体库和合成抗体库是很好的抗体资源。

四、噬菌体展示技术的优势

噬菌体展示技术属于生物文库技术,所谓分子文库是指一个大量分子的集合体,它们可以是cDNA文库、RNA文库、多肽库、抗体库、蛋白质文库等。不同的分子文库可以通过不同策略构建,然后经过"吸附-洗脱-扩增"的亲和筛选过程,高通量、高效率、快速地从浩瀚的分子文库中筛选出与某一特定分子相互作用的配体分子。

噬菌体抗体库和噬菌体展示随机肽库技术是噬菌体展示技术最常用的两种。从人B淋巴细胞中扩增全套抗体的轻链和重链基因,经噬菌体表面展示系统表达后形成的噬菌体抗体库,可以完全跨越抗原免疫而直接获得丰富多样的特异性人源抗体。此外,通过噬菌体抗体库技术可以进行抗体亲和力成熟和功能改造。噬菌体随机肽库则是由不同排列的氨基酸组成的多肽展示在噬菌体表面构成的分子文库,它提供了大量的结构与功能信息,只要库容量足够大,几乎任何一种分子都能从肽库中获得与之结合的配合,该技术可以应用于抗原表位分析、分子相互作用研究、疾病诊断、疫苗研制、功能基因组学研究等。

噬菌体展示技术的优越性在于：①高通量：可从 10 个噬菌体克隆中筛选出与靶分子特异结合的配体分子；②高效率：可在一周内完成筛选工作，获得目的序列；③低成本：对仪器、试剂无特殊需要；④操作过程简单。

第二节　噬菌体展示技术的建立

一、噬菌体展示技术的建立过程

　　噬菌体展示技术以构建的噬菌体为载体，把待选基因片段定向插入噬菌体外壳蛋白质基因区，使外源多肽或蛋白质表达并展示于噬菌体表面，进而通过亲和富集法将表达有特异肽或蛋白质的噬菌体富集。

（一）噬菌体展示技术的建立过程

　　噬菌体展示技术的建立包括以下三个过程：第一步，外源基因的 N 端插入。在 pⅢ和 pⅧ衣壳蛋白的 N 端插入外源基因，形成的融合蛋白表达在噬菌体颗粒的表面，不影响和干扰噬菌体的生活周期，同时保持的外源基因天然构象，也能被相应的抗体或受体所识别。第二步，筛选。利用固定于固相支持物的靶分子，采用适当的淘洗方法，洗去非特异结合的噬菌体，筛选出目的噬菌体。第三步，测序与推导。外源多肽或蛋白质表达在噬菌体的表面，而其编码基因作为病毒基因组中的一部分可通过分泌型噬菌体的单链 DNA 测序推导出来。

　　该技术实现了基因型和表现型的转换。噬菌体结构蛋白 pⅢ和 pⅧ均可作为载体来展示外源多肽或蛋白质，在基因操作上，它们基本相同。在信号肽与成熟蛋白质编码区之间有单一的克隆位点便于插入，插入的外源多肽或蛋白质已融合的形式表达出来并分泌到胞间质内，当宿主蛋白酶切除信号肽后，融合蛋白组装成熟，呈现在病毒粒子的表面，新的 N 端位置正是外源蛋白或多肽的插入点。与 pⅢ基因融合时拷贝数低（不超过5 个），这可以减少多价结合，便于选择高亲和力的配体分子，还可容许插入大的片段。与pⅢ基因融合时拷贝数高（2700 个），当将属于多肽的表位用作免疫原时可产生良好的免疫应答，具有反应优势，故在疫苗开发上具有潜在的应用价值。

（二）筛选技术

　　如何从噬菌体文库中筛选到特异的重组噬菌体是噬菌体展示技术的关键。亲和筛选可用直接法和间接法。直接法是将蛋白质分子耦联到固相支持物上，文库噬菌体与固相支持物温育，洗去未结合的噬菌体，即获得亲和噬菌体；间接法是将生物素标记的蛋白质分子与文库噬菌体温育后铺在结合有链亲和素的平Ⅲ上，洗去未结合的噬菌体，保留的就是结合状态的噬菌体，再洗脱结合的噬菌体，用这部分噬菌体感染细菌，扩增噬菌体，开始新一轮的筛选，通过几次这样的亲和纯化反应，就能选择性地富集并特异性扩增结合这样蛋白质或 DNA 分子的噬菌体。筛选出的噬菌体的结合特性可以进一步验证并从 DNA 序列推导出来，分析各个克隆间编码短肽的一致序列，以确证筛选的特异性。最后,利用化学合成含一致序列的氨基酸短肽,研究它们的亲和特性并推测可能配体的生物学活性和结合或游离状态的结构特点。

目前,噬菌体展示文库的建立已经比较成熟,可直接从生物试剂公司购买后进行筛选,避免繁琐的建库过程。实验线路如下:文库的扩增→吸附→洗脱,重复以上3个步骤4次→最后一轮洗脱噬菌体对 *E.coli* TG1 侵染→侵染菌的 10 倍梯度稀释和琼脂板涂板→单克隆的分离和培养→克隆菌的辅助噬菌体侵染和 ELISA 鉴定。实验步骤见图1-3。

人源单链抗体噬菌体文库一支,扩增

结合

洗去未结合的噬菌体

重新结合

重复淘洗2~3次

滴定   洗脱

扩增

琼脂板涂板,单克隆的分离和培养

克隆菌的辅助噬菌体侵染和ELISA鉴定

挑取阳性克隆,测序

图 1-3　建立噬菌体文库的实验步骤

二、噬菌体展示载体的构建

(一) 随机肽库的构建

把一人工合成的编码一随机多肽的核苷酸序列插入载体中,与噬菌体衣壳蛋白融合,可让噬菌体展示一随机组合的肽序列库。蛋白作用区域无论是连续的线型序列还是

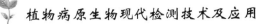

蛋白质三维结构中的一组氨基酸都可用极少的氨基酸残基来描述。因此可以在事先不了解目的受体基因或其蛋白质序列的情况下用其特异性配基去筛选随机肽库,可期望得到受体的识别序列信息,这就是所谓的表位模拟(mimetic epitope)。随机肽序列的产生由简并密码子 NNN(N 代表四种核苷酸中任意一种)随机编码。为降低终止密码子(TAA、TAG、TGA)在编码区中出现(会降低随机多肽的表面展示)的概率,在随机肽库的构建中常用的简并密码子是 NNK(K=G 或 T)或 NNS(S=G 或 C)。

对于涉及库的操作,库容总是最为关键的因素,较高的库容意味着包括更多的肽的多样性,也大大提高了从中筛到目的肽的几率。以随机六肽库为例,随机六肽库代表 6.3×10^7 个克隆,因此化学合成的 DNA 片段数应达到 $4^{6 \times 3}$,约 6×10^{10} 克隆,但考虑到遗传密码的简并性,此数目还可以降低。目前所能构建的噬菌体库的上限一般大约是 10^9,由此也可看出随机六肽库也是此库所能编码的最大长度。为了进一步提高库的肽多样性,用更长的随机肽取代六肽,如 15 肽库,这样一个 15 肽噬菌体克隆可包括多个 6 肽构象,也因此提高了库的多样性。Sidhu 报道能将库容达到 10^{12},他们采用高浓度的 *E.coli* 与 DNA,一次电转导得到的转导子数目超过 10^{10},多次反应合并就能达到 10^{12} 如此之高的库容。

根据随机多肽内是否含有共价键形成的构象,噬菌体肽库分为线型肽库和构象肽库。线型肽库中的多肽没有设计构象,主要是氨基酸在溶液介质中由自由能决定的自由折叠。构象型噬菌体肽库,即在随机 DNA 片段的一定位置设计一对或多对编码半胱氨酸的密码子,在展示肽中引入二硫键,产生由随机序列组成的环状分子使多肽具有较精细的空间构象,对于结构非常敏感的分子相互作用区段,多采用构象化的多肽进行模拟。理论上,多肽能与暴露于溶液中的蛋白表面的任一部位结合,并且受体与配体的结合位点的构象是预先由蛋白质一级结构所决定的,因此似乎有理由相信筛选的随机多肽与其相应配基的结合位点是与天然受体的结合部位相一致的。Delano 分离到与 IgG-Fc 结合的随机多肽其与 IgG-Fc 结合的位点与四种天然蛋白质的结合位点相一致。但也并不总是同天然结合序列相同。从另一角度考虑,既然展示的多肽能与天然的配基很好的结合,从配基与受体的结合部位的空间互补关系考虑,它理应与天然的结构相一致,至少是相似。因此从某种意义上说,把随机多肽库说成随机多肽构象库更为合适。

(二)cDNA 展示文库的构建

以哺乳动物为例,其基因个数约为 $10^4 \sim 10^5$,当然考虑到基因间丰度的差异(最小丰度低达 10^{-6}),因此为保证基因的多样性,一般构建的 cDNA 展示文库库容至少要达到 $10^4 \sim 10^5$。如果假定细胞内某一基因的拷贝数为 n,细胞内总基因拷贝数为 N(平均拷贝数 $\lambda = n/N$)。由泊松分布 $[P(k) = \lambda^k e^{-\lambda}/k!]$ 得知,以 P 的几率得到此基因所需的克隆数 $N = \ln(1-P)/\ln(1-n/N)$。克隆数的增加旨在增加取样的频率,也就是目的基因的平均拷贝数的增加,进而提高被取样的几率。

由于构建 cDNA 文库技术的成熟使构建高质量的 cDNA 文库成为可能,甚至能从单一细胞构建 cDNA 文库。因此我们能把 cDNA 展示于噬菌体表面,然后针对靶分子进行筛选,以期找到目的受体的 cDNA 序列。

cDNA 展示文库遇到的首要问题是要解决 cDNA 中存在的终止密码子问题,如像一般的展示系统把外源蛋白融合于噬菌体衣壳的 N 端,它会提前终止而读不到噬菌体的衣壳蛋白,也因此得不到展示。为解决这一问题,cDNA 文库的展示都采取融合于衣壳蛋白的 C 端。丝状噬菌体的 pⅥ 展示系统是把外源基因融合于另一低拷贝蛋白 gpⅥ 上。cDNA 展示文库载体举例如图 1-4 所示。另外为保证插入序列的正确读框顺序及插入方向的正确性,把 DNA 插入载体不同的酶切位点以得到三个读框的所有展示库;或者通过标记随机引物(tagged random primers)扩增介导的定向克隆。pⅥ 没有信号肽,因此它不是在周质空间中装配,在装配之前一直与细胞质相接触,这样它装配的还原环境可能更有利于展示一些细胞内的非分泌型蛋白,就如同 l 噬菌体之类的在细胞内成熟的裂解性噬菌体一样,可能用于展示一些细胞内的非分泌型蛋白更为合适,但也非绝对。相反 N 端展示系统装配时一般处于氧化环境,倾向于展示一些分泌性蛋白,用于研究一些细胞外的相互作用较好。

图 1-4 用于 cDNA 展示用的载体

但是可能因为 C 端插入引起的衣壳蛋白装配效率的降低,它的展示效率比基于 pⅢ 的 N 端展示系统低 100 倍之多。为避免 C 端插入引起的衣壳蛋白装配效率的降低,Crameri 等人发明了 Jun-Fos-pⅢ 展示系统。通过 Jun-Fos 亮氨酸拉链的相互作用,把 cDNA 片段融合于 Fos 的 C 端,噬菌体的衣壳蛋白接上 Jun 拉链,两融合载体同时在同一宿主中表达,当在周质空间(Periplasm)组装成熟时,通过 Jun 和 Fos 的相互作用而把 cDNA 产物锚定于 pⅢ 上从而展示于噬菌体表面。为防止重组噬菌体粒子成熟释放后,展示产物之间的相互交换,在 Jun 和 Fos 拉链的末端都引入半胱氨酸而使其在周质成熟时形成二硫键,以保证基因型和蛋白表型的一致。Jun-Fos-pⅢ 展示系统中的 Jun 和 Fos 的序列及方向(平行或反平行)均会影响其进入周质空间及相互作用的效果。James 等从一部分随机的亮氨酸拉链库中(部分氨基酸位置安排不同的氨基酸)筛选出能较好展示一测试蛋白的亮氨酸拉链组合,然后把此序列用于目的 cDNA 文库的展示。用于 cDNA 噬菌体展示的其他系统还有裂解性噬菌体,如 l 噬菌体系统、T7 噬菌体系统。

(三)片段展示库

有时并不需要对全长 cDNA 或 DNA 进行展示,特别有时全长融合蛋白可能由于两末端序列的干扰反而不能保证正常的生理结构。另外,在噬菌体展示中可能存在转录后开放阅读框(ORF)移框的问题,据展示蛋白的不同这种克隆的移框数可达 90%。Cochrane 用片断 cDNA 展示库加上体外的酪氨酸激酶的磷酸化作用成功的筛选处目的受体,而全长展示库却没有成功。同时小片段的外源肽的融合对噬菌体的影响较小,且对宿主的蛋白毒性相对较低,也更容易展示。

当然片段展示就要求更多的库容以保证片段的多样性。片段展示库理论上需克隆数 $N = \ln(1-P)/\ln(1-1/n)$。P 为我们期望得到目的基因的概率,一般取 99%;$1/n$ 为片段大小比全基因组大小的比例。片段 cDNA 或 DNA 的获得可通过 DNAseI 在 Mn^{2+} 条件下对目标 DNA 进行随机降解，然后挑出合适大小的片段插入展示载体。Jacobson 和 Frykbeg 利用全基因组鸟枪法(shot-gun)从 Staphlococcusaureous 中筛选到蛋白 A 的一片段基因。全基因组鸟枪法对基因组较小，非编码区较少的生物个体如细菌($E. coli$ $4.6×10^6$ bp)、病毒等有很大潜力。而对较高等的生物个体，用 cDNA 展示较为合理。

(四) 随机突变库

把随机突变库技术与噬菌体表面展示技术相结合构建噬菌体展示随机突变库，通过筛选找出与特异性配基高亲和力的突变体。而众多突变体中保守序列可能就是对蛋白间相互作用起关键作用的氨基酸残基。因此，可在事先无法知道结构信息的前题下对其结构信息进行初步的阐明。

一般突变采取的方法有：

① PCR 法制备突变体。利用 PCR 反应中 DNA 聚合酶的掺错性，结合致突变 PCR 可使每个核苷酸的错误率达到大约 $7×10^{-3}$，且这种错误率没有序列倾向性。

② 使用随机引物进行 PCR 突变。在特定靶位点通过 PCR 引物引入随机突变。

③ 利用对外源基因产生高突变的大肠杆菌菌株进行突变。

④ 在 PCR 反应体系中，加入能引起突变的三磷酸核苷能在全部模板 DNA 中高效、随机地引入碱基置换，突变率达 13.2%。

三、噬菌体文库的筛选

对噬菌体展示库进行筛选，淘汰非特异性结合的重组噬菌体，筛选出与靶分子特异结合的目的噬菌体，也是噬菌体展示成败的关键。相互作用的两蛋白其亲和力 K_d 在较宽的范围内(500 μmol/L～5 pmol/L)通过改变洗脱条件都能较好地筛出来。筛选即所谓的生物淘洗(biopanning)，是指基于特异受体与其相应配基亲和力同非特异性背景的差异，用固相结合的配基对展示肽库进行筛选，通过一定的洗脱条件洗掉非特异性结合的噬菌体，然后改变洗脱条件(一般是低的 pH 条件，如 pH2.2，瓦解配体与受体间的特异、非共价的结合)从固相解离下与配基特异结合的展示噬菌体。此噬菌体可进一步增殖扩大培养，进而进行下一轮的筛选。通过数轮淘洗，可大大富集特异性噬菌体的比例。对最后淘洗得到噬菌体克隆进行测序就能得到目的受体的基因序列，进而推导出其蛋白质序列。

受体与其配基间的结合一般是依赖于非共价键的结合，如静电引力、范德华力、氢键、疏水相互作用等。并且受体蛋白与配体间的结合多涉及修饰氨基酸的相互作用，常见的如糖基化蛋白、脂蛋白等，而这些蛋白又需要蛋白翻译后的修饰作用，对如 fd 丝状噬菌体这类以原核生物大肠杆菌为宿主的展示系统，由于不存在翻译后的修饰，对基于以上所述的情况会遇到严峻的考验，但是到目前为止仍然有许多展示成功的例子，虽然也有可能因上述的原因而导致的亲和力的降低而失败的例子。Yamamoto 在展示糖基转移酶用其底物进行结合时，因亲和力太低没有成功，筛选一些 galectin 的受体时获得了成功，证明基于糖基作用的蛋白也能成功。Cochrane 用片段 cDNA 展示加上体外磷酸化

（用酪氨酸激酶 tryrasine phosphatase）成功筛选到 SH2 配体。如果用原核的噬菌体展示技术确实不能成功的，即对翻译后修饰要求非常严格，还可转用基于真核系统的展示系统。但是必须强调这些真核表达系统都远没有丝状噬菌体展示技术成熟，且除核糖体等展示技术外（ribosome display），由于细胞大小的原因，它们都没有丝状噬菌体展示的库容大。高容量的展示技术还有如 mRNA display，由于其基于体外翻译，不受表达蛋白对宿主毒性的限制及高容量等优点，应用潜力很大。

原则上只要能将特异靶分子进行固化，就能用其对噬菌体展示库进行筛选。用于筛选的靶有：

① 细胞表面含有配基的全细胞。王琰用红细胞采用离心洗涤的方法筛选得到了红细胞表面抗原的噬菌体抗体。张广发等同样筛选到了抗肿瘤的噬菌体抗体。

② 固定蛋白配体的筛选：a. 直接把筛选配基包板：基于蛋白的吸附特性，把之包被于聚苯乙烯板，封板后加入噬菌体库进行淘洗。为降低非特异性的背景，往往经过数轮淘洗。b. 把生物素化的靶蛋白通过生物素-链霉亲和素的相互作用（相对亲和力 $K_d = 10^{-15}$ mol/L）锚定到链霉亲和素（streptavidin）包被的聚苯乙烯板上，并且可通过每轮降低生物素化的蛋白量而逐步提高筛选的严谨性，此方法还可让靶蛋白与噬菌体先在液相结合，然后与链霉亲和素包被的聚苯乙烯板作用，让受体与靶蛋白在液相中结合可能有更好的空间可及性。一般用到的生物素化试剂有 NHS-LC-Biotin（Pierce Cat. No. 21335；分子质量 556.59 u）。可能对于一些难于直接包被的靶蛋白用生物素化效果比较好。c. 把配基固定于活化的 Sepharose 胶珠，然后通过类似亲和层析的方法来进行淘洗，诸如此类蛋白固定的方法已非常成熟。D Mello 对三种固相进行了比较。一种是通过"生物素-链霉亲和素"桥锚定于聚苯乙烯板（polystyrene）；一种是把靶蛋白直接吸附到聚苯乙烯小珠；另一种是吸附到乳胶珠（latex beads）。结果淘洗效果是聚苯乙烯小珠优于乳胶珠优于聚苯乙烯板。到底最终选用何种方法可通过预实验看受体与配基的结合在固相与液相哪个效果较好。

③ 固定核酸配体的筛选：对于基因表达调控的研究往往涉及蛋白与特定核酸序列的结合。噬菌体表面展示提供了一个解决的方法。可把特定核酸序列固定于固相去筛选噬菌体展示库以期找到其结合因子。Segal 利用噬菌体表面展示技术针对特定的 DNA 序列设计锌指结合域用以分析基因表达调控。其目标 DNA 序列通过生物素化固定于酶标板。至于目标 DNA 分子的生物素化，可通过生物素标记的 dNTP，由 PCR 反应引入。

④ 固定小分子配基的筛选：如激素小分子类小分子也可通过与生物素交联，生物素化后锚定于亲和素化的固相基质（如 monomeric-avidin agarose gel Paul）从 cDNA 展示库中筛选到了 FK506 的特异性受体。

对于淘洗步骤，往往每轮用合适缓冲液 PBST 或 TBST（Tween 20 0.05%）洗涤 5 次～10 次，经过 1～3 轮淘洗，能得到特异性较好的目的噬菌体。毛春生等通过在每轮淘洗后添加一步弱酸泡洗（0.1mol/L HCl 用甘氨酸调 pH 为 4.4）可大大降低非特异性结合。

四、大容量抗体库的构建策略

库容(即抗体库的多样性)是衡量噬菌体抗体库的一个关键指标,库容越大,则从中筛选出目的抗体的机会就越大,而且库容与所获抗体的亲和力成正比。库容的大小主要取决于:①能否获得所有抗体可变区基因;②连接和转化的效率。基因工程技术的发展使得通过设计一套引物把全套抗体可变区基因的扩增成为可能。

现在,宿主菌的转化效率是制约库容的瓶颈。用最有效的电穿孔法,$1\mu g$DNA 连接反应物可获得 10^7 左右库容。因此,构建 10^9 以上库容需反复多次构建积累,工作量很大。Griffiths 等利用 loxp-cre 体内定位重组系统构建了大容量的抗体库,但他们使用的双载体系统稳定性差,抗体基因容易丢失。Shlattero 等利用单载体在单细胞内借助 loxp-creloxp 体内定位重组系统构建了大容量的单链抗体库,其抗体的重组率及稳定性均得到改善。

五、抗体片段的选择

由于 IgG 全抗体很难在大肠杆菌获得表达,噬菌体展示抗体库技术所产生的抗体片段包括 scFv 片段、Fab 片段和多聚化抗体片段。Fab 是由重链 V_H/C_{H1} 片段和完整轻链组成,二者通过一个二硫键连接。scFv 是由一条 15～25 氨基酸连接肽将 V_H 和 V_L 连接组成。多聚化抗体片段是 scFv 片段(或 Fab 片段)的多价聚合体。

抗体片段的稳定性和亲和力是抗体应用的基本指标,但对于大规模的蛋白质研究,还需考虑抗体片段本身与检测系统的兼容性,即不需修改已建立的操作程序直接使用。此外,抗体的生产能力也是主要考虑的因素,合理的抗体形式可直接从库中筛选得到,不需进行二次克隆操作。一个理想的抗体片段可完全代替商业化 IgG 在 Western 印迹、免疫沉淀、免疫组化、ELISA 和抗体芯片的使用。

(一) scFv 片段

Fv 和 scFv 等小分子片段容易在大肠杆菌中表达,其活性片段的产量高于相应的Fabs。但是,scFv 的稳定性较差,在 4℃储存 6 个月后,活性减少 50%,而 Fabs 经储存1 年后,活性无明显变化。研究还发现,固定在蛋白芯片上的 scFv 其活性也存在很大的变异。此外,scFv 的检测需要一个肽标签,这无疑需要增加实验的操作步骤。它不是蛋白质组学研究的理想抗体片段。

(二) Fab 片段

Fab 片段通过二硫键连接 fd 片段与轻链,结构稳定。由于它含有完整的轻链和重链的第一恒定区,不需特殊修饰就可被二抗检测到,而且经 IgG 的酶切降解获得的 Fab 片段已在研究中使用了几十年,检测方法成熟。虽然与 scFv 相比,Fab 在大肠杆菌的表达效率较低,但由于分析试剂的兼容性和结构的稳定性,因此,Fab 是蛋白质组学研究的理想抗体片段。

(三) 多聚化抗体片段

抗体价对亲和力的影响显著,由于 scFv 和 Fab 片段都是单价分子,与双价的 IgG 比较,亲和力较低。单价抗体片段可通过多聚化增加抗体的效价,使亲和力增加几个数量级。体外交联构建双价抗体和在基因水平直接将 2 个抗体片段融合的方法是常用的两种策略,但这需要首先得到单价抗体片段,继而进行工程化操作,由于操作复杂限制了高通量生产的要求。

在单价小分子抗体的 3′端加入短肽(如 c-Myc 表位和 Flag 标签)可促使抗体分子片段聚合化,这是一种简便高效的多价抗体生产策略,但要求加入的短肽不能干扰噬菌体展示和大肠杆菌的表达。为了避免在后续的操作中引入新的标签,引入的肽标签应考虑到有利于下游的蛋白纯化和检测。Strep-Tag Ⅱ 或生物素化的受体肽是理想的选择。它与链亲和素结合,同时有利于纯化和检测。因此,对于蛋白质组学研究,理想多聚化抗体片段的设计是带有正确设计的肽标签的 Fab 片段所形成的多聚抗体片段,它可以同时满足双价抗体的特性和结构稳定性的要求。

六、抗原的选择

有两种高通量的抗原生产方法:从 cDNA 文库合成抗原和使用合成的多肽作为抗原。这两种方法均已用于多种动物源性的单克隆和多克隆抗体的生产,并被证实是可行的。对于重组抗原的生产,由于体外快速的翻译和转录系统的建立,可在 2 天内从 cDNA 文库得到毫克级的蛋白。但若以产出为标准,生产重组抗原的投入相当或超过抗体筛选的投入。这样,利用一些经预测可代表蛋白表面特征的肽作为抗原进行淘洗是一个捷径。而且,只需输入一些序列数据便可通过合成仪合成多肽,可以满足自动化操作的要求。由于肽抗原无构型特征,所得到的肽抗体并非都能够与天然的蛋白结合。但是,大量用肽免疫兔和鼠产生有结合能力抗体的例子证明该方法的可行性,而且,构型的局限性可通过使用多个肽(来自同一抗原)免疫动物来克服。此外,生物信息学的快速发展提高了表位预测的准确率,使肽抗原的使用更有针对性。最近还发现,把合成肽以微列阵的形式固定在固相支持物上作为抗原对噬菌体抗体库进行淘洗,可大大地减少实验步骤,提高了产出效率。

第三节　噬菌体展示技术在植物病原生物鉴定中的应用

自从噬菌体展示技术问世以来,已被广泛应用于生命科学基础性研究的各个领域,如研制新型疫苗、开发新药、疾病诊断与治疗等。应用主要表现在:确定核酸结合蛋白及其相互作用;筛选特定靶分子的配体;蛋白与蛋白间相互作用的研究;细胞信号转导的研究;酶抑制剂的筛选等方面。

一、噬菌体展示技术在植物病原细菌检测中的应用

将微生物表面展示技术和免疫 PCR 技术结合起来,可以大大提高病原微生物的检测灵敏度。2006 年 Guo 等发展了一种称为噬菌体展示介导的免疫扩增病原检测方法——噬菌体展示介导免疫 PCR(phagedisplay mediated immuno-PCR,PD-IPCR),利用

表面展示有单链抗体的重组噬菌体本身具有抗原结合分子和内部含有 DNA 的特点,通过表面展示的抗体识别目标抗原,利用内部的 DNA 作为核酸扩增的模板,把重组噬菌体作为载体直接介导完成免疫识别和信号检测过程。他们以汉坦病毒核蛋白为例,论证了噬菌体展示介导的免疫 PCR 方法是一种高灵敏的病原检测方法。灵敏度比传统的酶联免疫吸附(ELISA)方法提高 1000~10000 倍,达到 10 pg/mL。同时利用 Real-time PCR 技术结合标准曲线使该方法能够对抗原定量检测。检测结果表明重复性较好,在夹心检测的模式下 2000 ng/mL~2 ng/mL 的检测范围内 R^2 值达到 0.96。

噬菌体展示技术可以应用于细菌细胞表面配基的鉴定以进行感染性疾病的防治。Jacobsson 和 Frykberg 首先将噬菌体展示技术应用于鉴定能与宿主蛋白相互作用的细菌蛋白的编码基因。用细菌基因组 DNA 构建噬菌体随机肽库,然后用宿主成分进行筛选(如胞外基质中的蛋白、宿主血清或细胞质),这就使鉴定编码细菌细胞表面配基的基因成为可能。利用噬菌体展示技术鉴定出许多编码与细菌感染相关的配基结合部位的基因。另外,还有很多参与宿主与病原体(各个种属的细菌)相互作用的基因都是通过噬菌体展示系统被发现的。

在植物病原细菌的研究中,噬菌体展示技术已被用于筛选检测茄科青枯雷尔氏菌(*Ralstonia solanacearum*)的特定的单克隆抗体。

二、噬菌体展示技术在植物病毒检测中的应用

从分子水平确定病毒抗原表位或模拟表位(mimotope)是噬菌体展示技术在病毒研究领域的重要应用之一。与传统的分析方法相比,噬菌体展示技术在筛选病毒抗原表位方面充分显示出其独特的技术优势。通过该技术很容易筛选到与原始序列不同,但又保留其抗原反应性的模拟表位。就结构而言,该模拟表位具备一定的空间结构,为构象性表位。借助这项技术筛选和制备的某病毒的抗原表位为揭示该抗原分子的结构和功能、抗原-抗体反应机制,及研制特异性血清诊断试剂等研究奠定了坚实的基础。

通过得到的模拟表位多肽改进现有的血清学诊断分析方法是噬菌体展示技术已经在病毒研究中一项成功的应用,它的一个重要优越性在于不需要预先清楚阳性抗血清中抗体所针对的致病抗原的性质。2001 年,Minenkova 等用不同的 HCV 阳性血清作为靶分子筛选不同长度的完全随机肽库和构想约束性肽库。为了克服血清的非特异性,用健康献血者血清进行逆向筛选。用获得的阳性克隆构建次代肽库,并用这种肽库再进行筛选,最后获得 22 个有模拟作用的表位。同源性分析发现这些表位分布于 HCV 结构蛋白和非结构蛋白氨基酸序列的 12 个位点,其中位于 NS3 区的表位以前未被发现,用 ELISA 检测这 22 种多肽混合物与 27 份阴性血清和 30 份阳性血清的反应性,结果与商品试剂盒的检测符合率为 100%。将商品试剂盒检测为不确定的 31 份血清分别与这 22 份多肽反应,结果发现有 17 份血清至少与两种多肽能特异性结合,从而可诊断为阳性。这说明用噬菌体展示技术可以大大提高现有血清学诊断方法的敏感性。

Guo 等采用链置换扩增(strand displacement amplification,SDA)作为信号检测的方法发展了噬菌体展示介导免疫链置换扩增方法。链置换扩增的效率很高,反应时间只需一个小时,检测病毒 HIV P24 抗原和 HBV HBsAg 的灵敏度比传统的 ELISA 方法灵敏

度提高 1000～10000 倍,同时结合荧光共振能量转移(fluorescence resonance energy transfer,FRET)探针做实时监测,使该方法的特异性大大增强。说明了噬菌体展示介导的免疫扩增检测方法兼具免疫学检测方法的高特异性和核酸扩增方法的高灵敏度等优点。

张宏伟等利用噬菌体展示技术在随机 7 肽库中筛选到结合水稻条叶枯病毒(rice stripe virus,RSV)病害特异蛋白(stripedisease specificprotein,S 蛋白)的 6 个短肽,并进行了序列测定。ELISA 结果表明,6 个短肽和 S 蛋白具有一定的亲和能力,筛选到的短肽对今后 S 蛋白功能分析、转基因抗 RSV 和水稻条叶枯病毒的诊断提供了条件。

三、噬菌体展示技术在植物病原真菌检测中的应用

利用噬菌体展示技术制备抗体、模拟抗原表位,不仅绕过了细胞融合,而且可以以单克隆抗体(McAb)或单链抗体为靶分子筛选真菌毒素的模拟抗原表位,代替真菌毒素的标准品,建立无毒 ELISA 检测方法,保证实验操作人员和相关研究人员的人身安全。黄思敏等均以抗桔青霉素的单克隆抗体为配基,分别免疫亲和淘选以融合蛋白形式表达在丝状噬菌体 M13 外壳蛋白Ⅲ上的随机 7 肽库和 12 肽库,以 ELISA 方法鉴定阳性克隆,同时进行 DNA 测序,分析插入的 7 肽和 12 肽的氨基酸序列。以 7 肽库中亲和力最强的克隆(P10)建立了竞争 ELISA 检测方法,线性范围为 10 ng/mL～325 ng/mL,检测下限为 10 ng/mL;以 12 肽库中亲和力最强的克隆(P1)建立了竞争 ELISA 检测方法,线性范围为 10 ng/mL～439 ng/mL,检测下限为 10 ng/mL。利用噬菌体展示技术可成功淘选到桔青霉素模拟表位,为研制出安全无毒的检测桔青霉毒素 ELISA 试剂盒奠定了基础。熊啸等选用抗黄曲霉毒素 M1(anti-AFM1,aflatoxin M1,AFM1)单克隆抗体为筛选配基,从噬菌体表面展示的随机 7 肽库中筛选出 AFM1 抗原的模拟表位 LTSFPRH 和 MAPSSWR,为研制出安全无毒的 ELISA 试剂盒奠定了基础。

四、噬菌体展示技术在植物检疫领域的研究与应用

山东省出入境检验检疫局局承担完成的国家质量监督检验检疫总局(以下简称国家质检总局)科研项目"噬菌体展示技术耦联表面等离子体谐振生物传感技术高通量快速检测植物病原细菌的研究"(2010IK270),成功构建了玉米细菌性枯萎病菌单链抗体噬菌体展示文库和木薯细菌性萎蔫病菌单链抗体噬菌体展示文库,采用单克隆抗体制备技术与噬菌体展示文库技术相结合的方法制备了效价高、特异性强的针对玉米细菌性枯萎菌与木薯细菌性萎蔫病菌的单链抗体。并以此为基础,借助 SPR 生物传感器开展病原菌的特异性检测研究,突破了传统的分子生物学鉴定及免疫学鉴定的常规检测方法,将免疫技术与无标记免疫传感技术检测有机的结合起来并引入口岸植物检疫中,将检测灵敏度提高了 3 个数量级。

五、噬菌体展示技术的应用前景及展望

(1) 噬菌体展示技术与抗体库相结合构建噬菌体抗体库,把抗体的 Fab 片段展示于

噬菌体表面,针对特异抗原对噬菌体抗体库进行筛选,模拟体内亲和力成熟,能得到高特异性的噬菌体单抗,大大缩短单抗制备时间,在工程抗体上有广泛的应用。相反的过程,利用一已知抗体或配体去筛选随机肽库,得到的一致序列能模拟抗原或受体的与之相互作用的表位,即所谓的模拟表位。

(2)蛋白功能域的定位:对某一已知功能蛋白功能位点的研究,传统精细的研究往往涉及蛋白的晶体衍射或是突变体的获得。利用噬菌体表面展示,结合高效的随机突变库技术,把随机突变库展示于噬菌体表面,针对靶分子进行筛选,对得到的突变序列进行分析,那些不涉及突变的序列往往对应对功能发挥起重要作用的结构域。Cain 用致突变 PCR 构建了 C5a 的随机突变库,随后展示于噬菌体表面,对表达有其受体分子的 CHO 细胞进行筛选,通过 3 轮筛选,对得到序列进行分析的结果显示,对维持蛋白正常结构、功能的残基位点没有突变,而只是在一些无关位点产生较多的突变,且有些突变体表现出比野生型更高的活性。通过筛选,保留了那些形成蛋白正确框架的氨基酸残基(如正确 S-S 的形成、蛋白二级结构的形成等),它们是蛋白与靶分子作用的基础;而在一些无关位置的突变,产生对蛋白结构或电荷特性等的微小的改变,可能会加强蛋白与靶分子的作用。另外一种寻找蛋白功能域的方法(主要是定位结合功能区)是针对目的基因,采用类似鸟枪法的策略,对之进行随机降解,把降解片段(可能就包含了目的结合区)进行展示、对靶分子进行筛选,得到的就是起结合活性的功能区段。白雪帆用此方法定位了汉坦病毒核衣壳蛋白的一抗原表位。

(3)酶或受体抑制剂的筛选:从随机展示的文库中总是有可能筛选到与酶或某一受体结合的随机多肽,此展示的随机多肽用于与酶或受体的特异性结合而可以竞争其天然底物或配基的结合。据此可能为药物开发提供一种途径。韩照中等从随机肽库中筛选到了志贺毒素受体结合抑制剂;王冰等以完整的生物素化的草鱼出血病病毒颗粒作为受体,筛选随机展示 9 肽库,得到能与病毒特异结合的随机肽,并证实能使病毒的半数组织培养感染剂量 TCID50 下降 5 个数量级;Hyde-DeRuyscher 从随机肽库中筛选到某一特定酶的结合多肽,用此多肽作为一个探针可以去筛选某些能置换此多肽的小分子酶抑制剂。

(4)基因表达调控方面的应用:Segal 等用噬菌体展示的锌指定点突变库筛选到结合特定核酸序列的锌指结构域。此研究提示有可能据此方法构建分子开关,调控感兴趣基因的表达。

(5)在基因治疗方面的应用:如由于动脉细胞表面缺少对现有的转基因系统(病毒或非病毒系统)的合适的受体而难于进行转基因,Nickin 等人用噬菌体展示筛选到动脉细胞表面受体合适的配体多肽,然后把此多肽融合表达于转基因系统。在基因治疗上很有潜力。

此外,噬菌体展示介导免疫 PCR 已经成功地将病原微生物表面展示技术和免疫 PCR 技术结合起来,能够大大提高微生物的检测灵敏度。噬菌体展示技术还常与光散射分析相结合进行蛋白质相互作用的研究。随着噬菌体表面展示技术的发展,其应用范围也越来越广,其在医学、水产动物、食品微生物中的应用已取得了引人注目的效果,但是,噬菌体展示技术在植物检疫中的应用才刚刚起步。

噬菌体展示技术是一种简便、有效、易于控制的用于表达外源基因的操作系统。目前,噬菌体展示技术仍处于发展阶段。近几年来该技术显示出非常好的实用性,之所以该技术能得到迅速发展,其根本原因在于它可有效地实现基因型和表现型的体外转换,使研究者可以在基因分子克隆的基础上较准确地实现蛋白质构象的体外控制,从而获得具有良好生物学活性的表达产物。但同时仍存在一些问题需不断研究加以完善,例如在噬菌体展示库构建中怎样获得库容量大、具有更多生物学意义的序列从而使其能展示更多有意义的构象;怎样获得高亲和力抗体分子的抗体库;如何使表面展示的多肽与自由多肽的构象基本相同或相近等。目前主要采用的亲和选择方法来分离具有特定功能的多肽结构,具有其局限性,还有待进一步的改进。但是可以预见,随着噬菌体展示技术的发展和改善,其在植物检测技术科学领域必将会产生极其深远的影响。

参 考 文 献

[1] 孙宪链.花生黄曲霉毒素 B_1 单链抗体的研制及其检测[D].福州:福建农林大学,2006.

[2] 李利红,李常青,等.转基因植物中 Bt 杀虫蛋白的重组噬菌体辅助检测[J].生物化学与生物物理进展,2001,28(5):728-731.

[3] 张新艳.丁香假单胞菌番茄变种 DC3000HrpA 蛋白单链抗体的制备与分析[D].福州:福建农林大学,2006.

[4] GUO YC.,ZH YF.,ZHANG XE,et a1. Phage display mediated immuno—PCR[J]. Nucleic Acids Research,2006,34(8):62.

[5] 牛茂昌,刘靖华,李玉花,等.噬菌体展示技术的理论基础及其在感染性疾病中的应用[J].生物技术通讯,2009,20(2):253-257.

[6] 张宏伟,万由衷,曲志才,等.利用噬菌体展示筛选结合水稻条叶枯病毒 S 蛋白的短肽[J].复旦学报(自然科学版),2001(6):695-696.

[7] 黄思敏,许杨.噬菌体随机肽库淘选桔霉素模拟表位的研究[J].食品科学,2006,27(12):67-70.

[8] 熊啸,熊勇华,涂祖新.黄曲霉毒素 M_1 模拟表位的筛选和鉴定[J].食品科学,2007,28(7):339-341.

[9] 朱圣庚.多肽的表面展示与结构库[J].北京大学学报(自然科学版),1997,4(33):534-539.

[10] 王林发,郁萌.利用丝状噬菌体展示技术进行抗原决定簇图谱及其基因工程的研究[J].生物工程学报,1996,12(3):235-246.

[11] 阎岩,白文涛,徐志凯,等.重链可变区基因随机 CDR3 ScFV 噬菌体抗体库的构建及筛选[J].细胞与分子免疫学,2000,16(2):171-173.

[12] G PSMITH. Filamentous fusion phage:Novel expression vectors that display cloned antigens on the viron surface[J]. Science,1985(228):1315-1317.

[13] PASCHKE M. Phage display systems and their applications[J]. Appl Microbi-

ol Biotechnol,2006,70(1):2-11.

[14] GARUFI G,MINENKOVA O,LO PASSO C,et al. Display libraries on bacteriophage lambda capsid[J]. Biotechnol Annu Rev,2005(11):153-190.

[15] YANG F,FORRER P,DAUTER Z,et al. Novel fold and capsid-binding properties of the lambda-phage display platform protein gpD[J]. Nat Struct Biol,2000,7(3):230-237.

[16] TARNOVITSKI N,MAITHEWS L J,SUI J,et al. Mapping a neutralizing epitope on the SARS coronavirus spike protein:computational prediction based on affinity-selected peptides[J]. J Mol Bid,2006,359(1):190-201.

[17] GNANASEKAR M,RAO K V N,HEY X,et al. Novel phage display-based subtractive screening to identify vaccine candidates of Brugia malayi[J]. Infect Immun,2004,72(8):4707-4715.

[18] ESTAQUIER J,BOUTILLON C,GEORGES B,et al. A combinatorial petide libray around variation of the human immunodefidency virus(HIV-1)V3 domain leads to distinct Thelper cell responses[J]. J Pept Sci,1996,2(3):165-175.

[19] HOET R M,COHEN E H,KENT R B,et al. Generation of high-affinity human antibodies by combining donor-derived and synthetic complementarity-determining-region diversity[J]. Nat Biotechnol,2005,23(3):344-348.

[20] BERTELLI A A,FERRARA F,DIANA G,et al. Resveratrol,a natural stilbene in grapes and wine,enhances intraphagocytosis in human promonocytes:a cofactor in antiinflammatry and anticancer chemopreventive activity[J]. Int J Tissue React,1999,21(4):93-104.

[21] SPERINDE J J,CHOI S J,SZOKA F C JR. Phage display selection of a peptide DNase II inhibiter that enhances gene delivery. J Gene Med,2001,3(2):101-108.

[22] VAN DER WOLF J M,SCHOEN C D. Bacterial Pathogens:Detection and Identification Methods[M]. NewYork:Marcel Dekker,2004:1-5.

[23] WANG LF,YU M. Epitope indentification and discovery using phage display libraries:application in vaccine development and diagnostics. Curr Drug Targets,2004,5(1):1-15.

[24] MINENKOVA O,GARGANO N,DE TOMASSI A,et al. ADAM-HCV,a new-concept diagonsitc assay for antibodies to hepatitis C virus in serum[J]. Eur J Biochem,2001,268(17):4758-4768.

[25] SONDERMANN H,ZHAO C,BAR-SAGI D. Analysis of Ras:RasGEF interactions by phage display and static multi-angle light scattering[J]. Methods,2005,37(2):197-202.

[26] CARTER D M,MIOUSSE I R,GAGNON J N,et al. Interactions between TonB from Escherichia coil and the periplasmic protein FhuD. J Biol Chem,2006,281(46):35413-35424.

[27] ZHOU X.,JIAO X. POLIYMERASE CHAIN REACTION OF Listeria mocytogenes using oligonucleotide primers targeting actA gene[J]. Food Contr,2004 (16):125-130.

[28] HOSHINO T.,KAWAGUCHI M.,SHIMIZU N.,et al. PCR detection and identification of oral streptococci in saliva samples using gtf genes. [J]. Diagn Microbiol Infect Dis,2004(48):105-199.

[29] DUBOSSON CR.,CONZELMANN C.,MISEREZ R.,et al. Development of two real-time PCR assays for the detection of Mycoplasma hyopneumoniae in clinical sanples[J]. Vet Microbiol,2004(102):55-65.

[30] STEPHEN F PARMLEY,GEORGE P SMITH. Antibody-selectable filamentous fd phage vector:affinity purification of target genes. Gene,1988(73):305-318.

[31] KONIGS C ROWLEY,MJ THOMPSON P·'et al. Monoclonal antibody screening of a phage displayed random peptide libray reveals mimotopes of chemokine receptor CCR5[J]. Eur J. Immunol,2000,30(4):1162-1171.

[32] DAVIES J M,SCEALY M,CAI Y P. Multiple alignment and sorting of peptides derived from phage-display random peptide libraies with polyclonal sera allows discrimination of relevant phagotopes[J]. Mol Immunol,1999,36(10):659-667.

[33] SIDHU S S,LOWMAN H B,CUNNINGHAM B C,et al. Phage display for selection of novel binding peptides[J]. Methods Enzymol,2000(328):333-363.

[34] SACHDEV S SIDHU. Phage display in pharmaceutical biotechnology Current. Opinion in Biotechnology,2000(11):610-616.

[35] DELANO W L,ULTSCH M H,DE VOS AM,et al. Convergent solutions to binding at a protein-protein interface[J]. Science,2000(287):1279-1283.

[36] BRADY G,ISCOVE N. N. Construction of cDNA libraries from single cell [J]. Methods Enzymol,1993(225):611-623.

[37] SIMON E HULFTON,PETER T MOERKERK,ELS V MEULEMANS,et al. Phage display of cDNA repertoires:the pⅥ display system and its applications for the selection of immunogenic ligands[J]. Journal of Immunological Methods,1999(231):39-51.

[38] SANTI E,CAPONE S,MENNUNI C,et al. Bacteriophage lamda display of complex cDNA libraries:a new approach to functional genomics[J]. J Mol Biol,2000,18,296(2):497-508.

[39] CRAMERI R.,SUTER M. Display of biologically active protein on the surface of filamentous phage:a cDNA cloning system for selection of functional gene products linked to the genetic information responsible for their production[J]. Gene,1993 (137):69.

[40] JAMES LIGHT,RICHARD MAKI,NURIA ASSA-MUNT. Expression cloning of cDNA by phage display selection[J]. Nucl. Acids. Res,1996,24(21):4367-4368.

[41] SANTINI C,BRENNAN D,MENNUNI C,et al. Efficient display of an HCV cDNA expression library as C-terminal fusion to the capsid protein D of bacteriophage lamda[J]. J. Mol. Biol,1998(282):125.

[42] PAUL P SCHE,KATHLEEN M MCKENZIE,JENNIFER D White,et al. Display cloning:functional identification of natural product receptors using cDNA-phage display[J]. Chemistry & Biology,1999(6):707-716.

[43] CARCAMO J,RAVERA M W. Unexpected framesifts from gene t expressed protein in a phage-displayed peptide libray[J]. Proc Natl Acad Sci USA,1998,95(19): 11146-111451.

[44] COCHRANE D,WEBSTER C,MASIH G,et al. Identification of matural ligands for SH2 domains from a phage display cDNA lirary[J]. J. Mol. Biol,2000,297(1): 89-97.

[45] PEVEBOEVA L A,PEVEBOEV A V,WANG L F,et al. Heptatitis C epitopes from phage-displayed cDNA libraries and improved diagnosis with a chimeric antigen[J]. J. Med Virol,2000,60(2):144-151.

[46] JIN-AN HUANG,LEI WANG,STEPHEN Firth,et al. Rotavirus VP7 epitope mapping using fragments of VP7 displayed on phages[J]. Vaccine,2000,18: 2257-2265.

[47] JACOBSON,K. ,FRYKBEG L. Cloning of ligand-binding domains of bacterial receptors by phage display[J]. Biotechniques,1995(18):878.

[48] JACOBSON K,FRYKBEG L. Phage display shot-gun cloning of ligand binding domains of prokaryotic receptors approaches 100% correct clones[J]. Biotechniques, 1996(20):1070.

[49] C. W. 迪芬巴赫 G. S. 德维克斯勒. PCR 技术实验指南 PCR Primer:A Laboratory Manual[M]. 科学出版社,1999:416-420.

[50] LOW N M,HOLLIGER P H,WINTER G. Mimicking somatic hypermutation:affinity maturation of antibodyies displayed on bacteriaophage using a bacteria mutator strain[J]. J. Mol Biol,1996,260(3):359-368.

[51] CAIN S A,RATCLIFFE C F,WILLIAM S D M,et al. Analysis of receptor/ligangd interactions using Whole-Molecule randomly-mutated ligand libraries[J]. J Immunol Methods,2000,245(1-2):139-145.

第二章　环介导等温扩增技术

第一节　环介导等温扩增技术的原理

一、环介导等温扩增技术概述

Notomi 等人于 2000 年开发了一种新颖的恒温核酸扩增方法，即环介导等温扩增法（loop-mediated isothermal amplification，LAMP）。LAMP 是一种崭新的 DNA 扩增方法，具有与 PCR 技术同等甚至超越的优势，加之对仪器设备要求宽松、不用 PCR 仪、操作简便、成本低廉等特点，可实现大量样品的快速检测；同时该方法灵敏度高，特异性强，检测灵敏度高于普通 PCR 2～3 个数量级，为 10^2 CFU/mL～10^4 CFU/mL，检测特异性大于 99%；检测仅用 1h，可缩短检验周期 50% 以上，已达到或超过现行国家标准；检测试剂稳定性在 −20℃ 下有效期大于 15 个月，适合进行现场及大量样品的高通量检测。

（一）LAMP 的基本技术特征

该方法主要是利用能够识别参照保守序列 DNA 6 个特异序列的 4 条引物（引物为 2 条内引物和 2 条外引物），在等温条件进行扩增反应。反应体系一般 25 μL，包括引物各 1 μL、具有链置换特性的 DNA 聚合酶 1 μL 和其缓冲液 2.5 μL，dNTP 2.5 μL 和模板 DNA（煮沸急冷 DNA 初提液或 cDNA）2 μL、甜菜碱（5mol/L）4 L、$MgSO_4$（100 mmol/L）1.5 μL 等，且在 LAMP 反应的初始过程中，需要 4 条引物，但在后来的循环反应中，仅需将内引物用于链置换 DNA 合成反应。反应物（除 Bst DNA 聚合酶）在 95℃ 加热 5 min，冷却后加 DNA 聚合酶，65℃（选用 60℃、63℃ 以及 65℃者较多）孵育 1 h，即可终止反应。基因的扩增和产物的检测可一步完成，扩增效率高，可在 15 min～60 min 扩增 10^9～10^{10} 倍；特异性高，所有靶基因序列的检测可只通过扩增产物的有无来判别。有无扩增反应是利用荧光定量 PCR 仪检测反应的荧光强度或利用核酸扩增过程中产生的焦磷酸镁沉淀反应用浊度仪检测沉淀浊度来判定的。

（二）LAMP 的引物设计

LAMP 技术的关键点是引物设计。要注重引物之间的距离、引物长度和 Tm 值高低关系、GC 含量等综合因素，同时遵循引物设计的一般原则。设计不当，将会导致严重的假阳性或假阴性。因为 LAMP 扩增不需要变性过程，整个反应过程为链置换、延伸的过程，因此产物大小也就随置换反应的进行而改变，从而在电泳图谱上表现为大小不一的弥散条带。LAMP 的这一特点导致了无法从扩增条带大小来准确判断靶序列大小,也无法区分引物二聚体和靶序列,而只能判断有无扩增。LAMP 引物设计的原理是选取靶基因一段约 130 bp～200 bp(最长 300 bp,不可超过 500 bp)的保守序列,设计 2 对引物(外引物 F3、B3 和内引物 FIP、BIP,其中 FIP 由 F1c、TTTT 关节和 F2 组成,BIP 由 F1、TTTT 关节和 B2 组成),利用内引物自动成环及外引物的置换作用快速完成靶序列的扩增(见图 2-1)。

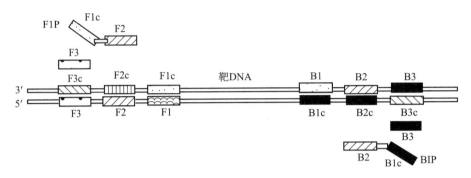

图 2-1　LAMP 引物设计示意图

引物设计需要遵循以下原则:①要保持引物的退火温度约 55℃～66℃,其中 F1c 和 B1c 的 Tm 值最高(64℃～66℃),F2 和 B2 次之(59℃～61℃),F3 和 B3 最低(55℃～60℃);GC 含量高者,取 Tm 范围的较高值,而 AT 含量高者,取 Tm 范围的较低值。②B1c、F2 和 F3 与靶保守序列(5′→3′方向)的相应部分相同,F1c、B2 和 B3 与靶保守序列的相应部分反向互补。③F2 的前端与 B2 之间相距 120 bp～180 bp,F2 的前端与 F3 及 B2 的前端与 B3 之间相距 0 bp～20 bp,F2 的前端与 F1c 及 B2 的前端与 B1c 之间相距 40 bp～60 bp。④避免引物二级结构形成,特别是 3′端不应存在富 AT 区,不能与其他引物互补。⑤GC 含量在 40%～65%之间,以 50%～60%为最佳。具体设计时,可以采用在线 LAMP 引物设计软件 Primer Explorer 3.0(或 4.0),并结合 DNAstar 的 MegAlign 模块和 Primer 5.0 进行设计。设计时要在单个引物设计得当的基础上进行综合比较,防止产生引物二聚体。还可以结合在线 BLAST,将设计好的引物在 GenBank 进行确认比对,以确证引物的特异性。

(三) LAMP 的原理

DNA 在 65℃左右处于动态平衡状态,任何一个引物向双链 DNA 的互补部位进碱基配对延伸时,另一条链就会解离,变成单链。在链置换型 DNA 聚合酶的作用下以 FIP 引物 F2 区段的 3c 末端为起点,与模板 DNA 互补序列配对,启动链置换 D 合成。F3 引物与 F2c 前端 F3c 序列互补,以 3c 末端为起点,通过链置换型 DNA 聚合酶的作用,一边置换先头 FIP 引物合成的 DNA 链,一边合成自身 DNA,如此向前延伸。最终 F3 引物合成而得的 DNA 链与模板 DNA 形成双链。由 FIP 引物先合成的 DNA 链被 F3 引物进行链置换产生一单链,这条单链在 5c 末端存在互补的 F1c 和 F1 区段,于是发生自我碱基配对,形成环状结构。同时,BIP 引物同该单链杂交结合,以 BIP 引物的 3c 端为起点,合成互补链,在此过程中环状结构被打开。接着,类似于 F3,B3 引物从 BIP 引物外侧插入,进行碱基配对,以 3c 端为起点,在聚合酶的作用下,合成新的互补链。通过上述两过程,形成双链 DNA。而被置换的单链 DNA 两端存在互补序列,自然发生自我碱基配对,形成环状结构,于是整条链呈现哑铃状结构。该结构是 LAMP 法基因扩增循环的起始结构(见图 2-2)。

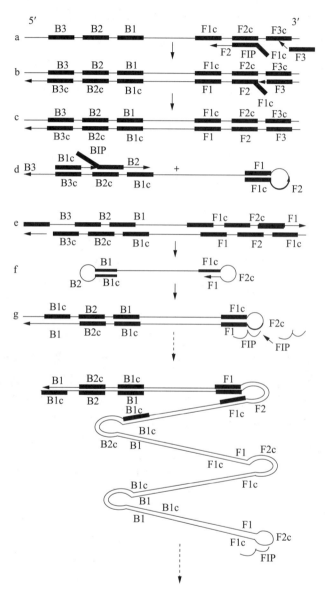

图 2-2　LAMP 的反应示意图

　　至此为止的所有过程都是为了形成 LAMP 法基因扩增循环的起点结构。LAMP 法基因扩增循环:首先在哑铃状结构中,以 3c 末端的 F1 区段为起点,以自身为模板,进行 DNA 合成延伸。与此同时,FIP 引物 F2 与环上单链 F2c 杂交,启动新一轮链置换反应。解离由 F1 区段合成的双链核酸。同样,在解离出的单链核酸上也会形成环状结构。在环状结构上存在单链形式 B2c,BIP 引物上的 B2 与其杂交,启动新一轮扩增。经过一系

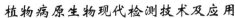

列扩增阶段,形成了链长延伸一倍的新产物链和锤状结构,并将进一步以相同方式延伸。同时扩增循环阶段新生成的环状结构经过相同的过程,结果在同一条链上互补序列周而复始形成大小不一的结构。反应体系中甜菜碱 Betaine 对核酸扩增反应促进作用的机理是降低双螺旋 DNA 的稳定性,使二级结构易于打开。而在 LAMP 反应中就存在茎环结构的不断打开及形成,因此 Betaine 对 LAMP 的促进作用不容忽视。

(四) 环介导等温扩增法产物检测方法

LAMP 扩增产物检测包括 SYBR Green I 检测、副产物——焦磷酸镁的浊度检测和琼脂糖电泳检测等 3 种方式。LAMP 法的定量检测可有两种方法,一种是荧光定量。在核酸大量合成时,SYBR Green I 荧光染料自动与 DNA 双链结合,将发出较原先强 $800\sim1000$ 倍的荧光;在一个体系内,其信号强度代表了双链 DNA 分子的数量,通过检测所产生的荧光强度,比照标准曲线,可确定模板 DNA 的起始拷贝数。另一种是浊度定量。

(五) 环介导等温扩增法的技术特点

1. 灵敏度高

LAMP 能检测到比 PCR 还少的拷贝数,其浓度可以稀释至 10^{-6},而 PCR 只能检测到 10^{-5}。有研究表明,快速 LAMP 检测体系的灵敏度比荧光定量 PCR 的灵敏度高 100 倍,因此,对于低浓度的病毒数量或无症状的病毒携带者的检测,LAMP 要比 PCR 灵敏。

2. 特异性强

由于 LAMP 通过 6 个不同部位引物的相互作用来产生扩增效应,因此能获得比 PCR 更高的特异性。更为重要的是,LAMP 体系要求引物完全匹配才能进行扩增,因此反应体系中的其他引物对反应的干扰很小,这对特异性要求较高的血液筛检来说,非常重要。可适用于大量样品同时检测,值得在血液筛检等许多领域应用推广,开发出的环介导等温扩增(LAMP)血液筛检试剂具有广阔的应用前景。

3. 速度快,耗时短

LAMP 不需要加热变性,省去了热循环步骤,40 min~60 min 即可完成扩增反应。另外,为提高 LAMP 的速度,Nagamine 等通过 2 条环引物加快其反应,环引物也是杂交到茎环结构上,但已经和内引物杂交的茎环结构就不能再和环引物杂交。环引物结合在 F2 和 F1 之间或者 B2 和 B1 之问,结合方向从 F1 到 F2 或者 B1 到 B2。这样,所有的茎环结构或者与内引物杂交,或者与环引物杂交,使加了环引物的 LAMP 比原来时间缩短近一半,整个反应可在不到 30 min 内完成,提高了检测的效率。

4. 等温操作,设备简单

LAMP 是在等温状态下进行的,不需要特殊的仪器及试剂。LAMP 结合的原位杂交技术因为其等温条件和相对较低的温度,与原位 PCR 相比,可减少对细胞的破坏,有利于应用荧光抗体进行同步细胞鉴定。

5. 产物检测方便、快捷

因为 LAMP 在合成各种茎环 DNA 的同时还产生大量的副产物秉焦磷酸盐,并且生成白色的焦磷酸镁沉淀物。Mori 等利用这些特性来检测 LAMP 产物,可以直接根据是否形成白色沉淀来定性判断反应是否发生,还可以通过检测其产物浊度变化进行实时定量检测。这种方法通过利用简单的仪器和设备为定量分析产物提供了一种新的技术,人们还可以进一步把这种方法应用在定量遗传检测等许多领域。

（六）环介导等温扩增法的缺点

环介导等温扩增法的缺点有如下几个方面:①扩增片段过小,靶序列长度要控制在 300 bp 以下,扩增产物不易分离。②它只能有两种结果:扩增和不扩增。一旦产生非特异性扩增,则不易鉴别。③由于反应灵敏度高,因而操作时要求比较严格,稍不注意有外界介入就会造成假阳性,尤其要防止电泳过程中气溶胶的污染。④利用 LAMP 技术的同一套特异性引物未必能检测具有单核苷酸差异的不同株型或同一株型的病原菌。

（七）环介导等温扩增法的改良与完善

为提高 LAMP 反应的速度,Nagamine 等通过增加 2 条结合区域在 F2、F1 之间和 B2、B1 之间的环状引物加快 LAMP 的反应。使用环状引物后可将 LAMP 所需的反应时间缩短近一半,提高了检测效率。2008 年,Szu-Yuan Lee 等发明了集扩增与副产物光学实时诊断一体的设备,并成功地将其应用到乙型肝炎病毒的快速诊断中。

二、环介导等温扩增技术的改进与深化

LAMP 技术在建立之后,人们利用其敏感、简便、快速的特点,将其与其他的技术进行联合,开发了很多有效的检测方法。

（一）RT-LAMP

对于检测 RNA 病毒,科学家们根据 LAMP 建立了逆转录 LAMP(RT-LAMP),RT-LAMP 的灵敏度是 RT-PCR 的 100 倍。RT. LAMP 体系比 LAMP 体系多加入 RNA 酶阻抑剂和 RNA 逆转录酶,它检测 RNA 的速度甚至比 LAMP 还快。因为在 RT-LAMP中,从感染病毒组织中提取的 RNA 能直接作为模板而不需要先合成 cDNA 再进行扩增,其合成 cDNA 和扩增都是在同一时间,省去了反转录步骤和改变温度所需的时间,又减少了 RNA 酶和扩增核酸的污染机会。李启明等用 RT-LAMP 技术成功检测了丙型肝炎病毒基因,对 60 份经 Real-time PCR 或 RT-PCR 验证阳性的血清样品检测,阳性符合率为 98％,其检测灵敏度理论上可达到 10 个拷贝分子的水平。

（二）原位 LAMP

原位杂交(in-situ hybridization)是将标记的核酸探针与细胞或组织中的核酸进行杂交,使用 DNA 或者 RNA 探针来检测与其互补的另一条链在细菌或其他真核细胞中的位置的方法。2003 年 Maruyama 等将 LAMP 和原位杂交相结合,建立了原位 LAMP(In-Situ LAMP),用于检测组织细胞中的 E. coli 0157：H7。同原位 PCR 相比,其优点是使用相对较低的温度,减少对细胞的破坏,有利于同步应用荧光抗体进行细胞鉴定。此外,具有特殊结构的反应产物相对分子质量大,有效地防止向细胞外的泄露,而使用的 DNA聚合酶也由于相对分子质量小更容易进入细胞。原位 LAMP 的这些优点大大提高了检

测的效率和特异性。Ikeda 等报道了在石蜡切片中用原位 LAMP 技术进行点变异检测的报道。叶宇鑫等选取 invA 基因作为靶序列,用原位荧光 LAMP 技术检测检测人工污染的食品中的沙门氏菌,该方法灵敏度和特异性都较高,该检测体系可以直接进行可疑菌的检测,无需细菌增殖和纯化过程,不仅节省了时间,而且符合现在致病菌检测的需求。

(三)多重 LAMP

多重 LAMP 是同时在一个反应管中扩增两个基因片段,扩增结果需要用标有不同荧光素的两种探针进行杂交检测,而分子信标荧光探针可以和扩增产物的环形 DNA 区结合,结合后的探针产生两种不同的荧光,实现多基因的检测。2006 年申建维等在检测耐甲氧西林金黄色葡萄球菌时将核酸杂交和 LAMP 技术进行结合,用多重 LAMP 同时扩增金黄色葡萄球菌耐药基因 mecA 和 femA,在反应体系中加入的 2 种不同荧光探针分别与 mecA 和 femA 基因的扩增产物互补结合,最后检测反应管中的 2 种荧光值。结果该方法的最低检测限为 10 CFU/mL,与药敏试验结果相比较,灵敏度 99.0%,特异性 90.9%,证明该方法灵敏度高,特异性强,操作简便快速,适用于临床样品的直接快速基因检测。

(四)免疫捕获 RT-LAMP

免疫捕获法是一种快速检测病原菌的方法,根据特异性抗体与病原菌菌体特异性结合的免疫学原理,将特异性抗体包被于磁珠或反应管壁上,富集或捕获菌悬液和标本中的病原菌,再进行核酸反应检测目的病原菌。Fukuta 等免疫捕获和 LAMP 技术相结合发展了免疫捕获 RT-LAMP 方法(IC/RT. LAMP)来检测菊花的番茄斑点枯萎病毒,发现其比 IC/RT-PCR 敏感 100 倍。

第二节 环介导等温扩增技术在植物病原生物鉴定中的应用

一、环介导等温扩增技术在植物病毒检测中的应用

LAMP 方法自建立以来,已逐渐在植物病毒的检测中得到推广应用。已建立了日本山药花叶病毒(*Japanese yam mosaic virus*,JYMV)、番茄黄曲叶病毒(*Tomato yellow leaf curl virus*,TYLCV)、番茄斑萎病毒(*Tomato spotted wilt virus*,TSWV)、马铃薯 Y 病毒(*Potato virus Y*,PVY)、建兰花叶病毒(*Cymbidium mosaic virus*,CyMV)、烟草花叶病毒(*Tobacco mosaic virus*,TMV)、菜豆荚斑驳病毒(*Bean pod mottle virus*,BPMV)等多种病毒的 LAMP 检测方法。

Fukuta 等用免疫捕获 RT-LAMP 方法检测感染菊花的番茄点状枯萎病毒,结果显示,免疫捕获 RT-LAMP 的敏感性比 RT-PCR 高出 100 倍。许春英等建立的建兰花叶病毒 LAMP 检测方法对 cDNA 模板稀释至 10^{-8} 仍能扩增出条带,表明建兰花叶病毒 LAMP 检测方法的敏感性非常高,且反应时间短(1 h),不需要昂贵的 PCR 仪,非常适合

基层部门和养殖场使用,尤其适合现场检测。当前,LAMP 用于病毒、细菌、真菌如禽流感、新城疫、肝炎,以及沙门氏菌、大肠杆菌的检测等,已经成为热点。本研究使 LAMP 技术用于建兰花叶病毒的检测成为了可能,具有很高的实用价值。闻伟刚等建立的菜豆荚斑驳病毒 RT-LAMP 检测方法,针对 RNA 的稀释液进行灵敏度研究表明,该方法的检测灵敏度比 RT-PCR 高 1000 倍,从核酸抽提到结果观察的整个检测周期约 2 h～2.5 h,因此,具有灵敏、快速和特异性高的优点。谢宏峰等将 RT-LAMP 技术应用于花生条纹病毒的检测,取得明显的效果。特异性高,操作简单,高效灵敏。该技术反应时间短,仅需要 1 h。

二、环介导等温扩增技术在植物病原真菌检测中的应用

在植物方面,LAMP 检测技术主要集中在植物病毒和转基因食品的检测中,在真菌、细菌、线虫、昆虫的检验检疫工作方面的应用很少。张慧丽等对植物病原真菌——油棕猝倒病菌的 LAMP 检测技术进行了研究,对 LAMP 检测技术在植物病菌真菌检测上的应用进行了尝试。吴敏亮等基于在真菌中存在较多位点差异的 ITS 序列设计了一组用于特异性检测番石榴焦腐病菌的 LAMP 引物,并对反应条件和甜菜碱、硫酸镁、dNTPs、Bst DNA 聚合酶等试剂的使用浓度进行了优化,最终建立了番石榴焦腐病菌 LAMP 检测方法,反应体系在 1h 的反应时间里就能够有效地检测到目的 DNA 片段。相对 PCR 检测而言,基于番石榴焦腐病菌 ITS 特异序列基础上建立的番石榴焦腐病菌可视化 LAMP 检测方法具有快速、准确、灵敏、简便等优点,更适合在基层部门及设备简陋的实验室使用。

三、环介导等温扩增技术在植物病原细菌检测中的应用

柑桔黄龙病(HLB),又称黄梢病、黄枯病、青果病,是世界柑桔产区的重要检疫性细菌病害之一。目前,用于 HLB 的检测方法有田间症状诊断及指示植物鉴别、PCR 和实时荧光 PCR 等诊断方法。在 HLB 的分子生物学检测方法中,巢式 PCR 方法与荧光定量 PCR 方法的灵敏度要比普通 PCR 方法高 10^3 倍左右。但由于两种方法操作繁琐、检测时间长、检测仪器及试剂昂贵等劣势在实际检测中不如普通 PCR 方法应用广泛,难以在基层推广。彭军等和孔德英等分别建立了柑桔黄龙病环介导等温扩增检测方法,张仑等建立了柑橘溃疡病菌的普通 LAMP 和快速 LAMP 检测方法,使其能应用于基层检验检疫部门对病害的快速检测。

利用柑橘溃疡病菌基因组特有的保守区域设计 LAMP 引物,通过优化反应条件,建立柑橘溃疡病菌的普通 LAMP 检测体系;在普通 LAMP 引物的基础上设计一对环引物,建立柑橘溃疡病菌的快速 LAMP 检测体系,并以多种参照菌 DNA 以及健康柑橘叶片基因组 DNA 为模板对普通 LAMP 和快速 LAMP 检测体系的特异性进行了验证,利用柑橘溃疡病菌菌液和 DNA 溶液梯度稀释液对普通 LAMP 和快速 LAMP 检测体系的灵敏度进行了验证。普通 LAMP 检测体系菌体和 DNA 检测灵敏度分别达到了 2.25×10^4 CFU 和 2.03×10^{-1} ng,快速 LAMP 检测体系菌体和 DNA 检测灵敏度分别达到了 2.25 CFU 和

2.03×10⁻⁵ ng。在特异性测试中,普通 LAMP 检测体系与快速 LAMP 检测体系均仅对柑橘溃疡病菌进行扩增,对非靶标菌和柑橘叶片基因组 DNA 不产生扩增,普通 LAMP 与快速 LAMP 检测体系特异性测试结果一致。快速 LAMP 检测体系在 0.5 h 内就可以达到普通 LAMP 检测体系的扩增量,是普通 LAMP 检测体系反应时间的一半,大大提高了检测的效率;快速 LAMP 检测体系菌悬液和 DNA 检测灵敏度均比普通 LAMP 检测体系提高了 10000 倍。成功地建立了柑橘溃疡病菌的普通 LAMP 及快速 LAMP 检测方法,为柑橘溃疡病菌的检测提供了一种新的简便、快速的检测手段。

四、环介导等温扩增技术在植物检疫领域的研究与应用

LAMP 检测技术是依赖于能够识别靶序列上 6 个特异区域的引物和一种具有链置换特性的 DNA 聚合酶,在等温条件下可高效、快速、高特异地扩增靶序列。反应操作简便,不需 PCR 仪和特殊试剂,因此该方法以其成本低廉、灵敏度高、特异性强和检测周期短等特点广泛应用于植物检疫领域。目前国家质检总局相关科研立项已达 6 项,研究对象主要包括植物病原细菌、植物(类)病毒。LAMP 检测研究成果现已广泛应用于检验检疫领域,在出口食品领域制定检验检疫行业系列标准 15 项(SN/T 2754.1~2754.15—2011),制定国境口岸致病菌检验检疫行业 SN/T 3306 系列标准 5 项(SN/T 3306.1~3306.5—2012)。

1. 山东出入境检验检疫局承担完成的国家质检总局科研项目"重要检疫性植物细菌的 LAMP 检测筛选技术研究"(2009IK254),建立了玉米细菌性枯萎病菌、木薯细菌性萎蔫病菌、豌豆细菌性疫病菌、梨火疫病菌、番茄细菌性溃疡病菌等五种检疫性植物病原细菌的 LAMP 快速、高效的检测技术,可应用于植物产品中相关检疫性病害的快速筛检。

2. 上海出入境检验检疫局承担完成的国家质检总局科研项目"利用多重 RT-PCR 和 RT-LAMP 方法快速检测进境百合种球中植物病毒的研究"(2010IK265),以草莓潜隐环斑病毒(SLRSV)、南芥菜花叶病毒(ArMV)、百合无症病毒(LSV)、番茄环斑病毒(ToRSV)、接种烟草环斑病毒(TRSV)、烟草脆裂病毒(TRV)6 种检疫性病毒为研究对象,研究同步检测侵染百合多种病毒的多重 PCR 方法,建立快速检测百合主要病毒的 RT-LAMP 方法。

3. 重庆出入境检验检疫局承担完成的"基于可视化 LAMP 的柑橘上两种重要病害快速检测技术研究及检测试剂盒研制"(2011IK186),建立了柑橘溃疡病和柑橘黄龙病可视化 LAMP 检测方法,并研制两种检疫性病原细菌 LAMP 检测试剂盒,以满足快速、灵敏地开展检测的需要。

4. 中国检验检疫科学研究院承担完成的"棉花邹叶病毒等重要植物病原 LAMP 现场检测试剂盒研发"(2012IK297),建立了棉花皱叶病毒(CLCrV)、番茄严重曲叶病毒(ToSLCV)、马铃薯纺锤块茎类病毒(PSTVd)、棉花曲叶病毒(CLCuV)、苹果锈果类病毒(ASSVd)及玉簪属植物病毒 X(HVX)6 种重要植物(类)病毒快速高效、特异性强的 LAMP 检测方法,相关检测试剂盒可应用于口岸现场快速检测。

5. 黑龙江出入境检验检疫局承担的国家质检总局科研项目"环介导等温扩增技术检测马铃薯病毒方法的研究"(2013IK274),该项目拟通过风险分析,研究确定马铃薯高风

险病毒种类,在此基础上设计 LAMP 引物,建立相关病毒检测方法及试剂盒,为马铃薯种薯检疫、风险分析、风险预警、种薯认证、科学决策及病毒控制提供技术保障,以保护我国马铃薯生产,促进马铃薯产业化的发展。

6.北京出入境检验检疫局承担的国家质检总局科研项目"微流控芯片 LAMP 检测技术在植物检疫的应用研究"(2014IK025),该项目拟利用 LAMP 的高特异性和敏感性与微流控芯片微型化通量化的结合,在微流控芯片上开展检疫性欧文氏菌(梨火疫病菌 *Erwinia amylovora*、菊基腐病菌 *E. hrysanthemi*、亚洲梨火疫病菌 *E. pyrifoliae*)的微流控芯片 LAMP 检测方法的研究,可实现病原菌的多通量检测,为现场快速检测提供技术支持。

参 考 文 献

[1] 许春英,李逢慧,罗超.环介导等温扩增技术检测建兰花叶病毒[J].现代农业科技,2009(8):11-14.

[2] 闻伟刚,杨翠云,崔俊霞,等.RT-LAMP 技术检测菜豆荚斑驳病毒的研究[J].植物保护,2010,36(6):139-141.

[3] 赵桐,李长红,周前进,等.大蒜 x 病毒逆转录环介导等温扩增检测方法的建立[J].浙江农业学报,2013,25(6):1326-1331.

[4] 陈炯,陈剑平.植物病毒种类分子鉴定[M].北京:科学出版社,2003.

[5] GB/T 28073—2011 南芥菜花叶病毒检疫鉴定方法

[6] 郭木金,廖富荣,陈青,等.豇豆重花叶病毒 RTLAMP 检测方法的建立[J].植物保护,2012,38(1):123-127.

[7] 周彤,杜琳琳,范永坚,等.水稻黑条矮缩病毒 RTLAMP 快速检测方法的建立.中国农业科学,2012,45(7):1285-1288.

[8] 黄丽,苏华楠,唐科志,等.柑橘黄龙病 LAMP 快速检测方法的建立及应用.果树学报,2012,29(6):1121-1126.

[9] 孔德英,孙涛,李应国,等.柑桔黄龙病 LAMP 快速检测方法的建立[J].中国南方果树,2013,42(1):8-11.

[10] 匡燕云,李思光,罗玉萍.环介导等温扩增核酸技术及其应用[J].微生物学通报,2007,34(3):557-560.

[11].高芳,曹明富.环介导的核酸恒温扩增技术概述[J].生物学教学,2011,36(5):5-7.

[12] 刘永生,丁耀忠,张杰.环介导等温扩增(LAMP)技术的应用研究[J].中国农学通报,2010,26(8):87-89.

[13] 谢宏峰,迟玉成,许曼琳,等.逆转录环介导等温扩增技术检测花生条纹病毒[J].植物病理学报,2011,41(6):649-653.

[14] 彭军,郭立佳,王国芬,等.香蕉条斑病毒 LAMP 快速检测方法的建立[J].植物病理学报,2012,42(6):577-584.

[15] 张吉红,余濒琼,徐瑛,等.逆转录环介导等温扩增技术检测草莓潜隐环斑病毒的研究[J].植物保护,2013,39(6):74-77.

[16] 吴敏亮,张溢溪,兰成忠,等.番石榴焦腐病菌 LAMP 检测方法的建立及应用[J].植物病理学报,2013,43(6):574-580.

[17] 张慧丽,段维军,张吉红,等.环介导等温扩增技术检测油棕猝倒病菌的研究[J].浙江农业学报,2013,25(2):303-308.

[18] NOTOMI T,OKAYAMA H,MASUBUCHI H,et al. Loop-mediated isothermal amplification of DNA [J]. Nucleic Acids Research,2000,28(12):63.

[19] FUKUTA S,MIZUKASMI Y,ISHIDA A,et al. Detection of Japanese yam mosaic virus by RT LAMP [J]. Arch Virol,2003,148 (1):1713-1720.

[20] FUKUTA S,KATO S,YOSHIDA K,et al. Detection of tomato yellowleaf curl by loop-mediated isothermal amplification reaction[J]. JVirol Methods,2003, (112):35-40.

[21] FUKUTA S,OHISHI K,YOSHIDA K,et al. Development of immunocapture reverse transcription loop-mediated isothermal amplification for the detection of tomato spotted wilt virus from chrysanthemum[J]. J Virol Methods,2004(121):49-55.

[22] NIE X. Reverse transcription loop-mediated isothermal amplification of DNA for detection of Potato virus Y[J]. Plant Dis,2005(89):605-610.

[23] LIU YH,WANG Z D,QIAN Y M,et al. Rapid detection of Tobacco mosaic virus using the reverse transcription loop-mediated isothermal amplification method[J]. Arch Virol,2010(155):1681-1685.

[24] TOMITA N,MORI Y,KANDA H,et al. Loop-mediated isothermal amplification(LAMP)of gene sequences and simple visual detection of products[J]. Nature Protocols,2008,3(5):877-882.

[25] LIU J,HUANG C L,WU Z Y,et al. Detection of tomato aspermy virus infecting chrysanthemums by LAMP(in Chinese)[J]. Scientia AgriculturaSinica(中国农业科学),2010,43(6):1288-1294.

[26] VARGA A,JAMES D. Use of reverse transcription loop-mediated isotherm al amplification for the detection of Plum pox virus[J]. Journal of Virological Methods, 2006,138(1-2):184-190.

[27] LEE MS,YANG MJ,HSEU YC,et al. One-step reverse transcription loop-mediated isothermal amplification assay for rapid detection of Cymbidium mosaic virus [J]. Journal of Virological Methods,2011,173(1):43-48.

[28] WEI QW,YU C,ZHANG SY,et al. One-step detection of Bean pod mottle virus in soybean seeds by the reverse-transcription loop-mediated isothermal amplification [J]. Virolo Journal,2012(9):187.

[29] BHAT AI,SILJO A,DEESHMA KP. Rapid detection of P/pcr yellow mottle virus and Cucumber mosaic virus infecting black pepper(Piper nigrum)by loop-mediated

isothermal amplification(LAMP)[J]. Journal of Virological Methods,2013,193(1):190-196.

[30] ZHAO K,LIU Y,WANG X F,et al. Reverse transcription loop-mediated isothermal amplification of DNA for detection of Barley yellow dwarf viruses in China[J]. Journal of Virological Methods,2010,169(1):211-214.

[31] KUAN C P,WU M T,LU Y L,et al. Rapid detection of squash leaf curl virus by loop-mediated isothermal amplification [J]. Journal of VirologicalMethods,2010(169):61-65.

第三章　基因芯片技术

基因芯片又称 DNA 微阵列,该技术将大量的核苷酸探针以点阵列的方式排布于同相支持物上。与荧光标记的 DNA 样品杂交,通过激光共聚焦等方法对样品 DNA 进行定量检测。基因芯片技术具有自动化、高通量的特点,是基因表达谱研究的一种重要手段,是近十几年来生命科学领域中的重要发展。基因芯片技术作为一种新的检测技术,已经广泛应用于生命科学、医学和农业领域,是当今世界高度交叉、高度综合的前沿科学与研究热点。

第一节　基因芯片的原理

基因芯片(gene chip)是生物芯片(biochip)的一种,又称 DNA 芯片(DNA chip)、DNA 微阵(DNA microray),在生物芯片技术中发展最成熟,并且最先进入应用和实现商品化。基因芯片技术源于 Southern boltting 技术,是 1975 年 Southern 等发现被标记的核酸分子能够与另一被固化的核酸分子进行配对杂交,由此建立的一项印迹技术。随着 20 世纪 90 年代人类基因组计划的推动和分子生物学等相关学科的迅猛发展,基因芯片技术以其微量、快速、高通量、多参数同步分析的特点,逐渐被应用于多种微生物(主要包括细菌和病毒、少量真菌)及其转基因产品相关检测的研究。目前国际上从事基因芯片研究和开发的上百家公司,为基因芯片的发展提供了广阔的前景。美国的 Afymetrix 公司于 20 世纪 90 年代率先开展了基因芯片的研究,并成为生物芯片的领头羊,主导和影响芯片行业的发展方向。

一、基本原理

生物学中的基因定义是指载有生物遗传信息的基本单位,它存在于生物细胞的染色体上。基因芯片属于生物芯片的一种,采用人工的方法,将设计好的基因片段有序地、高密度地排列在固相载体上的一种信息检测的生物芯片,即应用已知序列的核酸探针对未知序列的核酸序列进行杂交检测,它综合了分子生物学、微电子学、高分子化学合成技术、激光共聚焦扫描技术和计算机科学等学科知识,被认为是又一次革命性的技术突破。

基因芯片技术以基因序列为分析对象,是生物学家受到计算机芯片技术的启迪,融微电子学、生命科学、计算机科学和光电化学为一体,在原核酸杂交技术(northern、southern)的基础上发展起来的一项新技术。基因芯片高通量、快速的特点使其成为研究基因功能的一种强有力的工具。

基因芯片采用原位合成或显微打印手段,把核酸密集有序地排列固定在固相载体基片上预先设置的区域内,固相基片通常是硅片、玻片、聚丙烯或尼龙膜等,其中的玻片是最常用的载体材料。通过化学修饰可以使玻片成为表面富含氨基的基片。在中性溶液中,基片上的氨基所带的正电荷与核酸分子上的磷酸所带的负电荷相互作用,使已知核酸序列的探针吸附在基片表面,并且在一定能量的紫外线照射或加热条件下,核酸探针上的胸腺嘧啶碱基上的氯基可以和基片上的氨基之间形成共价键,这样核酸就能够固定在玻璃基片表面而构成基因芯片。基因芯片检测是利用核酸碱基配对的原理确定靶DNA序列,基因芯片上可固定多种代表不同物种特异基因的探针,将从样品中提取并经PCR扩增和荧光标记的特异基因片段与芯片上的相应探针杂交,利用放射自显影技术或者荧光共聚焦扫描仪检测荧光,经电脑系统处理分析每个探针上的杂交信号,由此可以检测样品中大量基因的信息,是一种进行DNA序列分析、基因表达信息分析的强有力工具。

基因芯片的工作原理是:将待测的生物样本经过标记后与芯片上特定位置的探针进行杂交,根据生物学上的碱基互补配对原则来确定靶序列,经激光共聚集显微镜扫描,用计算机系统对荧光信号来进行比对和检测,并快速得出所需要的信息。目前将基因片段固定到支持物的方法总体上有两种:

(一)原位合成法

这种方法主要是光引导原位合成技术,它可用于寡核苷酸和寡肽分子的合成。原位合成法固定具有很多优点,例如合成速度较快,合成的成本低,规模化生产简便等。经过原位合成后的寡核苷酸或多肽分子与玻片之间以共价形式连接,它用事先制作好的蔽光板和已经经过修饰的4种碱基,通过光进行活化从而以固相方式合成微点阵,在合成前应先将玻片氨基化,并利用光不稳定保护剂将已经活化的氨基保护起来。选择合适的挡光板对需要聚合的地方使光透过,而不需要发生聚合的地方进行蔽光处理。当光通过挡光板照射到支持物上时,受光照部分的氨基开始解保护,与单体分子发生耦联反应。因为发生反应后的部位仍然受保护剂的保护,所以可以通过控制挡光板透光与蔽光图案以及每次参与反应单体分子的种类,来实现在特定位点合成大量预定序列寡核苷酸或寡肽的目的。

(二)点样合成法

这种方法与原位合成很相似,合成工作用传统的DNA或多肽固相合成仪就能完成,而合成后产物需要用特殊的自动化微量点样装置将其以较高的密度均匀涂于硝酸纤维膜、尼龙膜或玻片上。

二、基因芯片的种类和实验过程

(一)基因芯片的种类

基因芯片的分类有多种标准:按其片基不同,可分为无机片基芯片和有机合成片基芯片;按其应用不同,可分为表达谱芯片、诊断芯片、检测芯片;按其结构不同,可分为DNA 阵列和寡核苷酸芯片。基因芯片的制备方法主要有原位合成法(in situ synthesis)以及合成后交联(post-synthetic attachment)。

常见的基因芯片主要分为三种:①测序芯片。这种芯片是指将一小段 DNA 片段以微阵列的形式在载体上固定住,之后将待测的生物样品同测序芯片进行反应,DNA 片段就可以以这样的形式被检测出来。②表达芯片。这种芯片通过检测生物基因的 mRNA的多少来确定基因的表达状况。③杂交芯片。这种芯片主要是用来测定病人的特定遗传基因序列的相对含量多少。

(二)基因芯片的实验过程

1. 基因芯片实验

基因芯片实验通常包括 4 个过程:芯片制备、靶样品准备、杂交反应和信号检测、结果分析。基因芯片应用的基本原理是分子杂交。用红、绿荧光染料分别标记实验样本和对照样本的 cDNA,混合后与基因芯片杂交,可显示实验样本和对照样本基因的表达强度。由此可在同一基因芯片上同时检测两样本的基因差异表达。

2. 基因芯片的制备

基因芯片的制备主要包括以下几个步骤:芯片的制备、样品的制备、杂交反应、信号检测与结果分析。

(1)芯片的制备:制备芯片主要是采用原位合成的方法,以玻片或硅片为载体,在载体上将寡核苷酸片段或 cDNA 作为探针按顺序地排列。

(2)样品的制备:由于生物样品不能与芯片直接进行反应,所以必须对生物样品进行处理。具体来说,必须对样品提取和扩增后,对获取的蛋白质或 DNA、RNA 进行荧光标记,以此来提高检测的安全性和灵敏性。

(3)杂交反应:这种反应先将生物样品进行标记,然后将生物样品和芯片上的探针进行反应,反应结果会产生一系列信息,这个过程称为杂交反应。合适的反应条件能使生物分子间反应处在最佳状态,这样能减少生物分子之间的错配率。

(4)信号检测与结果分析:杂交反应后,对反应芯片上的反应点上的荧光位置以及荧光强度进行扫描分析,并将荧光分析转换成图像和数据信息,由此来获得生物信息。

三、基因芯片的数据处理方法

(一)基因芯片数据的获取

基因芯片荧光标记通常使用 Cy5 与 Cy3 两种荧光标记物,它们经特定波长的激发光作用分别呈红色和绿色。探针和经荧光标记的样品进行生物反应。通过芯片专用的检测系统和图像处理软件,将荧光信号转换成可计算的数字信息。这些软件能自动定位并识别芯片上每个杂交点。通过背景调整或分割技术,减除杂交信号中非特异性的噪声部分。以 Cy5/Cy3 的比值(ratio)表示每点的杂交信号,或其取底数为 2 的对数 log(ratio),以便于分析。在后期统计学分析中,数据常表示为多维向量(vector),维数取决于实验分组的数量。芯片原始数据常按照基因和分组的形式排列在一个矩阵(matrix)中。

(二)表达数据的标准化

荧光标记物的效率、样品 RNA 原始浓度的差异、扫描参数的设置等都可能导致系统误差。为了避免基因芯片实验中因系统误差造成的芯片间及芯片内多种样品数据比较的困难,在比较各实验结果前必须将数据标准化(normalization)。

最常用的是"管家基因(house-keeping gene)"法。它预先选择一组表达水平不变的管家基因作为对照固定在芯片上,并计算出这组基因平均 ratio 值为 1 时的标准化系数,然后将其应用于全部的数据以达到标准化的目的。但合适的"管家基因"不易寻找。目前常用的"管家基因"在不同的实验条件下,表达水平依然存在差异。

标准化同一块芯片上杂交的两种样品时。可采用基于光密度的方法。该方法基于如下假设:两批待标记的 mRNA 的量相同。相对于对照组样品,实验组的表达应既有上调也有下调。这样,扫描所得的所有 Cy5 和 Cy3 荧光分子的光密度值是相同的。由此可以计算出一个标准化系数,来重新计算芯片上每个基因的光密度。

此外,基因中心化与序列中心化,局部加权回归方法(LOWESS),整体平均值法(global mean normalization)和密度依赖(intensity-dependent)标准化法也较为常用。

(三)差异表达基因的筛选

在多组重复实验中表达水平有显著差异的基因即为差异表达基因。基因芯片可以检测基因在不同组织样品中的表达差异。常用的筛选差异表达基因的方法有如下几种:

1. 倍数变化(fold change)

在数据标准化后。每个基因都可以获得一个 ratio 值。ratio 是 Cy3/Cy5 的比值,又称 R/G 值。该数值可代表基因表达的水平。一般认为 ratio 值在 0.5~2 内的基因,表达不存在显著差异。由于具体实验的差异,该阈值范围可根据置信区间进行适当的调整。该方法结果简明直观且节约成本,对于预实验或实验的初筛是可行的。但结论过于简单,难以发现表达变化微小却具有重要生物学意义的基因。

2. t 检验(t-test)

在分析两种实验条件下多个重复样本的数据时,可通过 t 检验来筛选差异基因。当 t 超过根据可信度选择的标准时,就可以认为参与比较的两样本间存在着差异。但是受制于基因芯片实验成本的昂贵,小样本的基因芯片实验是很常见的。样本量的不足可能导致不可信的变异。因此有研究者提出了调节性 t 检验(regularized t-test)模型。该模型认为,相似的基因表达水平有着相似的变异,通过检测同一张芯片上临近的其他基因的表达水平。应用贝叶斯条件概率统计方法,可以对任何基因的变异程度估计进行弥补。该方法对基因表达的标准差估计比简单的 t 检验和倍数分析更加精确。

3. F 检验

检验也就是方差分析(ANOVA)。在比较两种或多种生物条件下的芯片数据时,可用方差分析筛选差异表达基因。方差分析的目的是推断两组或多组数据的总体均数是否相同,检验两个或多个样本均数间的差异是否有统计学意义。方差分析能计算出哪些基因有统计差异。但它没有对哪些组之间有统计差异进行区分。因此在很多情况下均值间的两两比较(post-hoc comparisons)检验是必要的,通过它可以对基因进行更精确地分析。

4. 其他方法

为了鉴别基因的某一特定行为,通常可以采用假表达谱(pseudoprofile)的方法,即假设具有某一类假表达谱。随后在实际芯片数据中寻找与之相符的基因。由于微阵列数据存在"噪声"干扰。因此可能不满足 t 检验等分析方法的正态分布假设。此时非参数分析方法。例如非参数 t 检验(nonparametric t-test)、芯片显著性分析(significance analysis of microarray,SAM)、混合模型法(the mixture model method,MMM),对芯片数据的分析是适用的。有些学者利用回归方法分析基因表达谱数据。有研究在肿瘤的分类中使用了线性回归方法。

(四)基因功能分类的分析方法

在不同的细胞类型和细胞状态下,基因具有不同的表达水平。很多功能相关的基因是共表达的;分析共表达基因可以揭示出很多的调控机制。因此,分析基因的表达模式,就可以实现基因功能的生物学分类。根据对所研究基因的表达规律和实验分组是否具有先验知识,可将分析方法分为两大类:非监督(unsupervised)算法和监督(supervised)算法。

1. 非监督(unsupervised)算法

所谓的非监督算法,即聚类分析(cluster analysis),在芯片数据的分析中最为常用。聚类分析是通过建立各种不同的数学模型,把基于相似数据特征的变量或样本组合在一起。归为一个簇的基因在功能上可能相似或关联,从而找到未知基因的功能信息或已知基因的未知功能。该方法可在没有任何外部信息的情况下将基因聚类。

(1)系统聚类(hierarchical clustering)

系统聚类根据聚类的方式可以分为凝聚法(agglomerative approach)和分裂法(divisive approach)。凝聚法从下到上对个体进行聚类,开始每个个体各为一类,按一定的规则进行逐步合并,直到所有个体都归为一类或达到预定的终止条件。分裂法按照从上到下的方式对个体进行聚类,初始所有个体为一类,然后按照一定规则逐渐分裂,直到每个个体形成一类或满足某个特定的结束条件,如达到预定的类数或 2 个最邻近的类之间的距离超过某预定值。系统聚类简明直观,被广泛应用于酵母和人的基因表达分析。但很难有严格的标准来决定切分方案,最终的结果容易产生任意性。该方法计算的复杂度较高,同时严格的系统进化树并不适于反映基因表达模式这种存在多种独特路径的情况,系统聚类分析不适于基因表达谱可能相似的复杂数据。

(2) K-means 聚类分析

将所有数据随机分为 K 个簇,每个簇的平均向量用于计算各簇间的距离。然后用迭代方法计算簇间数据移动后的距离,某个数据只有在比原先所在的簇更为接近现在所在的簇时,才能留在目前所在的簇,每次移动后簇的平均向量都重新计算,如此不断重复,直至一旦有任何移动,都会增加簇内的距离或减小簇间的非相似性为止。

该聚类方法原理简单,分类迅速,适合对数据量巨大的样本进行聚类。但在实际应用时需事先设定分类的数目。由于对类的初始化是随机的,不同的初始化会产生不同的聚类结果,因而不便于解释。该方法受噪声和异常值的影响较大。

(3) K-medoids 法

该方法同样需要预先规定类数 K。但是 K-medoids 算法选择类的最中心的一点作为参照点,而不是类中所有个体的均数。分割算法使得每个个体与其参照点的非相似性之和最小。当数据中存在噪声和异常值时,K-medoids 算法比 K-means 算法具有更高的鲁棒性。

(4) 自组织图(self-organizing map,SOM)

自组织图是 Teuvo Kokonen 提出的一种基于神经网络和多维标度法的聚类算法。自组织图由若干节点以简单的拓扑结构构成,节点中包含了其距离函数,自组织图的形成就是这些节点以迭代的形式分布到 K 维的基因表达空间的过程。初始节点的分布是随机的,在迭代过程中,首先按照一定的顺序排列所有数据点(输入向量),对于每个数据点计算其距各节点的距离,距数据点最近的节点及在其邻径范围内的节点按照一定的方式向该数据移动。直到每个节点的位置稳定为止,得到自组织。SOM 算法容易实现,结果易于可视化,适用于探索性、大规模的数据分析。但 SOM 法有着和 K-means 相同的不足,在未知分块数目时其初始权重选择很可能不合适而导致产生次优解。另外受多种参数影响,该方法的结果可能不稳定。

另外,常用的聚类方法还有模糊聚类(fuzzy clustering)、主元分析(principal component analysis,PCA)等。前者适用于处理基因各功能类间边界不能截然分开的情况,后者则可以在有效地降低数据维数的同时不明显丢失信息。

2. 监督(supervised)算法

在处理基因芯片数据时,往往事先对待测基因或分组情况已经有了一定程度的了解,并且这些信息与基因芯片实验本身无关。此时可以用监督算法来指导分类并利用所建立的分类对未知样品的功能和状态进行预测。

(1) 线性判别分析(1inear discriminant analysis)

线性判别分析首先在基因芯片数据和先验知识的基础上建立线性判别函数。随后把未知类的样本数据代入判别函数,从而判断新样本(基因或序列)的类别归属。该分析方法计算简单且易于应用,同时具有较低的误差率。但该方法不能处理基因间的交互作用。若基因间存在复杂的交互作用,线性判别分析难以发现数据中的规律。另外,与线性判别分析接近的还包括二次方判别分析等。

(2) 支持向量机(support vector machine)

它利用表达数据,根据已知功能的基因来识别具有相似表达谱的未知基因。SVM从一个具有某共同功能的基因集开始,并确定另一个不具有该功能的基因集。将这 2 个基因集合并为一个示范集,其中具有某功能的基因被标记为正,那些不具该功能的基因被标记为负。利用这个示范集 SVM 可以根据表达数据,学习区分该功能基因集的成员和非成员。之后,SVM 就可以根据新的基因的表达数据对其进行功能分类。将 SVM 用于示范集,还可以识别那些在示范集中被错误分类的基因,它们通常为离群值。

（3）*k*-最临近分类法（*k*-nearest neighbor classifiers）

k-最临近分类法建立在通过类比进行学习的基础之上。训练样本由 *n* 维计量变量描述，每个观察个体由 *n* 维空间中的一个点来描述。当给定一个未知样本，*k*-最临近分类法将在模式空间中搜寻与此样本最临近的 *k* 个观察个体，这 *k* 个个体就是该未知观察个体的 *k* 个最临近点。未知样本将被赋予 *k* 个最临近的个体中类数最多的类。与复杂的分类算法相比，该方法简单、直观、误差率较低，能够以"黑箱"的方式处理基因间的交互作用，但对数据结构的洞悉作用很小。

除了以上提到的方法，还有多种数据处理方法在基因芯片数据的分析中有着广泛的应用。决策树（decision trees）是一种自上而下递归地对数据进行分割的算法。它通过将大量数据有目的的分类，从中找到一些有价值的、潜在的信息。决策树描述简单，分类速度快，特别适合大规模的数据处理。人 IT 神经网络法（artificial neural network）是一种应用类似于大脑神经突触联接的结构进行信息处理的数学模型。在这一模型中，大量的节点之间相互联接构成网络，即"神经网络"，以达到处理信息的目的。人工神经网络的运行分析无需任何特定模型，并能够发现交互作用效果。贝叶斯分类（Bayesian classification）建立在贝叶斯理论基础之上，其前提假设是一个变量对分类的作用独立于其他变量。该方法具有较高的精确性。

（五）分析结果的检验及其生物学意义

对计算所得的结果，必须进行参数法和非参数法的统计学检验。前者受数据本身的影响较大，后者无此影响，但是对数据变化不甚敏感。在得到可靠的统计分析结果之后，就需要分析其生物学意义。由于芯片吸附的 DNA 片段往往是未知基因，而且即便是已知基因，其功能也可能尚未完全了解，这就需要借助一定的方法来探索数据中隐藏的生物学意义。GenMAPP 是一种实用的免费软件，利用它和相关的数据库，既可以将数据输入已知的生物学通路和基因家族中，来研究样本基因，也可以自行创建通路进行分析。概率相关模型（probabilistic relational models），可以在数据处理过程中加入各种相关信息，将相关生物学信息和芯片数据进行一种统计学上完备的、无偏倚的整合，便于后续分析。

第二节　基因芯片技术的应用

一、基因芯片技术在植物病原生物鉴定中的应用

（一）基因芯片技术在植物病毒检测中的应用

目前对植物病毒的检测、鉴定虽然有一些方法，如电镜、ELISA、PCR 技术等，但每次试验只能针对一种病原菌进行检测。近年来发展的基因芯片技术是一种高效、快速并可同时测定基因组成、基因活动的新方法，该技术的原理是将大量 DNA 探针片段有序地固化于支持物表面，然后与已标记的生物样品中 DNA 分子杂交，再对杂交信号进行检测分

析,从而识别样品中存在的特异性核酸序列。它最大的优点在于高通量、并行化和微型化。在基因芯片上,单位面积可以高密度排列大量的生物探针,一次试验就可以同时分析多种生物靶点,其效率远远高于传统检测手段。

基因芯片检测技术在植物病毒检测中也有很多探索和应用。Lee 等设计了一种芯片可以检测和区别 4 种感染葫芦科植物的烟草花叶病毒组成员,Abdullah 等应用该技术成功检测了马铃薯 A 病毒(PVA)等 12 种病毒,马新颖等建立了黄瓜花叶病毒、烟草花叶病毒、木槿褪绿环斑病毒等 10 种植物病毒的基因芯片检测方法。

(二)基因芯片在黄单胞菌检测中的应用

目前对黄单胞菌的分子生物学检测大多基于 PCR 技术。这些方法存在易污染、灵敏度低而且每次只能检测一种致病菌等不足。基因芯片技术是近年发展起来的高新生物技术,可以对多种靶基因同时检测和鉴定,以其高通量、快速、多靶标等优势得到广泛的应用。龙海等结合双重 PCR 和基因芯片技术同时检测和鉴定我国检疫性细菌,包括水稻白叶枯病菌($Xanthomonas\ oryzae\ pv.\ oryzae$,Xoo)、水稻细菌性条斑病菌($X.\ oryzae\ pv.\ oryzicola$,Xooc)、柑桔溃疡病菌($X.\ axonopodis\ pv.\ citri$,Xac)以及严重危害十字花科作物的甘蓝黑腐病菌($X.\ campestris\ pv.\ campestris$,Xcc)。以铁载体受体(putative siderophore receptor)基因序列和 RNA 多聚酶西格玛因子(RNA polymerase sigma factor,rpo D)基因序列为靶标,设计引物和特异性探针能够同时检测这 4 种重要的病原菌。对 17 个细菌菌株进行芯片检测,仅 4 种靶标菌得到阳性结果,证明此方法具有很高的特异性。4 种致病菌基因组 DNA 的检测灵敏度约为 3 pg。

(三)基因芯片在植原体检测中的应用

植物植原体(phytoplasma)病害是一类危害严重的植物病害,其侵染性强,危害寄主广泛,曾造成许多经济作物、林木的大量死亡,带来严重的经济损失。如我国发生的泡桐丛枝病、枣疯病就是典型的子。

目前世界各地先后报道的植原体病害达 700 多种,我国也报道了 100 余种。因而及早发现感病植物中植原体的存在,及早采取相应的措施,将带毒植物予以铲除,杜绝侵染来源,对该类病害的防治具有重要意义。但由于植原体在体外不能人工培养,长期以来主要依靠生物学、电镜观察、抗生素试验相结合的传统方法进行检测。自 20 世纪 80 年代以来,出现了血清学检测和多种分子生物学检测方法,主要有基于 16S rRNA、23S rRNA 以及核糖体蛋白基因 rp 序列的分析,建立限制性片段长度多态性分析(RFLP)、核酸杂交、PCR 等检测方法。随着上述检测方法的不断改进,其准确性、灵敏性均有所提高。但这些方法大多都难以实现高通量检测。近年来,基因芯片检测技术已用于检测植物植原体。罗焕亮等通过分析比对 11 种检疫性植原体的 16S rDNA 序列,设计了通用引物以及种间特异性探针,并建立了植原体基因芯片检测技术,实现了高通量检测植原体病原,提升了检疫鉴定植原体的速度。

二、基因芯片技术在植物检疫领域中的研究与应用

基因芯片技术现已广泛应用于检验检疫领域,制定食品中致病菌及国境口岸致病菌

检验检疫行业标准 8 项,在植物检疫领域开展科学研究多项。

(一)植物病毒检测

植物病毒是一类严重危害作物的病原生物,在全世界范围内造成农作物、花卉、果树、牧草和药用植物的产量和品质下降。芯片技术是最近国际上迅猛发展的一项高新技术,是植物病毒快速检测技术的重要发展方向。北京出入境检验检疫局承担的国家质检总局科研项目"植物病毒蛋白芯片检测技术研究"(2007IK231)、甘肃出入境检验检疫局承担的国家质检总局科研项目"种子病毒性病害蛋白芯片快速检测技术研发"(2007IK259),均使用基因芯片技术用于植物病毒的快速检测技术的研究,以满足口岸植物检疫工作中快速、准确的要求,及农业病害调查中的高通量检测。该方法的研究与建立,可部分替代 ELISA 方法。北京出入境检验检疫局承担完成的国家质检总局科研项目"葫芦科植物病毒蛋白芯片检测方法的建立"(2008IK234),以黄瓜绿斑驳花叶病毒病 CGMMV、小西葫芦黄花叶病毒 ZYMV、西瓜花叶病毒 WMV、南瓜花叶病毒 SqMV 等为害葫芦科作物的主要病毒作为研究对象,采用蛋白芯片技术进行病毒病害检测技术的研究,通过建立一套快速、准确、高通量、高灵敏度的葫芦科作物的病毒检测监控系统,达到开展植物检疫及植物疫情调查分析工作,控制植物病毒病的流行爆发的目的。山东出入境检验检疫局承担完成的国家质检总局科研项目"多色微球液相芯片技术快速检测进境种苗病毒病的技术研究"(2011IK170),该项目制备了菜豆荚斑驳病毒 BPMV、南方菜豆花叶病毒 SBMV、蕃茄黑环病毒 TBRV、玉米褪绿矮缩病毒 MCDV、苹果茎沟病毒 ASGV 五种病毒的多克隆抗体,通过与多色微球的联结,制备了五种病毒液相芯片免疫微球,研发了五种植物病毒的免疫微球液相芯片检测方法。

(二)植原体检测

植原体(phytoplasma,原称类菌原体 Mycoplasma-like Organism,简称 MLO)是引起植物病害的一类重要病原,其侵染性强,危害寄主广泛,可造成严重的境遇损失。我国规定的检疫性有害生物包括葡萄黄化类植原体(grapevine flavescence doree phytoplasma)、蓝莓矮化植原体(blueberry stunt phytoplasma)、椰子致死黄化植原体(coconut lethal yellowing phytoplasma)等 14 个种类。新疆出入境检验检疫局承担完成的国家质检总局科研项目"葡萄黄化类植原体实时荧光 PCR 及基因芯片检测技术研究"(2008IK243),主要针对葡萄黄化类植原体,探索基因芯片制备技术和杂交技术,开展了葡萄黄化类植原体实时荧光定量 PCR 检测方法与基因芯片检测方法的研究工作。

三、基因芯片技术在其他领域中的应用

(一)在临床疾病诊断中的应用

在基因芯片研究中最具有商业价值的运用就是用基因芯片技术进行基因诊断。很多疾病都是因基因导致,常用传统诊断方法只能对极少数的基因进行诊断和检测,检测的效率低下,而且诊断的准确度也低,影响了该种方法的使用。基因芯片技术的出现改变了这种状况,因为基因芯片技术具有大规模、高通量和先进性等诸多优点,这使得基因

芯片技术可以对疾病的诊断更加简便、快捷、高效。基因芯片在疾病的早期诊断分类以及寻找致病基因方面都有着广泛的潜在应用价值。医生通过对一些基因和蛋白质的表达变化水平进行检测来诊断癌症。利用基因芯片技术对产前孕妇的少许羊水检测就可以检测出胎儿是否患有遗传疾病。利用基因芯片技术，可以有效地提高高血压、糖尿病、恶性肿瘤等一些疾病的诊断准确率，更加便于医生了解各种疾病情况。凭借基因芯片技术能够对一些疾病进行早期准确地诊断和检测。

（二）在法医鉴定方面的应用

在法医学方面，基因芯片技术比以前的 DNA 指纹鉴定更加先进，它不仅可以做基因鉴定，而且还能通过 DNA 中包含的生命信息来描画出生命体的外貌特征，这将极大地便于法医的医学鉴定。

（三）在基因功能研究中的应用

在生物基因组学以及后基因组学的研究中也广泛用到基因芯片技术。基因芯片技术已广泛应用在 DNA 测序、检测生物基因表达和基因突变、探寻新的基因功能、找寻生物的新基因等多个方面。而且基因芯片技术相比于传统的杂交方法，它具有更好的大规模平行处理的能力。

（四）在突变性和多态性中的应用

在同一物种不同种群和个体之间存在着多种不同的基因类型。而这种不同，往往导致个体的不同性状和多种遗传性疾病。通过比较不同性状个体的基因，就能得出不同基因与性状的联系。在以往，生物研究者多是采用人工测序和自动测序的方法来研究基因突变和多态性，由于人工测序和自动测序的方法具有一定局限性，很难获得高精度高分辨率的结果，这就极大地限制了大规模、低消耗和自动化的对这种研究的一种需求。基因芯片技术以其独特的优点可以弥补传统检测方法的不足。基因芯片技术结合 DNA 聚合酶或连接酶能够获得更高的检测准确率和分辨率。基因芯片技术可以规模地检测和分析 DNA 的变异及多态性。

（五）在环境保护中的应用

基因芯片技术可高效检测由一些微生物、富氧的有机物等引起的污染，对环境污染进行检测和评估。基因芯片技术具有操作简单、自动化程度高、检测效率高等诸多优点，利用了生物科学和信息学的最新研究成果，现在被广泛地应用于多个领域，尤其在环境科学领域有很好的应用前景。近年来，环境保护问题日益成为社会发展过程中不容忽视的问题。为了更好地治理环境，基因芯片技术被广泛应用于环保的检测和治理工作中。基因芯片技术一方面能快速检测出污染物对生物环境的污染和危害程度，另一方面还能通过一系列的筛选来找寻保护基因。同时，基因芯片技术还可以为生产治理环境保护的生物工程药品找到合适的基因替代品。随着技术的发展与完善，生物芯片技术必将会越来越广泛地应用到环境科学研究的各个领域。

（六）在农业生产中的应用

利用基因芯片技术，可以在分子生物学研究的基础上，使其研究成果得到迅速转化和利用。根据生物芯片的设计和应用原理,基因芯片技术在农业上也同样具有广阔的应用前途。一些具有重要经济价值或药用价值的农作物、花卉、水果和蔬菜可以利用基因芯片技术对其研究,通过遴选,找出具有产量高、抗倒伏和抗病虫害以及抗干旱的突变基因。通过这些突变基因来发展高科技含量的农业产品,而且还能利用该技术研发出对人类无害的生物农药。

随着基因工程技术的发展,转基因食品越来越多出现在人们的生活当中,但是人们对这种新型的生物具有一定的担忧,对于转基因食品的安全问题目前还有较大的争论,而基因芯片技术可以快捷准确地检测,也可以判断待测样品是否为转基因产品,这样不仅可对转基因食品进行定性检测,而且还可以定量地检测其类别。转基因检测常用的方法有蛋白检测法、核酸检测方法以及普通 PCR 检测,转基因成分检测最容易出现假阳性和假阴性这两种情况,然而基因芯片中含有特定的探针,从而保证了检测的质量,仅靠一个实验就可以筛选出转基因的食品。

(七) 在病原微生物研究中的应用

利用基因芯片可以检测到 mRNA 的细微变化,利用病毒的 DNA 芯片,在基因组的水平上平行地分析病毒的基因表达,通过病毒基因表达对药物敏感性的观察,由此来研究药物对病毒的作用机理。这种技术可用于药物的筛选和临床治疗和诊断,能较为敏感准确地检测多种病毒。

1. 对致病细菌的检测

食品中病原性细菌的检测是食品卫生安全检测中一个重要的方面。使用芯片技术进行细菌检测,可以大大缩短检测时间,使那些不能培养或很难培养的细菌也可以得到快速检测。Woo-Sung J 等人建立一种运用多重 PCR 和基因芯片技术检测和鉴定志贺氏菌、沙门氏菌及大肠杆菌的方法,为该 3 种食源性致病菌的快速检测和鉴定提供了准确、快速、灵敏的方法。该研究对 7 种细菌共 26 株菌进行芯片检测,仅 3 种菌得到阳性扩增结果,证明此方法具有很高的特异性。3 种致病菌基因组 DNA 和细菌纯培养物的检测灵敏度约为 8 pg。对模拟食品样品进行直接检测,结果与常规细菌学培养结果一致,检测限为 50 CFU/mL。

Sye d A 等设计了基于肉毒梭状芽孢杆菌毒力因子的特异性探针,利用芯片来区分食品中的剧毒的肉毒梭状芽孢杆菌。这种芯片也可用在其他食品生产加工过程中的对该菌的检测,例如牛肉加工过程。另外,他们还设计了基于 16S rRNA 的寡核苷酸芯片,用于牛奶中单核细胞增生李斯特菌的检测。该研究的工作人员正试图将这 2 种芯片结合起来,同时用于对 2 种致病菌的检测。

Jin Dazhi 等人建立的基因芯片可通过多重 PCR 检测方法,在一个反应体系中,同时鉴定伤寒沙门氏、痢疾杆菌和单核细胞增生李斯特菌等 3 种致病菌,其中痢疾杆菌包括志贺氏菌属的 4 种菌株和侵袭性大肠杆菌。结果表明:只有 3 种目的致病菌的 PCR 产物在相应探针位置出现特异性信号,其他阴性细菌均无信号出现;3 种致病菌的检测灵敏度均可达到 103 CFU/mL;检测 30 例临床样本的结果与常规细菌学培养结果一致。该检测方法缩短了检测时间,提高了准确性,对于症状危急的感染者,可以做到及早诊断,对症用药。

肺炎链球菌是呼吸道传染病中常见的一种,它对老年人和儿童等机体抵抗力低下的人群有较大威胁。Quan 等人利用基因芯片技术为肺炎链球菌的监测提供了一个新的具有更高特异性和灵敏度的血清快速分析的方法。该方法利用肺炎链球菌编码血清型和血清组标志蛋白特异性的核酸序列作为微阵列的探针,不仅是对肺炎链球菌进行鉴定,而且同时能够对其血清型进行区分,还具有相对的高速度、敏感度和适用度,可用于高通量的监测。

Khaldi 等人在对产气荚膜梭菌进行鉴别时设计了一种鉴别诊断芯片,首先通过 PCR 法扩增细菌核糖体 23S rDNA,然后将扩增产物与含有特定寡核苷酸探针的芯片进行杂交,再通过检测系统进行识别,该法对 158 例血培养定位阳性的样品进行检测,其结果符合率为 79.7%。不仅敏感度高于传统方法,且操作简单,重复性好。

2. 对致病真菌的检测

快速准确地进行角膜致病真菌的检测及鉴定是有效治疗真菌性角膜病的重要前提。以往检测角膜致病真菌的方法,如角膜刮片、分离培养、共焦显微镜等均存在着一定的弊端。张英朗等人研究了目视化常见角膜致病真菌基因芯片的构建方法。他们将 6 个属 12 种角膜致病真菌设计合成特异性寡核苷酸探针并加尾后,固定于带正电荷的尼龙膜相应区域,再用生物素标记的通用引物对 12 株标准菌株和 82 株临床分离株进行 PCR 扩增,将扩增产物与固定有寡核苷酸探针的尼龙膜进行反向斑点杂交,观测相应区域的斑点显色情况。结果得到了具有各自特征的杂交后生物素亲和素斑点显色图谱,可直接从该图谱上判断不同菌种。该芯片对 82 株临床分离株的检测敏感率为 84.1%,未出现非特异性交叉反应。

鲁卫平等人基于致病性真菌 rDNA 基因分型技术,构建采用通用引物的一次 PCR 法,结合纳米金新型基因芯片检测系统实现一次对多个临床常见致病性酵母菌的检测分析。用生物素标记的通用引物扩增各真菌 DNA 片段,并与基因芯片杂交,然后将链酶亲和素标记的纳米金结合到杂交体上,杂交信号通过银染反应被放大形成裸眼可见的显色信息。结果表明,通用引物可扩增临床常见的真菌 DNA,选用的各探针特异性强、可靠性好,芯片的最低检测值达 50 fmol/L。临床样品检测结果与常规鉴定方法结果一致。

3. 对病毒的检测

乙型肝炎病毒(HBV)、丙型肝炎病毒(HCV)和人类免疫缺陷病毒(HIV)是三种严重危害人类健康的病毒。Hsia 利用具有高特异性和敏感性的复合基因芯片检测技术对 HBV、HCV、HIV-1 进行检测,得到了很好的效果。如对 HBV 的检测 95% 的可信度要求的样品浓度仅为 1.1 IU/mL。子宫颈癌是危害妇女健康和生命的第二位肿瘤。从生物学和流行病学的调查研究发现,子宫颈癌的病因是人乳头瘤病毒(human papil loma-virus,HPV)。Yoo-Duk Choi 等人利用基因工具软件比对 HPV L1 基因,设计可扩增高危型 HPV 的通用简并引物和可以鉴别 HPV 型别的基因探针。该研究将探针点样于尼龙膜上,制备 HPV 分型基因芯片,芯片检测的样本结果与 HPV 基因测序的结果进行比较,以评价芯片的分析性能。结果表明:建立的 HPV 基因芯片灵敏度为 102 CFU/mL,重复性检测的 HPV 型符合率为 96.7%（87/90），与基因测序结果分型的符合率高达 94.3%（66/70），可以检测常见的高危型和导致性传播疾病的 HPV 型别，结果可通过仪器判读。Park 等人通过 DNA 芯片技术对宫颈癌细胞中的 HPV 病毒进行快速分型，对宫颈癌早期发现、判断预后及指导治疗有重要价值。

朱艳敏等人建立了一种快速分型检测临床常见的 7 种疱疹病毒的新方法。他们以 7 种人疱疹病毒的 DNA 多聚酶基因区为靶序列，设计多重引物及寡核苷酸分型探针，点样制成基因芯片。结果表明，该芯片最低检出浓度为 10 拷贝/ML，HBV、金黄色葡萄球菌、大肠埃希菌、白色念珠菌及人基因组 DNA 等无杂交信号。282 份血标本共检出阳性 59 份，以荧光定量 PCR 法检测结果为标准，其敏感性为 96.7%，特异性为 99.5%，Youden 指数为 0.962；两法总符合率 98.9%。

SARS 冠状病毒（SARS-CoV）在 2003 年曾在世界范围内流行，当时由其引起的严重急性呼吸综合征死亡率高，虽然现在具有多种血清学和分子生物学技术可用于如 ELISA、IFA 等病原体的检测，但是没有任何方法能够在感染早期确认和排除 SARS-CoV 的感染。清华大学联合中国军事医学科学院研制的 70-mer 基因芯片对 SARS-CoV 进行早期检测，他们试验证实了基于基因芯片的分子生物学检测方法对 SARS-CoV 冠状病毒的检测是具有高度特异性而且可用于早期的检测。他们的结果证实基于基因芯片的分子检测技术对 SARS-CoV 的检测是具有特异性的，而且对 SARS 病人的血清的检测率比单独 PCR 检测高 8%。

Ryan 等使用一个病毒保守序列设计探针，设计了包含 140 个基因序列的芯片，用于检测人类呼吸道病毒。此芯片不仅可以检测出病毒类别中的其他成员，而且能识别出病毒亚型。

第三节　问题与展望

基因芯片技术正在迅速发展并已开始商品化，其研究和应用前景是十分诱人的。但作为一项新技术，它也同样有许多问题需要解决。首先，该技术需要大量已测知的、准确的 DNA 及 cDNA 片段信息，虽然有一些已被收集到国际数据库中，但仍有大量的基因片段序列尚未被准确认定或尚未公开。其次，基因芯片的测定费用昂贵，样品制备和标记比较复杂，各研究机构没有一个统一的质量控制标准，各实验室也不能分享数据和资料库。另外，由于全基因组基因芯片可一次性地检测数以万计的基因组或基因表达谱信息，在应用过程中会产生海量的数据。要针对大量数据进行快速分析、储存、归类等，需要研究开发全新的生物信息学、系统生物学和计算生物学技术。这些都在一定程度上限制了基因芯片技术在食品卫生微生物检测中的应用。

因此，为使基因芯片尽快成为实验室研究或实践中可以普遍采用的技术，需要从几个方面着手解决上述问题：

① 提高基因芯片的特异性、灵敏性；

② 简化样品制备过程和标记操作；

③ 增加信号检测的灵敏度；

④ 研制和开发高度集成化的样品制备、基因扩增、核酸标记及检测仪器；

⑤ 加快生物信息学、系统生物学和计算生物学技术研究的步伐。

另外，食品及食品原料中不断出现的新的转入基因及食品病原微生物的复杂化，也是基因芯片技术应用于食品检测中所需要解决的问题。

伴随着生物学、计算机、自动化等学科的蓬勃发展，自动化、大规模分析研究生物特性已成为可能。自 20 世纪 90 年代基因芯片技术开发成功以来，得到了长足的发展，基因芯片技术在众多领域得到了广泛的应用，不仅在基础生物学中的基因表达谱研究、基因突变研究、基因组分型研究中取得了巨大的成果，还可用于临床诊断、指导用药、药物筛选。然而，基因芯片的数据分析方法研究尚处于探索阶段，虽有适用于特定情况下的相似性检测方法，尚未发现有一种较其他所有数据分类法更优的，具有广泛适用性的方法。如何更好地消除噪声数据，提高分类的准确性、稳健性，快速、合理地分析处理这些数据，发现其中隐含的信息，是一项重要而艰巨的工作，也是将来需要努力的方向。统计学、信息科学、计算机科学等学科的发展与结合必将为微阵列数据信息的提取与分析提供新的思路和方法。

总之，尽管 DNA 芯片技术还存在着种种不足和局限，但与传统的检测及杂交技术相比，仍具有检测系统微型化、对样品需要量非常少、检测效率高、能同时分析多种基因组研究或诊断用 DNA 序列的优点，非常适于食品病原微生物鉴定，具有广阔的发展潜力。

参 考 文 献

［1］何志巍，姚开泰.DNA 微阵列技术原理及应用［J］.生物化学与生物物理进展，1999，26（5）：507-510.

［2］杨蒙，何竹青.基因芯片的应用与发展［J］.西安职业技术学院学报，2010，3（3）：5-7，13.

［3］贺宪民，贺佳.基因芯片数据的标准化及分析方法［J］.中国卫生统计，2004，21（2）：122-127.

［4］郭新红，姜孝成，潘晓玲，等.基因芯片技术与基因表达谱研究［J］.生物学杂志，2001，18（5）：1-2，13.

［5］张春秀，肖华胜.基因芯片技术能发展和应用［J］.物产业技术，2010（3）：75-80.

［6］杨畅，方福德.基因芯片数据分析［J］.生命科学，2004，16（1）：41-48.

［7］王永煜，张幼怡.基因芯片数据分析与处理［J］.生物化学与生物物理进展，2003，30（2）：321-323.

［8］吴斌，沈自尹.基因表达谱芯片的数据分析［J］.世界华人消化杂志，2006，14（1）：68-74.

［9］陈岩，潘龙.基因芯片技术研究进展［J］.齐齐哈尔医学院学报，2011，（17）：2828-2830.

[10] 孙国波,董飚.基因芯片技术研究进展及其应用[J].上海畜牧兽医通讯,2009,(6):27-29.

[11] 王洪水,侯相山.基因芯片技术研究进展[J].安徽农业科学,2009,(8):2241-2243.

[12] 杨蒙,何竹青.基因芯片的应用与发展[J].西安职业技术学院学报,2010(3):5-7.

[13] 张骞,盛军.基因芯片技术的发展和应用[J].中国医学科学院学报,2008(3):344-347.

[14] 王正勇.基因芯片技术在致病微生物检测中的应用[J].山东食品发酵,2012(4):53-56.

[15] 刘思言.基因芯片技术在植物中的应用研究进展[J].广东农业科学,2013(8):136-138.

[16] 肖翔.基因芯片技术在农业中应用的研究进展[J].中国农学通报,2012(33):187-193.

[17] 房爱华.基因芯片技术的应用现状及展望[J].中国畜牧兽医,2009(5):75-78.

[18] 熊伟.基因芯片技术在生命科学研究中的应用进展及前景分析[J].生命科学仪器,2010,8(1):32-36.

[19] 李克勤,宫奇琳,徐焕春.生物芯片技术及应用[J].生物医学工程研究,2004,23(10):59-60.

[20] 吴明煜,郭晓红,王万贤,柯文山,杨毅,吴燕.生物芯片研究现状及应用前景[J].科学技术与工程,2005,7(5):347.

[21] 王升启.基因芯片技术及应用研究进展[J].生物工程进展,1999,19(4):45-51.

[22] 马新颖,汪琳,任鲁风,等.10种植物病毒的基因芯片检测技术研究[J].植物病理学报,2007,37(6):561-565.

[23] 龙海,李一农,李芳荣.四种黄单胞茵的基因芯片检测方法的建立[J].生物技术通报,2011,1(1):186-190.

[24] 罗焕亮,张丽君,胡小华,等.植原体检测基因芯片制备及其初步应用[J].植物检疫,2011,25(1):9-13.

[25] 邢婉丽,程京.生物芯片技术[M].清华大学出版社,2004.

[26] 谢纳.生物芯片分析[M].科学出版社,2004.

[27] 马立人,蒋中华.生物芯片[M].化学工业出版社,2002.

[28] 谷宇,杜志游,郎秋蕾,等.基于RNA杂交的马铃薯纺锤块茎类病毒检测芯片[J].高等学校化学学报,2006,27(11):21.

[29] 孙兵,闫彩霞,张廷婷,等.基因芯片技术在植物基因克隆中的应用研究进展[J].基因组学与应用生物学,2009,28(1):153-158.

[30] 于风池.基因芯片技术及其在植物研究中的应用[J].中国农学通报,2009,25(6):64-65.

[31] 吴兴海,陈长法,张云霞,等.基因芯片技术及其在植物检疫工作中应用前景

[J].植物检疫,2006,20(2):108-111.

[32] 徐清华,余裕炉.基因芯片技术的研究进展[J].中国优生与遗传杂志,2007,15(1):13-14.

[33] 曹爱忠,李巧,陈雅平,等.利用大麦基因芯片筛选簇毛麦抗白粉病相关基因及其抗病机制的初步研究[J].作物学报,2006,32(10):1444-1452.

[34] 王进忠,贾慧,文思远,等.百合病毒的DNA芯片检测技术研究[J].中国病毒学,2005,20(4):429-433.

[35] 马新颖,汪琳,任鲁风,等.10种植物病毒的基因芯片检测技术研究[J].植物病理学报,2007,37(6):561-565.

[36] J萨姆布鲁克,EF弗里奇,T曼尼阿蒂斯.分子克隆实验指南[M].第3版.金冬雁,黎孟枫,北京:科学技术出版社,2002.

[37] 王惠哲,李淑菊,庞金安,等.黄瓜上烟草花叶病毒的RT-PCR检测[J].天津农业科学,2004,10(2):11-13.

[38] FODOR SP,RAVA RP,WANG XC. Multiplexed biochemical assays with biological chip [J]. Nature,1993(364):555-556.

[39] LONG AD,MANGALAM HJ,CHAN BY,et al. hnproved statistical inference from DNA microarray data using analysis of variance and a Bayesian statistical framework. Analysis of global gene expression in Escherichia coliK12[J]. J Biol Chem,2001,276(23):19937-19944.

[40] LEE G P,MIN B E,KIM C S,et a1. Plant virus cDNA chip hy. bridization for detection and differentiation of four cu-curbit-infecting To-bamoviruses[J]. Joumal of Virological Methods,2003(110):19-24.

[41] DHANARAJ AL,ALKHAROUF NW,BEARD HS,et al. Major differences observed in transcript Drofiles of blueberry during cold acclimation under field and cold room conditions[J]. Planta,2007,225(3):73-751.

[42] BRYANT P. A.,VENTER D.,ROBINS B. R.,et al. Chips with everything:DNA microarrays in infectious disease. Lancet Infect[J]. Dis.,2004,4(2):100-111.

[43] TANG Y. W.,STR AT T ON C. W.,GENT RY T. J.,ZHOU J. Z. Advanced Techniques in Diagnostic Microbiology[M]. Springer US,2006.

[44] YERSHOV G,BARSKY V,BELGOVSKY A,et al. DNA analysis and diagnostics on oligonucleotide microarray[J]. Proc Nat Acad Sci USA,1996,93(10):4913-4918.

[45] ABDULLAHI I,KOERBLER M. The 18S rDNA sequence of Synchytrium endobiotieum and it S utility in microarrays for the simultaneous detection of fungal and viral pathogens of potato [J]. Applied Microbiology Biotechnology,2005,68(3):368-375.

[46] SHUN ZHOU,ZUORUI SHEN,HUANG LI,et a1. The detection of Cucumber sn c virus in single aphids[J]. Ento-mologia Sinica,1994,1(2):172-182.

[47] SAMAD A,ZAIM M,AJAYAKUMAR P V,et al. Isolation and characterization of a TMV isolate infecting scotch spearmint(Mentha gracilis sole)in India[J]. Zeitsehrifl fur Pflanzenkrankheiten und Pflanzenschutz,2000,107(6):649-657.

第四章 DNA 条形码技术

第一节 DNA 条形码技术的原理

一、DNA 条形码概述

全球的生物可能包括 1 亿～10 亿的真核物种。在过去的 245 年间,分类学家们已经识别出 170 万种动植物,假设还有 830 万种生物等待识别,那么用现在的分类方法我们仍需要 1196 年才能完成这项工作。这对分类学家来说是一个庞大的工程,甚至可以说是难以超越。况且,目前传统分类工作得不到足够的重视,许多分类知识随着老一辈工作者的退休而逐步变少。分类工作的繁杂与艰辛及资助基金的逐渐减少,使越来越多的新人放弃此项工作。即使考虑通信的改善和互联网的影响,工作量似乎也无法改变多少。同时,在分类工作中,表型可塑性(Phenotypic plasticity)和遗传可变性(Genetic variability)可能导致错误鉴定,隐存种或不同发育阶段都有可能使得鉴定更加混乱。然而,大量生物研究的进行均是以正确鉴定物种为基础,比如,进行濒临灭绝的物种研究、控制害虫种群或害虫病害等,这样势必影响到此类工作的顺利开展。对于非分类专业的生物学家来说,面对物种的多样性却没有足够的知识来鉴定物种是一件令人头痛的事情。加上分类学自身难以解决的一些问题,使其自身的发展面临巨大的挑战,迫切希望开发一种快速、简单、精确、可自动化的以及全球通用的鉴定方法并推广应用。

二、DNA 条形码的产生和原理

2003 年 9 月,20 多位分类专家、分子生物学家和生物信息学家在美国冷泉港召开了题为"Taxonomy,DNA and the Barcode of Life"的会议,对 DNA 条形码编码所有真核生物的科学性与社会利益进行了深入讨论。2004 年,Alfred Sloan 基金会在华盛顿 Smithsonian 国家自然历史博物馆成立了生命条形码联盟(Consortium for the Barcode of Life,CBOL),致力于发展鉴定生物物种的全球标准。2005 年 2 月,由 CBOL 和英国自然历史博物馆主办的生命条形码协会第一次国际会议在伦敦召开,讨论决定为 1000 万物种建立条形码编码库。2007 年 9 月在中国台湾召开的第二次和 2009 年 11 月在墨西哥召开的第三次国际 DNA 条形码会议上,与会学者都对理想条形码的选择给予了高度重视。这两次会议对在全球推进 DNA 条形码研究计划起到了重要推动作用。2011 年 4 月 17 日至 25 日,在荷兰阿姆斯特丹举行了国际真菌 DNA 条形码工作会议。在这次会议上,参与到这一广泛国际合作的多国学者讨论了最新的研究进展,确定采用 ITS 序列作为真菌通用条形码,部分类群可引入补充条形码,并且向国际生命条码计划(International Barcode of Life Project,iBOL)组织提出正式申请。国际生命条形码计划(iBOL)是一个全新的国际性科学计划,于 2009 年 1 月启动。该计划旨在建立条形码文库、序列文库和信息学工具,希望使 DNA 条形码技术成为全球生命科学体系的一部分。2008 年 10 月 14 日,中加国际生命条形码计划会议在中国北京召开。同年 10 月 20 日,在中国科学院微生物研究所又召开了中国真菌 DNA 条形码系统建设研讨会,这是为所有真菌派发"身份证"的分类学革命会议,是继基因组计划后的又一个大型生命科学计划。

Tautz 等(Tautz et al. 2002,Tautz et al. 2003)基于分子生物学和网络技术的发展,提出了 DNA 分类(DNA taxonomy),以 DNA 序列为主题构建 DNA 分类平台,对生物进行鉴定分类。DNA 序列分析来帮助物种鉴定也已经有 30 年,但是不同的实验室对于不同的分类种群选择不同序列进行物种鉴定。Hebert 等(Hebert et al. 2003a)提出,单个基因就足够区分绝大部分的动物种群,并提议将线粒体基因 CO I 作为全球动物鉴定系统的标示符(identifier),从此 DNA 条形码(DNA barcoding)应运而生(Ward et al. 2005)。

DNA 条形码(DNA Barcoding)产生的基础是现代商品零售业条形码编码系统 Universal Product Code(UPC),它一般使用 10 个数字在 11 个位置上进行排列组合,则共有 10^{11} 种排列方式,每种排列对应一种商品,这样来区别各式各样的商品。同样,在 DNA 序列中,每个碱基位点有 A、T、C、G 四种可能,如果我们的序列是 15bp 的话,那么就能出现 4^{15} 种编码方式,这个数字就已经是现存物种数目的 100 倍。由于自然选择的原因,某些位点上的碱基是固定的,从而导致可能的编码组合数减少。这可以通过只考虑蛋白编码基因来解决,因为在蛋白编码基因里,由于密码子的简并性,其第三位碱基通常都不受自然选择作用,是自由变化的。况且我们要扩增的片段为 600 bp 以上,从理论上讲可以包括所有物种。

三、DNA 条形码与 DNA 分类

DNA 条形码提出之初,很多人认为就是利用 DNA 序列进行分类,也就是 DNA 分类。实际上 DNA 条形码与 DNA 分类是存在差别的。

DNA 条形码是利用序列的相似度来鉴定已有物种的一种方法,而 DNA 分类是直接涉及到利用进化的物种概念界定和描述物种。DNA 条形码依赖于一个数据——线粒体基因 CO I 片段来进行物种鉴定,而 DNA 分类对于特定的生物群体来说,可能依赖线粒体基因或核基因的一个或多个基因的一个区域或多个区域,甚至是来源于任何基因区域所进行得系统发生分析和聚类分析。也就是说从某种程度上,DNA 分类要包含 DNA 条形码。DNA 条形码类同于传统的分类方法,就是也有所谓的"正模标本"(haplotype),它是一段 CO I 序列,我们通过分子方法得到 CO I 基因,然后拿到这个库里比对,根据相似度来鉴定物种。而 DNA 分类则是将所有的序列归类,通过系统发育或者聚类方法来确定未知物种的分类地位(Vogler and Monaghan,2007)。

四、DNA 条形码基因片段的选择

DNA 序列应用于分类学并不是新的理念,但将同一基因片段应用于绝大部分物种,从而达到"标准化"却是极大的创新和突破。Paul 等提议的线粒体基因 COⅠ则以其优势适用于绝大部分物种。

COⅠ基因(cytochrome oxidase Ⅰ 或 *cox*Ⅰ)是编码细胞色素氧化酶亚基Ⅰ的基因。它存在于线粒体的呼吸链上,具有跨膜结构,包括 12 个跨膜双螺旋、6 个膜外 Loop 和 5 个膜内 Loop、羧基和 NH_2,还有 3 个氧化还原中心:a、a_3 和 Cu_B。COⅠ作为线粒体编码基因,具有如下特点:大部分情况是母系遗传、相对比较保守、没有内含子、不包含重复序列、进化速率比较快(是核基因进化速率的 2 倍~9 倍)、具有明显的碱基偏好性(AT 含量特别高),且由于线粒体在细胞内为多拷贝,扩增相对容易一些。

在进化研究中,COⅠ基因作为合适的分子标记除具有线粒体基因本身的特征外,还拥有以下优势:①COⅠ基因作为线粒体呼吸链的末端催化剂,在生化水平来说相对较好研究,它的大小和结构在研究的需生物中较为保守;②COⅠ基因是 3 个线粒体编码细胞色素氧化亚基中最大的,也是多细胞动物线粒体基因组中最大的蛋白编码基因之一,这使得它比一般序列要包含的信息量大,所以相同的功能复合体中,COⅠ基因要比其他线粒体基因更可靠些;③COⅠ在能够保证足够变异的同时又很容易被通用引物扩增,而且目前研究表明,其 DNA 序列本身很少存在插入和缺失(即使有少数也主要分布于该基因的 3′端),对结果的分析不会造成很大的影响。同时,它还拥有蛋白编码基因所共有的特征,即密码子第三位碱基不受自然选择压力的影响,可以自由变异。

以上特点使 COⅠ基因成为进行物种分子鉴定的合适选择之一,目前的研究也显示其在动物界中起到了实际效果。作为 DNA 条形码的 COⅠ基因片段除了应用于分子鉴定外,还将因为这些条形码序列数目的增多,以及在分类物种中大量的应用,使它们给分子进化和种群遗传学模型的应用赋予了不一样的意义(Min and Hickey,2007b)。但是,植物中 DNA 条形码的研究相对较慢,由于植物线粒体基因组较慢的进化速率,所以目前被提议的条形码片断例如 *rpoB*、*rpoCl*、*matK*、*rbcL*、UPA 等主要集中在叶绿体基因组上。但已有的研究显示,以上提到的基因都不能单独胜任较大范围内的物种鉴定,所以植物中的标准化基因还应继续摸索。除此之外,COⅠ基因对一些海洋生物,例如:珊瑚、水螅、海绵动物等的鉴别力也不是很强,因此在这些特殊类群中,还应通过实验确定其有效的条形码序列。

第二节 DNA 条形码技术的建立

一、DNA 条形码基因序列的使用

(一)序列的获得和鉴定标准

DNA 条形码的快速盛行,也基于常规的花费少的 DNA 提取、扩增和测序方法。目

前的方法主要是通过 DNA 提取,扩增国际标准片断,也就是 CO Ⅰ 基因靠近 5′端约 658 bp 的一段区域。对模式标本的要求非常严格,要求标本完整并能持久保存。但是,DNA 分类系统有时要求损伤或破坏标本的一部分以获取 DNA 样品。这对于大型动物和所有植物、真菌而言不是问题,因为很小的一部分就能满足需要,甚至一些昆虫都可以在不破坏标本的基础上得到 DNA 样品,当不得不破坏标本时,可以通过拍照等方法来保留一定的形态学信息。另外,标本的储存方法需要进一步改进。目前,DNA 条码在提取上所面临的最大的劣势是不能顺利地从福尔马林液保存的标本中提取 DNA,而目前大部分博物馆的标本的保存都是以福尔马林为主,这样是对 DNA 条形码技术的很大挑战。不过,随着数据量的增多,低分类阶元 CO Ⅰ 基因短序列的快速鉴定成为现实(例如 Hajibabaei 等人的微型条码 100 bp 和 Min 等的 300 bp 条码)。这也说明 CO Ⅰ 序列的多态性位点的物种鉴定是有效的。另外,一些新的应用于生物工程的技术,也将结合应用到"DNA 条码第二步分析"。

很多方法被用来分析 DNA 条形码数据,主要分为 5 种方法:①相似法,以所有或部分 DNA 条形码序列的相似度进行物种鉴定;②经典的系统发育方法,用遗传距离或最大相似法或贝叶斯运算和不同的变化模型(NJ,phyML,MrBayes);③多特征分析;④不含有任何生物模型或假设的基于分类运算的单纯统计方法;⑤基于 coalescent 理论的系统发育方法。对于这几种方法的比较,结果得出:①最大相似系统发育方法总是要比距离法精确;②电脑运算速率最大相似系统法要快于统计分类;③所有方法的精确性都是以样本的数量及全球的多样性为基础。

目前,一般来说,研究方法主要集中在 NJ 树的建立。

CO Ⅰ 基因鉴定物种的标准,一般有四个情况,通过以下的图就能简单、清楚地表达。Hebert 通过对北美 73 种鸟类进行了 DNA 条形码的鉴定,获得了较好的结果,并通过区域划分来说明。目前物种鉴定所存在的问题分别是:Ⅰ区是种内差异小于种间差异,即 DNA barcoding 与传统分类结果一致;Ⅱ区种内差异与种间差异都大,不能很好地选取标准,即未能鉴定出来的种群;Ⅲ区种内差异和种间差异都很小,即有最近分化、杂交或可能的 synonomy;Ⅳ区种内差异大种间差异小,即存在的错误鉴定(Hebert et al. 2004b)。图 4 - 1 较好地影射出所有物种在分子鉴定方面存在的情况。

(二)序列的综合管理

随着 DNA 条形码技术的大力推广,全世界已有众多学者致力于其中。如"生物条形码协会"(Consortium for the Barcode of Life)等团体的建立,以及专门用于 DNA 条形码研究的网站 http:∥www. barcodinglife. org/,http:∥www. lepbarcoding. org/,http:∥fishbol. org/,http:∥www. polarbarcoding. org/等的建立。其中 The Barcode of Life Data System(BOLD)是一个包括获得、存储、分析和发表 DNA 条形码的数据系统。这个系统通过收集分子、形态和区分数据来弥补传统分类学的缺陷。DNA 条形码早期主要集中在已知物种的条形码的收集,现在的结果显示产生标示符是非常有效的,大于 95% 的物种能有与众不同的 CO Ⅰ 序列。这些相关网站还正在完善中,如果提交信息的话,主要包括以下几个方面:①物种的名字;②标本数据(目录编号和保管);③收集信息(采集者、采集日期和 GPS 地点);④标本的检验人;⑤大于 500 bp 的 CO Ⅰ序列;⑥用于 PCR 扩增的引物;⑦跟踪文件。如此,研究者可以通过这个网站查询到有关一个物种的所有相关信息,包括分子数据。所以当分子数据积累到一定程度,就可以最终做出一个信息库放在电子商品中,即可随时调出相关数据,更便于准确和快速识别物种。

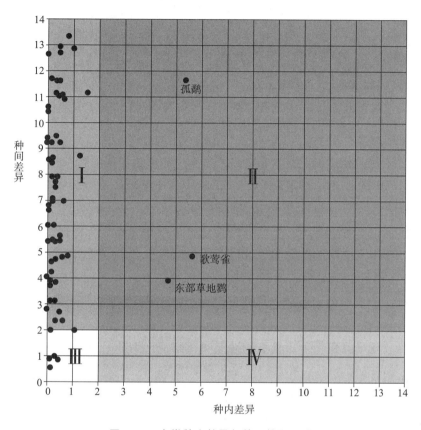

图 4 - 1　鸟类种内差异与种间差异比较

二、DNA 条形码的相关争论

DNA 条形码的提出和应用褒贬不一。主要集中在 DNA 条形码是否能独立胜任鉴定物种的角色以及与传统分类学的关系问题上。下面主要论述双方的观点。

(一)支持 DNA 条形码的观点与实例

DNA 条形码的应用得到了许多科学家的赞许,不仅仅因为条形码应用在许多已命名物种中取得了较好的效果,更重要的是,它的确解决了形态分类望尘莫及的难题。主要体现在以下几个方面。

1. 应用碎片或组织进行鉴定

DNA 条形码可以通过一些碎片来鉴定物种。能迅速地鉴定出在食品加工中一些不受欢迎的动物或者植物组织。DNA 条形码可以通过鉴定胃里一些残留物来帮助重新建立食物网,可以通过鉴定土壤层的植物根部来有助于植物科学的发展。

2. 对生物的任何生长发育阶段都能进行鉴定

DNA 条形码在进行物种鉴定时,可以不受物种发育阶段的限制,从卵到幼体到成虫都行。而从形态学上进行鉴定,有时幼虫的特征不是特别明显的话,需要将幼虫进行饲养,但饲养成活率很低。

3. 能够区分一些形态差异小的物种

能鉴定出一些看起来很像的物种,暴露出在无害群体中的有害生物体,使得生物多样性更加准确。有的物种本来是不同的物种,且亲缘关系较远,但由于生活在相同的自然环境中,经过漫长的进化,形态特征非常接近,这时就可以通过 DNA 条形码的技术进行加以区分。

4. 鉴定技术更加准确

条形码提供了数字化的鉴定特征,对外形、描述和颜色类似的物种提供了更好的区分证据,使专家技术更进一步,科学家可以加速对已知物种的鉴定,有利于新物种的快速发现。

5. 可以更加有效地防止外来有害生物入侵

DNA 条形码文库的建立将使得更多的人能叫出身边的一些物种,这样有助于了解物种的丰富度,本土还是入侵,使得生物多样性、本土化、全球化,可以更加准确地识别外来有害生物,以找到更加有效的防控方法,保护国家生态安全。

6. 开始电子掌管的引导——The Life Barcoder 储存生物信息及 DNA 序列

当地球上所有生物的 DNA 条码数据库建立起来时,小孩可以拿着到大自然中认识生物,生物学家就可以只凭一片微小的组织和一个手持的分析仪,立即识别出这片组织属于哪个物种,并显示出这一物种的图片和详细信息。

7. 在生命之树上萌发新的树叶

自达尔文以后,生物学家寻求自然系统的分类并做出了代表进化历史的宗谱树。条形码为区分大约 2 百万已经命名物种的相似性与不同性提供了许多遗传细节,同时利用它可以知道新发现的一些物种属于已知的哪些物种,也就是为生命之树萌发更多新的枝叶。

8. DNA 条形码技术使标本更具价值

DNA 条形码技术可以使标本更有价值,加速生命百科全书的撰写。在博物馆、干燥标本集、动物园、植物园和其他的生物储藏机构,编辑条形码库将有利于了解生物多样性方面工作的进行。编辑条形码库与标本及命名的连接将提高公众了解生物知识,有助于建立全球生命的百科全书。

另外,DNA 序列是数字的、客观的,不带有任何主观色彩,全世界任何地方的任何人都可以得到这样的序列,这使它成为全球统一的交流工具。即使序列没有最匹配的比较,也可能与最相关的种连接,通过用 DNA 条形码进行物种鉴定研究(见表 4-1)。

由表格总结的部分鉴定结果可以看出:到目前为止,用 DNA barcoding 可用来较好地解决分类学中的含糊不清问题,或者作为分类学中描述的一部分。DNA 条形码不仅可以解决动物的鉴定问题,同时还可以解决包括植物、细菌、原生生物和病毒等的鉴定。

表 4-1　目前用 COI 基因作为 DNA 条形码进行物种鉴定的研究及结果

作者和年份	研究物种种类	序列长度	鉴定成功率	种内差异	种间差异	文章结论
Hebert, Ratnasingham and deWaard, 2003b	2238 个	>400 bp	98%~100%	<2%	11.3%	COI 基因能将关系很近的物种区分，除刺胞动物
Hebert et al.，2003a	7 个门	658 bp	96.4%	—	—	COI 在鉴定种，目，门上都有效
Hebert et al.，2004a	鳞翅目的 10 个种	648 bp	100%	—	—	发现 10 个新种，并发现隐存种
Hebert et al.，2004b	260 不同种的鸟类	648 bp	100%	0.43%	7.93%	新种和隐存种的发现
Barrett and Hebert, 2005	168 个种的蜘蛛及 35 个其他蜘蛛类	600 bp	100%	1.4%	16.4%	种内与种间差异无重叠，除非可能有隐存种
Ward et al.，2005	207 种鱼	655 bp	100%	0.39%	9.93%	COI 在较高分类关系上鉴定的有效性
Hajibabaei et al.，2006a	521 个鳞翅目种	311 bp~612 bp	97.9%	0.17%~0.46%	4%~6%	形态和生态上可能未注意到的物种性，COI 也许能解决
Smith et al.，2006	32 个双翅目的种	658 bp	100%	0.17%	5.78%	利用 COI 基因发现了 15 个隐存种
Clare et al.，2007	87 个种的蝙蝠	657 bp~658 bp	100%	0.6%	7.8%	证明对哺乳动物来说 Barcodes 也起到作用
Seifert et al.，2007b	70 个真菌种	545 bp	100%	0.06%	5.6%	Barcodes 能解决真菌类的分类的最大的突破
Whitworth et al.，2007	大苍蝇	374 bp	75%	—	—	Barcodes 不可能适应所有物种，多因素影响 COI 基因
Smith et al.，2008	413 种寄生蜂	>500 bp	—	—	—	结合生态，生物学等方面估计寄生蜂的多样性和寄主专一
Desmyter and Gosselin, 2009	金蝇属	304 bp	100%	—	—	Barcodes 能帮助解决由于地理隔离产生的种群
Ferri et al.，2009	12 个属线虫	627 bp	100%	0.5%	16.2%	COI 对于线虫的鉴定效果很好，形态与分子结合会更说服力

(二)反对DNA条形码的观点和实例

小小的基因片断可以区分绝大部分物种,大部分科学家不相信它可以取代对物种外形特征的辛苦研究,以及多年的分类学的专业训练。科学家们提出:DNA条形码不是分类学的替代品。Dunn提议,应继续保持以形态学为基础的分类学。因为研究者首先对物种有了形态学上的了解,才能进一步为DNA Barcoding做准备,即使让初学者学习,也是应先学习外部形态,而不是告诉学生一堆序列的差异来解决分类问题。另外,有学者提出用DNA方法是分类学的倒退。他们指出,分类学需要标本的尽可能完整,但是破坏标本提取DNA实际上是分类学未来发展的失策之举。

另外,单个基因也像传统分类学中的单个外形特征一样,不能以此来判定一个物种,毕竟显得太单薄。而且对于一些关系相近的物种来说,任何特定的基因几乎都不具备区分它们的能力。因为:①祖先多型现象可能在物种形成后的数百万代后都将持续不变;②在关系相近物种间可能发生基因渗透,在种内联合可能有固定的分歧等位基因。由于DNA Barcoding是选择单个基因进行物种鉴定,不足以解决问题,存在着偏差。在选择基因解决种间和种内问题时,如果基因序列分歧不够,会有重叠区出现,这样就无法有效地区分物种,故序列之间必须存在差异(Gap)。如:Janzen在用640 bp的COⅠ基因鉴别毛虫各个物种的时候,就有两个种无法有效地鉴别。如果选用的基因再长一点的话,会不会包含更多的系统进化信息以更好地解决问题?但是,Hajibabaei等人认为COⅠ基因5′端650 bp的序列足以解决种级水平上的问题。COⅠ基因长短的选择在不同物种间可能存在一定的差异,所以这项工作还在继续摸索,以期在不久的将来能找到适合绝大多数物种的分子条形码,为传统分类工作做更好的补充,为分子进化研究打下良好的基础。

2007年,Whitworth等在鉴定双翅目时发现:由于*Wolbachia*的感染导致COⅠ序列不能很好地区分所研究的物种,并假设昆虫类感染*Wolbachia*的种类为15%~75%,在种内*Wolbachia*的感染会间接降低线粒体基因的多态性,意味着被感染的类群不能做种群历史的推断,这同样阻碍了条形码的鉴定。同时*Wolbachia*也能感染近缘种,在昆虫里,感染将引起近缘种线粒体基因渗透。这样,DNA条形码也将因为不同的种拥有相同的barcode而不起作用。由此得出,感染后昆虫不可能再用线粒体基因来做分子条形码,所以说DNA条形码的应用还存在不可克服的弊端。Funk等人发现23%的后生动物遗传上是多系群或旁系群,暗示他们可能不能用条形码来区分。Neigel在对珊瑚礁的DNA条形码的研究中发现,其中两个重要的生态学物种COⅠ序列分歧小到没法区分物种。还有线粒体基因树的并系群、杂交区分的缺乏和母系祖先都对DNA条形码造成影响。

第三节 DNA条形码技术在植物病原生物鉴定中的应用

一、DNA条形码技术在植物病原细菌鉴定中的应用

植物病原细菌(phytobacteria)是植物上一类重要的病原菌,这些细菌能引起多种农

作物、经济作物、花卉、树木及牧草上的病害。传统病原细菌的检测方法主要是依据症状、形态、生理生化反应和血清学等方法。这些方法耗时费力,且稳定性不高,不能直接从植物组织中检出病原细菌。它的快速检测是病害防治、预防预报及植物检疫必不可少的重要工作。其中,以 PCR 为基础的分子检测技术的进步使植物病原细菌的检测更快速、灵敏和可靠。

DNA 条形码在植物病原细菌的应用主要是利用保守的 16S rDNA 和 23S rDNA 序列,设计引物扩增转录间隔区(ITS)。16S rDNA 和 23S rDNA 间的 ITS 区域包括一些 tRNA 基因和非编码区域。由于面临较小的选择压力,ITS 区域比 16S rDNA 和 23S rDNA 的多态性丰富。使用通用引物扩增 ITS 区域后,通过产生带的长度可以确定细菌的种类。ITS 区域经 PCR 扩增后的产物经限制性酶切分子(restricted enzyme analysis, REA)或 DNA 序列分析都可加强其特异性。

Mase 等人用一对 ITS 内部序列结合的引物扩增出半透明黄单胞黑麦致病变种(Xanthomonas translucens)的 DNA,得到一段特有的 139 bp 片段;选择 4 种黄单胞菌的 16S～23S 间隔区进行序列比较分析,设计出的引物可以特异地、灵敏地检测出谷类种子中的条斑病菌。葛芸英等人通过 2 种病原菌的 16S～23S rDNA 的 ITS 序列分析,设计出的特异性引物,完成了小麦苗枯病菌(*Clavibacter fangii*)和甜菜银叶病菌(*Curtobacterium flaccumfaciens* pv. *beticola* pv. nov.)的检测。付鹏等人利用特异性引物 ClaFl-ClaR2 对番茄溃疡病菌的 ITS 区域扩增,得到 250 bp 的片段,参试的其他棒形细菌及其他属的植物病原细菌均无扩增产物。该检测方法特异性强,灵敏度高,在 50 pg 的模板浓度下能检测到很强的条带,利用此引物可检测到 1×10^5 个菌体。

二、DNA 条形码技术在植物病毒鉴定中的应用

植物病毒是导致粮、油、菜、果、花卉产量下降、品质变劣的重要原因,每年在全球造成的损失达 200 亿美元。自 1892 年俄国 Iwanowaky 发现烟草花叶病毒以来,至今发现的植物病毒已超过 700 多种。目前针对植物病毒病还没有有效的防止措施,加之不易辨识,更加加重了植物病毒病的防止难度。自发现第一种植物病毒以来,植物病毒的鉴别技术也在不断地发展。

三、DNA 条形码技术在植物病原真菌鉴定中的应用

与动物的 DNA 条形码研究比较而言,关于菌物 DNA 条形码技术的研究进展是颇为缓慢的,目前仍处于寻找适合的目的基因片段并对其进行调试的阶段。人们最先将焦点放在对单一片段的筛选上,研究涉及了细胞色素 c 氧化酶第 Ⅰ 和第 Ⅱ 亚基(CO Ⅰ 和 CO Ⅱ)基因,核糖体基因中的 ITS 序列、大亚基、小亚基和小亚基基因操纵子片段,肌动蛋白、延长因子、核糖体聚合酶 B1 和 B2 基因和 p 微管蛋白等序列。

(一)CO Ⅰ 基因

尽管 CO Ⅰ 已被公认可较好地作为动物的 DNA 条形码,但这段基因在菌物中的应用却出现了问题。在菌物中,CO Ⅰ 基因的长度变化范围较大,较短的也有 1584 bp,而长的

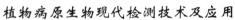

片段可达 22 kb。这种长度上的变化是由其中所插入的内含子序列个数以及长短的不同造成的(刘淑艳,张傲 and 李玉 2012)。Robideau 等人的研究结果表明,CO I 基因在卵菌 (*Oomycetes*) 的物种鉴定上呈现出一定的可行性,但采用 CO I 片段分析所得到的腐霉属 (*Pythium*) 系统发育关系与 Lévesque & DeCock 使用 ITS 和 nrDNA-LSU 序列的研究结果不吻合 (Lévesque and DeCock 2004)。Seifert 等人分析了青霉亚属 (*Penicillium subgen. Penicillium*) 的 58 个种及其 12 个近缘种 CO I 的种间和种内差异,发现 CO I 的种内分化水平低于 ITS 和 β-tubulin,而种间分化接近于 ITS、低于 β-tubulin。Rossman 认为扩增 CO I 基因的引物区在菌物中进化速率较快,对不同的类群需要使用不同的引物;此外,一些菌物的 CO I 基因含有内含子或存在多拷贝现象,尽管反转录 PCR 技术可以解决多拷贝和内含子的问题,但该技术不适用于馆藏标本 DNA 的分析,也不利于样品的高通量测序。

(二) nrDNA-ITS

ITS 序列已被广泛应用于菌物物种鉴定和系统发育研究。Blaxter 在分析用于 DNA 条形码的基因时认为,在 rDNA 片段中,ITS 区更易于扩增和比对分析。Druzhinina 等人采用 ITS1 和 ITS2 对肉座菌属 (*Hypocrea*)/木霉属 (*Trichoderma*) 进行鉴定,证实 ITS 条形码是肉座菌属/木霉属鉴定的有力工具。Froslev 等人结合使用 ITS 和 RNA 聚合酶 II 的两个大亚基(RPB1 和 RPB2)鉴定了欧洲丝膜菌属 (*Cortinarius*) 中 Calochroi 组的 79 个种,认为 ITS 序列适用于该类群种的鉴定。Komoń-Zelazowska 等人利用 ITS 序列,结合形态和生理学数据证实 ITS 条形码可用于糙皮侧耳 (*Pleurotus ostreatus*) 的绿霉病菌物种快速鉴定。Rossman 总结了 ITS 序列在菌物 DNA 条形码中的应用,认为 ITS 序列的主要优势在于其长度变化在 527 bp~700 bp,适于高通量测序,且引物通用性好,公共数据库中也已经积累了大量的 ITS 序列;同时也指出 ITS 序列在部分菌物类群(如酵母和丛枝菌根菌)中的变异太大,而且很难对一些植物病原子囊菌进行种的区分,同时在一些球囊菌门 (*Glomeromycota*) 和镰刀菌属 (*Fusarium*) 的种类中还存在旁系同源现象。因此,她建议使用 ITS 进行初步鉴定,并寻求第二个基因序列完成进一步的精确鉴定。

(三) 其他基因

除了上述两个基因外,菌物学家还对许多其他 DNA 片段进行了探讨。Da Silva 等人的研究表明,nrDNA-LSU 可作为球囊菌门分类和系统发育分析的分子标记。Tedersoo 等人利用 ITS 和 nrDNA-LSU 鉴定了 123 种外生菌根。Mouhamadou 等人对口蘑属 11 个种的 mtrRNA-SSU 中的 V6 和 V9 区进行测序分析,发现 V9 区在种间具有充分的分化,在种内的序列相同,且易于扩增和比对,可作为担子菌备选的分子标记。Geiser 等人认为 β-tubulin 基因和钙调蛋白(calmodulin)基因是曲霉属 DNA 条形码的理想位点。

四、DNA 条形码技术在植物寄生线虫鉴定中的应用

植物寄生线虫是一种广泛危害农作物的重要病原物,而植物检疫性线虫的入侵不仅会危及生态系统的稳定性,且对农业生产安全和农产品进出口贸易造成严重威胁。线虫

种类的准确鉴定在检疫中地位很重要,而传统形态学鉴定方法具有一定局限性,因此,具有快速、准确、标准化特点的DNA条形码技术受到日益关注,这种方法可利用特定分子标记的序列差异鉴定物种,并可建立数据共享的全球通用分类鉴定工具与平台。

林宇等对根结线虫属6个种26个群体的线粒体DNA CO I 片段和19个群体的核糖体DNA 28S(D2/D3)片段进行扩增和测序,尝试验证其作为DNA条形码在根结属线虫中的应用可行性。结果表明,CO I 序列的种内、种间遗传变异之间存在较高重叠,其适用性需进一步探究;而28S(D2/D3)序列的种内、种间遗传变异之间存在部分重叠,但存在一定的遗传距离间隔。聚类分析显示除南方根结线虫(*Meloidogyne incognita*)、爪哇根结线虫(*M. javanica*)和花生根结线虫(*M. arenaria*)这三个近缘种之间难以有效鉴别外,对于根结属线虫大多数种类均能有效区分。由于28S(D2/D3)分子片段的长度合适,扩增和测序成功率高,物种区分能力良好,种内遗传变异明显小于种间遗传变异,因此可作为根结属线虫DNA条形码研究的理想标记。初步评估基于GenBank的28S(D2/D3)序列作为我国进境检疫性线虫DNA条形码标记的适用性,结果显示:来自15个属56种植物检疫线虫的序列种内遗传距离与属内种间遗传距离变异之间存在小部分的重叠,但种内遗传距离94.8%小于0.02,根结线虫DNA条形码标记筛选及在进境检疫件线虫中适用性分析种间遗传距离95.6%大于0.02,具有一定的"Barcodinggap"间隔区,构建的NJ系统发育树显示,56种植物检疫线虫按照所属分类阶元,以较高支持率分化成小杆目、矛线目、三矛目三个独立分支,且大部分线虫同一物种的个体都以较高支持率形成单系,只有少数近缘物种聚类在同一进化小分支难以有效区分。综合分析推断出,28S(D2/D3)基因序列能有效地对植物检疫性线虫进行物种识别,可作为DNA条形码的理想候选标记。

五、DNA条形码技术在螨虫及昆虫鉴定中的应用

DNA条形码技术在螨虫中的应用,主要集中在叶螨的研究上。叶螨属于蛛形纲Arachnida、蜱螨亚纲Acari、真螨目Acariformes、叶螨科Tetranychidae,是一种危害果蔬和温室植物的世界范围的重要经济害虫。叶螨科物种鉴定的困难在于有限的形态学特征,而且物种之间的这些特征具有高度的相似性,这种情况在叶螨属内尤为普遍。另外,只有很少一部分分类学家专于叶螨的形态学鉴定,而且数量日趋减少。基于DNA序列对叶螨科物种的鉴定,相对于传统的形态学鉴定而言具有特殊的意义。它的优点是迅速、简单、可靠。DNA条形码技术是利用分子标记的序列差异将物种鉴定到种水平的一种方法。李国庆通过形态学关键特征对叶螨科九个物种进行了鉴定,并对其线粒体CO I、核糖体ITS1、ITS2及28S序列进行测定和研究,旨在探索CO I、ITS1、ITS2和28S序列作为DNA条形码是否可以对叶螨科九个物种准确鉴定和进行系统发生分析。李国庆等检测了种内种间的序列差异,用于分析叶螨的种内种间关系。DNA条形码技术是一种利用线粒体CO I 5′端的序列差异将物种鉴定到种水平的方法,线粒体CO I 基因由于种间较高的多态性,在物种鉴定方面显示了独特的优势。测定线粒体CO I 部分序列来阐述叶螨科4个属9个物种的系统发生关系。研究结果证实了形态学上定义的4个属叶螨属*Tetranychus*、全爪螨属*Panonychus*、双叶螨属*Amphitetranychus*和岩螨属*Petrobia*分

别形成一个单系,然而在叶螨属内截形叶螨 *T. truncatus*、朱砂叶螨 *T. cinnabarinus* 和二斑叶螨 *T. urticae* 的系统发生地位并没有被很好地解决。总体上属间差异大于种间差异,种间差异大于种内差异,但朱砂地理种群间的遗传距离最大的为 0.1018,数据统计显示河南和云南朱砂种群与其他 5 个地理种群间差异较大,表明朱砂种群可能存在隐含种。之前的研究表明,利用核糖体序列间的差异可以对物种进行鉴定,甚至是相近物种、复杂物种和地理种群的鉴定。研究者选择了 rDNA 的 ITS1、ITS2 区段作为分子标记,对中国叶螨科 4 个属 9 个种 23 个种群进行研究,从而探索核糖体 ITS 的序列是否适合于叶螨科物种的分子鉴定。基于 ITS1 的序列差异属间大于种间,种间大于种内,种间差异全部大于 2%,而酢浆草岩螨的 5 个地理种群的序列完全一致,二斑叶螨的 5 个地理种群的平均遗传距离为 0.018,但数据统计显示河南和云南种群与其他 5 个地理种群间差异较大。对 ITS2 序列测定研究表明,各物种除了苹果全爪螨 *P. ulmi* 和柑橘全爪螨 *P. citri* 处于同一进化枝上,其他物种都以较高的置信度形成一个单系。但是二斑叶螨、截形叶螨及土耳其斯坦叶螨的两两核苷酸差异小于 2%,而朱砂叶螨的不同地理种群的核苷酸差异大于 2%。基于核糖体 ITS1 和 ITS2 分析表明:尽管叶螨属内朱砂叶螨和二斑叶螨的系统发生地位没有很好地解决,但形态学上定义的四个属和大部分种被很好地区分开来。通过研究核糖体 28S rRNA 的 D1-D2 部分序列来阐述叶螨科 4 个属 9 个物种的系统发生关系,研究结果证实了形态学上定义的叶螨属、全爪螨属、双叶螨属和岩螨属四个属分别形成一个单系,然而在叶螨属内及全爪螨属内各物种的系统发生地位并没有被很好地解决。基于核糖体 28S rRNA 序列无法将叶螨鉴定到种水平,但对于属水平上的鉴定却提供了重要的参考。该研究旨在探索是否可以利用线粒体 CO I 及核糖体 ITS1、ITS2、28S 作为分子条形码用于鉴定中国叶螨科 4 个属的 9 个常见物种,分析它们的系统发生关系,从而给叶螨科 DNA 条形码的研究提供一定的理论参考(李国庆,2010)。

六、DNA 条形码技术在植物检疫领域中的研究与应用

目前国家质检总局关于 DNA 条形码检测技术的研究已达 12 项,主要研究对象有植物病原真菌、植物病原线虫、昆虫类、茄属检疫性杂草及野生植物物种的 DNA 条码鉴定技术研究。

(一)植物病原真菌

宁波出入境检验检疫局在国家质检总局立项的"基于 DNA 条形码的两种检疫性轮枝菌快速识别技术研究"(2011IK169)、"DNA 条形码有效识别种苗携带检疫性真菌的应用研究"(2014IK020)两个项目,主要针对大丽轮枝孢等检疫性真菌病害开展了 DNA 条形码技术的研究。

(二)植物寄生线虫

山东出入境检验检疫局承担完成的国家质检总局科研项目"短体线虫 DNA 条形码检测技术研究"(2009IK263),研究获取了 5 种短体线虫 18 个地理种群的全基因序列,得到了短体线虫 ITS 序列和 D2/D3 序列系统发育树和遗传变异规律,建立了基于核糖体 D2/D3 序列短体线虫 DNA 条形码检测技术体系。天津出入境检验检疫局承担完成的国

家质检总局科研项目"根结线虫条形码基因筛选及鉴定体系研究"(2011IK176),获取根结线虫 10 种以上 40 个地理种群的条形码基因全序列及其条形码基因的分种遗传阈值。

(三)杂草类

中国检验检疫科学研究院在国家质检总局立项的"茄属检疫性杂草 DNA 条码鉴定技术研究及标准研制"(2010IK268),该项目提交了 4 种检疫性茄属杂草的 DNA 条码鉴定方法,发表 SCI 文章 1 篇、制定国家标准 1 项。该方法在口岸日常检测工作中已成功鉴定出银毛龙葵(*Solanum elaeagnifolium* Cay.)、北美刺龙葵(*S. carolinense* L.)、刺萼龙葵(*S. rostratum* Dunal.)、刺茄(*S. torvum* Swartz)等 4 种检疫性有害生物。

(四)昆虫类

2007 年以来,国家质检总局关于昆虫 DNA 条形码检测技术的研究立项共 5 项,包括天牛、小蠹科、火蚁属、白蚁、实蝇等,建立了多种生物的基因条码系统,为我国物种基因库和基因条码库的建立奠定了科学的基础。

七、DNA 条形码技术在检验检疫领域的研究与应用

"十二五"国家科技支撑计划"检疫性有害生物 DNA 条形码检测数据库建设及应用"(2012BAK11B00),该计划包含 6 个子课题,计划开展 435 种(属)植物检疫性有害生物和《一、二、三类动物疫病名录》及《检疫性传染病、寄生虫病名录》收录的动物病原微生物、寄生虫及蝇、蚊、蠓、鼠等主要病媒生物种类 DNA 条形码检测技术和规范的研究,计划 4 年完成研究工作。该项目旨在建立具有世界先进水平的检疫性有害生物 DNA 条形码检测技术与标准体系,构建检疫性有害生物 DNA 条形码检测平台,破解我国进境检疫性有害生物检测技术关键共性难题,全面实现我国对进境检疫性有害生物检测技术跨越式发展,有效地防控检疫性有害生物入侵,保障我国农业安全、生态安全与外贸安全。

(一)主要研究内容

1.检疫性有害生物 DNA 条形码数据库平台建设及新型条形码技术研发。研发具有我国自主知识产权 DNA 条形码信息管理系统与分析鉴定系统;建立我国检疫性有害生物 DNA 条形码数据库、凭证标本库及数字标本库,构建我国检疫性有害生物 DNA 条形码鉴定平台。探索新型 DNA 条形码检测技术。

2.植物检疫性有害生物、动物病原微生物、医学媒介生物等 DNA 条形码检测技术研究与示范应用。系统开展 435 种(属)植物检疫性有害生物、《一、二、三类动物疫病名录》和《检疫性传染病、寄生虫病名录》及蝇、蚊、鼠、蠓等主要病媒生物 DNA 条形码检测技术规范与标准的研究,建立我国检疫性有害生物 DNA 条形码检测推广应用示范基地。

3.针对当前分子鉴定研究较少或分子分类争议较大的检疫性有害生物进行全基因组测序、转录组测序、核糖体或线粒体基因组测序,筛选条形码基因,完善检疫性有害生物 DNA 条形码数据库及条形码检测技术体系。

(二)研究进展

1.检疫性有害生物通用标准和技术规范 6 项:

（1）标本数字化制作规范　计划编号：2013B287K

（2）杂草标本采集保存规范（征求意见稿）计划编号：2013B288K

（3）DNA 条形码筛选与质量要求　计划编号：2013B289K

（4）DNA 条形码数据库技术规范　计划编号：2013B290K

（5）DNA 条形码物种鉴定操作规程　计划编号：2013B291K

（6）检疫性有害生物凭证标本核酸保存与管理规范　计划编号：2013B292K

（7）线虫标本采集保存规范　计划编号：2013B295K

2. 目前已完成 DNA 条形码数：642659；样品数：639161；物种数：55000。

3. 国家认监委下达标准制定计划 30 项，其中植检 21 项，卫检 9 项。

（三）在植物检疫性昆虫、线虫与杂草研究领域的成果输出

"植物检疫性昆虫、线虫与杂草 DNA 条形码检测技术研究与示范应用"（2012BAK11B03），为国家"十二五"科技支撑项目"检疫性有害生物 DNA 条形码检测数据库建设及应用"的六个分课题之一，主要研究内容是开发具有我国自主知识产权的植物检疫性昆虫、线虫与杂草 DNA 条形码分析软件、建设检疫性有害生物 DNA 条形码数据库、凭证标本库和 DNA 参考物质库等，最终构建我国对外检疫性有害生物可持续发展的 DNA 条形码鉴定平台。本课题完成后，将破解我国进境检疫性昆虫、线虫与杂草检测技术关键共性难题。

1. SCI 收录文章

（1）CHANG H，LIU Q，HAO DJ，et al. DNA barcodes and molecular diagnostics for distinguishing introduced Xyleborus（Coleoptera：Scolytinae）species in China. Mitochondrial DNA，2013（0）：1-7.

（2）ZHENG Y，PENG X，LIU G，PAN H，DORN S，CHEN MH. High Genetic Diversity and Structured Populations of the Oriental Fruit Moth in Its Range of Origin. PLoS ONE，2013，8（11）：e78476.

（3）LU QIAN，YULIN AN，MEI XU，JUNXIAN SONG，DEJUN HAO. COI gene geographic variation of Gypsy moth（Lepidoptera Lymantriidae）and a TaqMan PCR diagnostic assay. DNA Barcodes，2014，2（1）：10-16.

（4）ZHANG WJ，YIN LP，WEI SS，et al. RAPD Marker Conversion into a SCAR Marker for Rapid Identification of Johnsongrass［Sorghum halepense（L.）Pers.］. NOTULAE BOTANICAE HORTI AGROBOTANICI CLUJ-NAPOCA，2013，41（1）：306-312.

（5）WEI ZHANG，XIAOHONG FAN，SHUIFANG ZHU，HONG ZHAO，LIANZHONG FU. Species-Specific Identification from Incomplete Sampling：Applying DNA Barcodes to Monitoring Invasive Solanum Plants. 8（2）：PLoS ONE e55927. doi：10.1371/journal. pone. 0055927（SCI）.

（6）F. JIANG，Q. JIN，L. LIANG，A. B. ZHANG，Z. H. LI. Existence of Species Complex Largely Reduced arcoding Success for Invasive Species of Tephritidae：a case study in Bactrocera spp. Molecular Ecology Resources,2014,14(6):1114-1128(SCI).

(7)GU J F, et al. *Bursaphelenchus posterovulvus* sp. n. (Nematoda：Parasitaphelenchidae)in packaging wood from Singapore. Nematology,2014,16:403-410(SCI).

(8)GU J F, et al. Description of *Bursaphelenchus yuyaoensis* n. sp. (Nematoda：Aphelenchoididae)isolated from Pinus massoniana in China. Nematology,2014,16,411-418(SCI).

(9)GU J F,WANG J L,CHEN X F,WANG X. Description of *Ektaphelenchus ibericus* n. sp. (Nematoda：Ektaphelenchinae)found in packaging wood from Spain. Nematology,2013,15:871-878(SCI).

(10)GU J F, WANG J F,CHEN X F. *Bursaphelenchus koreanus* sp. n. (Nematoda：Parasitaphelenchidae)in packaging wood from South Korea. 2013,Nematology,15：601-609(SCI).

(11)GU J F,WANG J L. CHEN X F. Description of *Ektaphelenchus taiwanensis* sp. n. (Nematoda：Ektaphelenchinae)found in packaging wood from Taiwan. Nematology,2013,15:329-338(SCI).

(12)GU J F,WANG J L. BRAASCH H. *Bursaphelenchus paraluxuriosae* sp. n. (Nematoda：Parasitaphelenchidae)in packaging wood from Indonesia. Nematology,2012,14(7):787-798(SCI).

(13)GU J F,WANG J L,CHEN X F. *Bursaphelenchus parathailandae* in packaging wood from Taiwan. Russian Journal of Nematology,2012,20(1):53-60(SCI).

2. 核心期刊论文

(1)华丽,陈晟,吴海荣,等.警惕！进口大宗粮谷中频繁截获超级杂草.杂草科学,2013,31(2):10-12.

(2)徐晗,李振宇,廖芳,等.苋属杂草种子形态学研究.植物检疫,2014,28(2):33-38.

(3)杜洪忠,吴品珊,严进,等.冬生疫霉的实时荧光 PCR 检测方法.植物检疫,2013,27(1):36-39.

(4)王金城,魏亚东,顾建锋,等.基于核糖体 ITS 区和 28S rRNA D2～D3 区的短体线虫系统发育研究.动物分类学报,2012,37(4):687-693.

(5)顾建锋,等.食菌伞滑刃线虫和阿苏里伞滑刃线虫的比较鉴定.植物检疫,2012,26(5):19-23.

(6)熊玉芬,王旭,葛建军,等.2 种常见伞滑刃线虫的特异 PCR 检测方法.植物检疫,2013,27(1):49-53.

(7)顾建锋,何洁,王宁,等.乌克兰樟子松中截获畸刺孤伞滑刃线虫.植物检疫,2014,28(3):43-46.

(8)顾建锋,王宁,何洁,等.进境种苗中朱顶红短体线虫的鉴定.植物检疫,2014,28(4):41-46.

(9)容万韬,王金成,刘鹏,等.单条线虫 DNA 提取方法研究.华北农学报,2014,29

(2):127-132.

（10）殷玉生,张帆,钱路,郑斯竹,安榆林.大小蠹来源地的 CO Ⅰ 基因标记.生物安全学报,2012,21(3):201-209.

（11）邓海娟,郑斯竹,高渊,等.基于 mtDNA CO Ⅰ 基因的皮蠹科三属的系统发育研究.江苏农业科学,2014,42(3):23-26.

（12）花婧,郑斯竹,安榆林,等.基于线粒体 CO Ⅰ 基因的大小蠹属昆虫 DNA 条形码研究.江苏农业科学,2014,43(3):30-32.

（13）郑斯竹,徐梅,杨晓军,等.进口美国木质包装上截获星吉丁虫的分类鉴定.植物检疫,2014,28(2):94-98.

（14）郑斯竹,杨晓军,徐梅.美国进口木材携带芳小蠹属昆虫的检疫鉴定.植物检疫,2014,28(1):93-97.

（15）郑斯竹,詹国辉,高渊,等.检疫性有害生物——栗粒材小蠹.植物检疫,2013,27(4):89-91.

（16）郑斯竹,安榆林,徐梅,等.天牛幼虫保存与 DNA 提取方法比较研究.中南林业科技大学学报,2012,32(5):144-148.

（17）顾建锋,王江岭,王金成.根结线虫非中国种问题初探.植物检疫,2012,26(3):58-60.

（18）权永兵,廖力,王岚,等.基于线粒体 CO Ⅱ 基因的 3 种土白蚁系统发育分析.广东农业科学,2014,41(12):161-164.

（19）罗光华,吴敏,韩召军,等.二化螟 piggyBac 类转座子的克隆与分析.昆虫学报,2012,55(7):763-764.

（20）何洁,王江岭,陈先锋,等.6 种根结线虫的形态和分子检测技术研究.植物检疫2014,28(2):39-42.

（21）顾建锋,王江岭,何洁,等.4 种常见短体线虫形态特征比较鉴别.植物检疫,2013,27(6):69-72.

（22）顾建锋,王江岭,邵芳,等.日本鸡爪槭中苹果根结线虫的鉴定.植物检疫,2013,27(1):43-48.

3. 申请专利

（1）检测多刺曼陀罗的核酸组合物及其应用(专利号 ZL 2010 1 0293956.7)；

（2）检测多刺曼陀罗的引物、试剂及其应用(专利号 ZL 2010 1 0293942.5)；

（3）一种区分欧洲型或亚洲型舞毒蛾的方法(专利号 ZL 2011 1 0458315.7)；

（4）茄属物种鉴定基因、引物及检测方法(申请号 201310018341.7)；

（5）用于检测毒麦的引物对、探针及其检测方法(申请号 201410243569.0)；

（6）松材线虫及其近似种的通用检测引物及 DNA 条形码分子鉴定方法(申请号 201410656385.7)；

（7）日本短体线虫的 PCR 检测试剂及试剂盒(申请号 201410030404.5)；

（8）一种植物线虫临时玻片的制作方法(申请号 201310323151.6)；

（9）苹果根结线虫的 PCR 检测试剂及试剂盒(申请号 201310324854.0)。

4．标准制定立项

（1）基因条形码筛查方法　检疫性豆象　计划编号：2014B239K；

（2）基因条形码筛查方法　检疫性天牛　计划编号：2014B240K；

（3）基因条形码筛查方法　异株苋亚属　计划编号：2014B241K；

（4）基因条形码筛查方法　检疫性棒形杆菌 计划编号：2014B242K；

（5）基因条形码筛查方法　检疫性黄单胞菌　计划编号：2014B243K；

（6）基因条形码筛查方法　检疫性茎点霉　计划编号：2014B244K；

（7）基因条形码筛查方法　检疫性拟茎点霉 计划编号：2014B245K；

（8）基因条形码筛查方法　检疫性嗜酸菌 计划编号：2014B246K；

（9）基因条形码筛查方法　检疫性烟草花叶病毒属病毒 计划编号：2014B247K；

（10）基因条形码筛查方法　检疫性植原体　计划编号：2014B248K；

（11）基因条形码筛查方法　检疫性大戟属　计划编号：2014B249K；

（12）基因条形码筛查方法　检疫性大小蠹　计划编号：2014B250K；

（13）基因条形码筛查方法　检疫性高粱属　计划编号：2014B251K；

（14）基因条形码筛查方法　检疫性卷蛾　计划编号：2014B252K；

（15）基因条形码筛查方法　检疫性乳白蚁　计划编号：2014B253K；

（16）基因条形码筛查方法　曼陀罗属　计划编号：2014B254K；

（17）基因条形码筛查方法　菟丝子属　计划编号：2014B255K；

（18）基因条形码筛查方法　检疫性轮枝菌　计划编号：2014B256K；

（19）基因条形码筛查方法　检疫性炭疽病菌　计划编号：2014B257K；

（20）基因条形码筛查方法　检疫性腥黑粉菌　计划编号：2014B258K；

（21）基因条形码筛查方法　检疫性疫霉　计划编号：2014B259K。

第四节　DNA 条形码技术的不足及展望

一、DNA 条形码存在的问题

（一）单个基因的可信度

虽然已经有大量的实验证明，CO Ⅰ基因能较好地区分一些类群，例如：鸟类、鱼类、贝壳、蜘蛛以及鳞翅目、双翅目，但同时也有许多数据显示并不能很好地鉴定。但是 DNA 条形码的最大争议之一就是单个基因的鉴定力。很多人提出，如果要用分子手段来进行鉴定的话，不能只选择一个基因。因为就像传统分类学一样，我们很少用一个形态特征来鉴定物种，这样的风险很大，而且不一定能较好地区分物种。而且，面对亲缘关系很近或者存在未发现的复杂现象的物种，单靠一个基因的种内差异或种间差异很难区分。尤其，对于不同物种来说，CO Ⅰ序列的进化速率可能不一致，想要定义其种间和种内的序列遗传距离还有许多不确定，所以很多学者提出可以同时再多选择 1 个～2 个核基因来加强鉴定的可信度。但是同时，新的问题又产生了：如果几个基因的结果不一致，我们应该相信哪一个;如果与传统分类学出现分歧,以哪个为标准。这些都是不可避免的问题。

(二) 多个因素对 CO Ⅰ 基因鉴定的影响

对于 CO Ⅰ 基因的鉴定力度,有人提出过质疑。主要是因为 CO Ⅰ 基因本身可能存在一定的问题:CO Ⅰ 基因为母系遗传,所以对于雌虫来说较好区分,但对于雄性个体来说存在一定的问题。杂交、Numts 干扰、*Wolbachia* 感染、多系或并系的存在、祖先多型现象及年轻种等问题都或多或少的影响到物种鉴定的正确性。

1. NUMTS 的影响

Numts(Nuclear Mitochondrial DNA Segments)指的是线粒体基因在进化过程中转入到核基因组的片段。自从转入核内后,相比较它真正的线粒体基因片段来说,它的进化速率低很多,长期进化过程以后,它就可以代表现存线粒体 DNA 的祖先 DNA,从性质上来说是一种分子"化石"。当我们用扩增 CO Ⅰ 基因片段的引物进行扩增的时候,得到的不一定是真正的线粒体 CO Ⅰ 基因序列,而有可能是存在于核内的类似于线粒体序列的片段。如果这些相对而言更保守的 Numts 序列用于系统发育分析的话,它们导致不正常的树形结构,Numts 序列可能会混在所有序列里导致个别的差异,也可能会单独成为一个特殊的支系,从而使所获得到系统发育分析结果无法解释,也会得到令人费解的物种鉴定结果。

2. *Wolbachia* 细菌的影响

Wolbachia 是一类细胞内母系遗传的细菌,普遍存在于节肢动物体内,对其寄主的生殖会产生很大的影响,如某些膜翅目类群里会产生孤雌生殖(parthenogenesis),很多昆虫里的胞质不相容(cytoplasmic incompatibility,CI),而等足类里可能会产生遗传上的雄性个体雌性化(feminization),被感染的物种可能会导致线粒体基因多态性的降低,这样也将影响到物种的鉴定(Shoemaker et al. 2004)。

3. 杂交现象对鉴定结果的影响

杂交现象在植物界是非常普遍的,但是在动物中相对来说少些。研究表明,至少 25% 的植物和 10% 的动物会有杂交现象,而且大部分都是年轻物种会和其他物种产生杂交,并存在潜在的基因交流。产生杂交的物种,可能会在 CO Ⅰ 基因上有一致的单倍体,但是如果没有杂交证据,也有可能是最近分化的物种。2006 年 Smith 在研究双翅目的寄生蝇中发现,线粒体基因和核基因的树不一致,主要是一个种的线粒体基因与 A 遗传距离近,而核基因与 B 遗传距离近,作者推测可能发生了杂交现象。

4. 祖先多型现象的影响

祖先多型现象可能在物种形成后的数百万代后都将持续不变;在关系相近物种间可能发生基因渗透,在种内联合可能有固定的分歧等位基因;还有可能是最近分歧种都有可能导致物种的无法区分。

5. 进化速率的影响

基因组(线粒体基因或核基因)的进化速率在所有生物中都不一样。例如软体动物的进化速率要高于双边后生动物。相反,双胚海绵和刺胞动物的进化速率要比它们相对应的双边动物慢10倍~20倍,因此CO Ⅰ 序列缺少变异,很难鉴定科级水平以下的物种。一些物种的目级水平的进化速度也不一样,例如六种革翅目昆虫。

6.地理分布对鉴定结果的影响

分析地理分布广泛物种的谱系遗传对解释潜在的进化多样性机制很有帮助,目前用线粒体基因分析狐猴、马岛猬、青蛙等说明南北种群存在谱系遗传的分化。先前许多研究只着眼于局部区域的动物,然而许多人认为DNA条码对于地区分布广泛的物种来说鉴定效果可能会很差。因为:①许多较晚分化出来的类群会因为它们是异域种类而被排除在局域分析之外;②一些地理变异的忽略,会导致过分低估地区性的种内差异。如果忽略地理差异,将模糊和打乱种级界定。实际上,种内较高的分歧也会来自地理隔离种群。

所以综合以上,为避免误导我们还是希望能尽量多选择几个基因一起鉴定,BOLD数据库应补充一些信息,例如:NUMT发生、已知内共生菌、分子钟信息、遗传结构和地理分布等来避免一些的问题的发生,以期达到更好地鉴定效果。

二、传统分类学与 DNA 条形码的关系问题

DNA条形码的出现并没有导致传统分类学的滑坡,而是有利于传统分类学的发展。一是虽然DNA barcoding可以作为一种手段来区分那些形态上模糊的物种,但是它仍旧是识别已知物种的一种"遗传检索表"(genetic key);二是任何时候,DNA barcode都必需跟已知的、系统描述的具体物种相关联才具有其意义;三是DNA barcoding产生的只是信息,识别物种的一条信息,而不是这个物的生物学知识。如果想很全面地理解物种在自然界中的角色,必须以传统的分类学为基础。

DNA条形码是分类学家的得力工具(Schindel and Miller,2005)。The Consortium of the Barcode of Life(CBOL:www.barcoding.si.edu)认为DNA条形码将是分类学家的有力工具,而且也为边境检查等这些没有分类专家的部门提供有效检疫手段;CBOL还认为只有出色的分类学专家才能够处理好"new barcode-based clusters"与物种之间的关系;如果标本的某些形态特征遗失,DNA条形码可以帮助把标本归于已知的物种;DNA条形码可以作为物种间的一种界定补充。DNA条形码尤其对幼体或不完整标本、形态上缺少鉴定特征的物种有较好的鉴定力。而且DNA条形码有利于物种的发现以及problematic种群的分子分类单元的定义。

DNA条形码与传统分类学不存在竞争(Gregory,2005)。一是DNA barcoding将利于而非阻碍分类学的发展;二是利用DNA条形码虽然可以发现大量的目前没有认识的物种,但是这些物种不会单单利用DNA barcode来命名,其命名还需要根据标本并按照林奈命名法而来;三是DNA barcoding更不会与传统分类学竞争基金支持,相反会为传统分类学吸引更多的基金支持,因为大多数的基金最终还是用于标本的采集与管理,而非用于DNA测序。

传统分类学永远是基础,只有首先从形态上作初步鉴定,才能有合适的材料进行分

子鉴定,作为分类学的一项"特征"。实际上,DNA 条形码目前的发展,还在确定阶段。因为,研究者们目前大部分的工作是首先将在形态上基本已确定好的物种,进行分子鉴定,当所得到的结果符合传统分类时,则说明这个鉴定成功,如果不符合,则需要进一步探讨;虽然大量的事实说明,CO I 基因能很好地鉴定一些物种,但是更多的工作还需要工作人员去做,因为地球上的所有物种,要通过分子手段,将已经分类的和还没分类的全部贴上条码,也是一个长期和大量的工作。不管怎么说,人们认识一项事物首先是从外部形态开始,所以基本的形态分类对于分类工作者来说是不可缺少的,分子数据是区分不可缺少的一项。

三、DNA 条形码的展望

DNA 条形编码将对生物多样性研究的发展起着至关重要的作用。其主要作用包括可以完成物种的区别和鉴定,发现新种和隐存种,重建物种和高级阶元的演化关系。DNA 条形码的目的是在种水平鉴定标本,并能说明进化距离和种间关系。几个世纪来,生物学家建立生物的系统发育树来说明物种的进化历史。目前的一些例子发现,CO I 条形码的遗传距离与大部分传统的分类学结果一致,说明条形码数据也将帮助进化研究。

总体来说,DNA 条码决不会取代分类学,而是增强分类学的力量和效用。也许一个小小的基因片断未必能完美地区分所有物种,而传统的分类学方法也没能接近完美。DNA 条码的标准也许不完美,却很实用。DNA 条形码的提出也许在前进的道路上会受到多种多样的难题,但是这项技术的提出为物种鉴定及生物多样性的研究开辟了一条崭新的途径。不仅弥补了传统分类学的缺陷,使得分类学走向成熟,更加完美,而且在检测生物多样性方面快速、有效,且自动化程度高,对于生物系统学、生态学、法医学、流行病学研究皆具有重要的现实意义。

参 考 文 献

[1] 尹燕妮,黄艳霞,葛芸英,等.几种常用植物病原细菌分子检测方法[J].植物保护,2006,(32):1-4.

[2] 王文婧,王晓亮,王新存,等.DNA 条形码技术在菌物研究中的应用[J].前沿科学,2009(3):4-12.

[3] 付鹏,郭亚辉,张晓梅.番茄溃疡病菌分子检测技术.江苏农业学报,2005(21):118-122.

[4] 李国庆.中国叶螨 DNA 条形码的研究及其系统发育分析.系统发育学.南京:南京农业大学,2010.

[5] 李艳伟.DNA 条形码在中国榕小蜂中的应用研究.昆虫分类及分子系统学.泰安:山东农业大学,2009.

[6] 杜琳,钟先锋,陈剑泓.植物病毒检测技术研究进展.农产品加工学刊,2007:48-52.

[7] 肖金花,肖辉,黄大卫.生物分类学新动向—DNA 条形编码.动物学报,2004

（50）：852-855．

［8］葛芸英，郭坚华．小麦苗枯病菌的 ITS 分析和 PCR 检测．植物病理学报，2003（33）：198-202．

［9］葛芸英，郭坚华．甜菜银叶病菌的 PCR 检测．微生物学报，2003（43）：271-275．

［10］刘淑艳，张傲，李玉．菌物 DNA 条形码技术的研究进展．华中农业大学学报 2012（31）：121-126．

［11］张伟，徐硕，陈德鑫．常用植物病毒病检测技术比较．南方农业，2013（7）：24-28．

［12］BARRETT, R. D. H. , P. D. N. HEBERT. Identifying spiders through DNA barcodes. Canadian Journal of Zoology, 2005(83): 481-491.

［13］BENSASSON, D. , D. -X. ZHANG, D. L. HARTL, G. M. HEWITT. Mitochondrial pseudogenes: evolution's misplaced witnesses. Trends in Ecology & Evolution, 2001(16): 314-321.

［14］BLAXTER, M. The promise of a DNA taxonomy. Philos Trans R Soc Lond B Biol Sci. , 2004: 669-679.

［15］CAVALIER-SMITH, T. Only six kingdoms of life. Proceedings of the Royal Society B: Biological Sciences, 2004(271): 1251-1262.

［16］CLARE, E. L. , B. K. LIM, M. D. Engstrom, et al. DNA barcoding of Neotropical bats: species identification and discovery within Guyana. Mol Ecol Notes, 2007: 184-190.

［17］D. H. LUNT, D. -X. Z. , J. M. Szymura, G. M. Hewilt. The insect cytochrome oxidase 1 gene evolutionary patterns and conserved primers for phylogenetic studies. Insect Molecular Biology, 1996(5): 153-165.

［18］DASILVA, G. , E. LUMINI, L. C. Maia. Phylogenetic analysis of *Glomeromycota* by partial LSU rDNA sequences. Mycorrhiza, 2006: 183-189.

［19］DESMYTER, S, M. GOSSELIN. COI sequence variability between Chrysomyinae of forensic interest. Forensic Science International: Genetics, 2009(3): 89-95.

［20］DRUZHININA, I. , A. KOPCHINSKIY, M. KOMON. An oligonucleotide barcode for species identification in *Trichoderma and Hypocrea*. Fungal Genet Biol, 2005: 813-828.

［21］DUNN, C. P. Keeping taxonomy based in morphology. Trends in Ecology & Evolution, 2003(18): 270-271.

［22］Ebach, M. C. , C. Holdrege. DNA barcoding is no substitute for taxonomy. Nature, 2005(434): 697.

［23］FERRI, E. , M. BARBUTO, O. BAIN, et al. Casiraghi. Integrated taxonomy: traditional approach and DNA barcoding for the identification of filarioid worms and related parasites(Nematoda). Frontiers in Zoology, 2009(6): 1.

［24］Froslev, T. , T. JEPPESEN, T. Laessoe. Molecular phylogenetics and delimitation of species in *Cortinarius* section *Calochroi* (*Basidiomycota*, *Agaricales*) in Eu-

rope. Mol Phylogenet Evol,2007:217-227.

[25] FREZAL,L. ,R. Leblois. Four years of DNA barcoding:Current advances and prospects. Infection,Genetics and Evolution,2008(8):727-736.

[26] FUNK,D. J. ,K. E. OMLAND. Species-level paraphyly and polyphyly:frequency,causes,and consequences,with insights from animal mitochondrial DNA. Annual Review of Ecology,Evolution,and Systematics,2003(34):397-423.

[27] GEISER,D. ,M. KLICH,J. FRISVAD. The current status of species recognition and identification in *Aspergillus*. Stud Mycol,2007:1-10.

[28] GREGORY,T. R. DNA barcoding does not compete with taxonomy. Nature, 2005(434):1067.

[29] HAJIBABAEI,M. ,J. R. DEWAARD,N. V. Ivanova,et al. Critical factors for assembling a high volume of DNA barcodes. Philosophical Transactions of the Royal Society B-Biological Sciences,2005(360):1959-1967.

[30] HAJIBABAEI,M. ,D. H. JANZEN,J. M. BURNS,et al. DNA barcodes distinguish species of tropical Lepidoptera. PNAS,2006(103):968-971.

[31] HAJIBABAEI,M. ,M. A. SMITH,D. H. JANZEN,et al. A minimalist barcode can identify a specimen whose DNA is degraded. Molecular Ecology Notes,2006(6):959-964.

[32] HEBERT,P. D. N. ,A. Cywinska,et al. Biological identifications through DNA barcodes. Proceedings of the Royal Society B-Biological Sciences,2003(270):313-321.

[33] HEBERT,P. D. N. ,E. H. Penton,J. M. Burns,et al. Ten species in one:DNA barcoding reveals cryptic species in the neotropical skipper butterfly Astraptes fulgerator. PNAS,2004(101):14812-14817.

[34] HEBERT,P. D. N. ,S. RATNASINGHAM, J. R. DEWAARD. Barcoding animal life:cytochrome c oxidase subunit 1 divergences among closely related species. Proceedings of the Royal Society B:Biological Sciences(Suppl.),2003(270):S96-S99.

[35] HEBERT,P. D. N. ,M. Y. STOECKLE,T. S. ZEMLAK,et al. Francis. Identification of birds through DNA barcodes. PLoS Biology,2004(2):e312.

[36] HICKERSON,M. ,C. MEYER, C. MORITZ. DNA barcoding will often fail to discover new animal species over broad parameter space. Systematic Biology,2006(55):729-739.

[37] JANZEN,D. H. ,M. HAJIBABAEI,J. M. BURNS,et al. Wedding biodiversity inventory of a large and complex Lepidoptera fauna with DNA barcoding. Philosophical Transactions of the Royal Society B-Biological Sciences,2005(360):1835-1845.

[38] JOHN,W. DNA barcoding in animal species:progress,potential and pitfalls. BioEssays,2007(29):188-197.

[39] KOMON-ZELAZOWSKA,M. ,J. BISSETT,D. ZAFARI. Genetically closely related but phenotypically divergent *Trichoderma* species cause green mold disease in oyster mushroom farms worldwide. Appl Environ Microbiol,2007:7415-7426.

[40] KRESS,W. J. ,K. J. WURDACK,E. A. ZIMMER,L. A. WEIGT,et al. Use of DNA barcodes to identify flowering plants. PNAS,2005(102):8369-8374.

[41] Lévesque,C. ,A. DeCock. Molecular phylogeny and taxonomy of the genus *Pythium*. Mycol Res,2004(108):1363-1383.

[42] LIN,C. -P,B. N. DANFORTH. How do insect nuclear and mitochondrial gene substitution patterns differ? Insights from Bayesian analyses of combined datasets. Molecular Phylogenetics and Evolution,2004(30):686-702.

[43] LINARES,M. C. ,I. SOTO-CALDERón,D. C. LEES, et al. High mitochondrial diversity in geographically widespread butterflies of Madagascar: A test of the DNA barcoding approach. Molecular Phylogenetics and Evolution,2009(50):485-495.

[44] MAES,M. ,P. GARBEVA, Q. KAMOEN. Recognition and detection in seed of the *Xanthomonas pathogens* that cause cereal leaf streak using rDNA spacer sequences and polymerase chain reaction. Phytopathology,1996(86):63-69.

[45] MALLET,J. Hybridization as an invasion of the genome. Trends in Ecology & Evolution,2005(20):229-237.

[46] MALLET, J. , K. WILLMOTT. Taxonomy:renaissance or Tower of Babel. Trends in Ecology & Evolution,2003(18):57-59.

[47] MAYO,M. A. ,M. C. HORZINEK. A revised version of the international code of virus classification and nomenclature. Archives of Virology,1998(143):1645-1654.

[48] MIN,X. J. ,D. A. HICKEY. Assessing the effect of varying sequence length on DNA barcoding of fungi. Molecular Ecology Notes,2007(7):365-373.

[49] MOURA,C. J. ,D. J. HARRIS,M. R. CUNHA, et al. DNA barcoding reveals cryptic diversity in marine hydroids(Cnidaria,Hydrozoa)from coastal and deep-sea environments. Zoologica Scripta,2008(37):93-108.

[50] NEIGEL,J. ,A. DOMINGO J. STAKE. DNA barcoding as a tool for coral reef conservation. Coral Reefs,2007(26):487-499.

[51] RICHLY,E. ,D. LEISTER. NUMTs in Sequenced Eukaryotic Genomes. Molecular Biology and Evolution,2004(21):1081-1084.

[52] SCHINDEL,D. E. ,S. E. MILLER. DNA barcoding a useful tool for taxonomists. Nature,2005(435):17.

[53] SEBERG,O. ,C. J. HUMPHRIES,S. KNAPP,et al. Shortcuts in systematics? A commentary on DNA-based taxonomy. Trends in Ecology & Evolution,2003(18):63-65.

[54] SEIFERT,K. ,R. SAMSON, J. R. Dewaard. Prospects for fungus identification using COI DNA barcodes,with *Penicillium* as a test case. Proc Natl Acad Sci USA,2007(104):3901-3906.

[55] Seifert,K. A. ,R. A. Samson,J. R. deWaard,et al. Prospects for fungus identification using COI DNA barcodes,with Penicillium as a test case. PNAS, 2007(104):

3901-3906.

[56] SHOEMAKER,D. D. ,K. A. Dyer,M. Ahrens,et al. Decreased diversity but increased substitution rate in host mtDNA as a consequence of Wolbachia endosymbiont infection. Genetics,2004(168):2049-2058.

[57] SMITH,M. A. ,D. M. WOOD,D. H. JANZEN, et al. DNA barcodes affirm that 16 species of apparently generalist tropical parasitoid flies(Diptera,Tachinidae)are not all generalists. PNAS,2007(104):4967-4972.

[58] TAUTZ,D. ,P. ARCTANDER, A. MINELLI,et al. DNA points the way a-head in taxonomy. Nature,2002(418):479.

[59] Urwin,R. & M. C. J. Maiden. Multi-locus sequence typing:a tool for global epidemiology. Trends in Microbiology,2003(11):479-487.

[60] WARD, R. D. , T. S. ZEMLAK, B. H. INNES, et al. DNA barcoding Australia's fish species. Philosophical Transactions of the Royal Society B-Biological Sciences,2005(360):1847-1857.

[61] WEI WU,TIMOTHY R. SCHMIDT, MORRIS GOODMAN,et al. Molecular Evolution of Cytochrome c Oxidase Subunit I in Primates:Is There Coevolution between Mitochondrial and Nuclear Genomes? Molecular Phylogenetics and Evolution, 2000 (17):294.

[62] WHITWORTH,T. L. ,R. D. DAWSON ,H. Magalon,et al. DNA barcoding cannot reliably identify species of the blowfly genus Protocalliphora(Diptera:Calliphoridae). Proceed-ings of the Royal Society B:Biological Sciences,2007(274):1731-1739.

[63] WIEMERS, M. , K. FIEDLER. Does the DNA barcoding gap exist? A case study in blue butterflies(Lepidoptera:Lycaenidae). Frontiers in Zoology,2007(4):8.

[64] WILL,K. W. ,B. D. MISHLER, Q. D. WHEELER. The Perils of DNA Barcoding and the Need for Integrative Taxonomy. Systematic Biology,2005(54):844-851.

第五章 焦磷酸测序技术

第一节 焦磷酸测序技术的原理

一、焦磷酸测序技术简介

随着现代科学技术的发展,传统的依靠分离细菌来鉴定病原微生物的方法,已远远不能满足人们对现代各种病原微生物的诊断以及流行病学研究的需要。人们希望对病原体的检验方法能够更加快速、准确无误且检测通量更高,人为影响因素尽可能减少。而通常的 PCR 检测方法和实时荧光定量 PCR 方法虽然可达到快速、高通量的目的,但却无法获得分子诊断的黄金标准——基因序列,从而可能造成假阳性的结果。而利用常规的 Sanger 测序法仅在对大片段 DNA 进行序列测定时才显示出优势,且速度慢、成本高、通量低。但在实际工作中,如果引物对选择得好,很短的一段保守/特异序列的测定就可满足对病原体分子诊断的需要,如何在很短的时间内,既方便又快速的对短片段进行准确序列测定一直是科研工作者探索研究的问题。

焦磷酸测序(pyrosequencing)技术是在 1987 年发明的一项新一代 DNA 序列分析技术。焦磷酸测序是由 DNA 聚合酶、三磷酸腺苷硫酸化酶、荧光素酶和双磷酸酶 4 种酶催化同一反应体系的酶级联化学发光反应,反应底物为 5′-磷酰硫酸(APS)和荧光素,反应体系还包括待测序 DNA 单链和测序引物。在每一轮测序反应中,加入一种 dNTP,若该 dNTP 与模板配对,聚合酶就可以将其掺入到引物链中并释放出等摩尔数的焦磷酸基团(PPi)。硫酸化酶催化 APS 和 PPi 形成 ATP,后者驱动荧光素酶介导的荧光素向氧化荧光素的转化,发出与 ATP 量成正比的可见光信号,并由 Pyrogram™ 转化为一个峰值,其高度与反应中掺入的核苷酸数目成正比。根据加入 dNTP 类型和荧光信号强度就可实时记录模板 DNA 的核苷酸序列。

焦磷酸测序的反应步骤包括:

① 测序引物与单链、PCR 扩增的 DNA 模板相结合,然后将其与 DNA 聚合酶、ATP 硫酸化酶、荧光素酶和三磷酸腺苷双磷酸酶,以及底物 APS 和荧光素一起孵育。

② 每一轮测序反应中,只能加入四种 dNTP(dATP、dTTP、dCTP、dGTP)之一,如与模板配对(A-T,C-G),此 dNTP 与引物的末端形成共价键,dNTP 的焦磷酸(PPi)释放出来,而且释放出来的 PPi 的量与和模板结合的 dNTP 的量成正比。

③ ATP 硫酸化酶在 5′-磷酰硫酸存在的情况下催化 PPi 形成 ATP,ATP 驱动荧光

素酶介导的荧光素向氧合荧光素的转化,氧合荧光素发出与 ATP 量成正比的可见光信号。光信号由 CCD 摄像机检测并由 pyrogram™ 反应为峰。每个光信号的峰高与反应中掺入的核苷酸数目成正比。

④ ATP 和未掺入的 dNTP 由 Apyrase 降解,淬灭光信号,并再生反应体系。

⑤ 然后加入下一种 dNTP,最终待测序列顺序即可从反应光强的信号峰中读出。在此过程之中有几点值得注意的是,在体系中使用的是 dATP S 而非 dATP,因为 dATP S 不是荧光素酶的底物,而且 DNA 聚合酶对 dATP S 的催化效率更高。而且在系统之中,底物的浓度已经最佳化,使得 dNTP 的降解速度慢于它的掺入速度,ATP 的合成速度快于水解速度,其中三磷酸腺苷双磷酸酶的特异浓度,可以保证降解完全,使系统复原。

二、高灵敏度焦磷酸测序反应

(一) 采用丙酮酸磷酸双激酶催化 PPi 转化反应提高焦测序反应的灵敏度

传统焦测序反应中使用的 APS 会产生很高的背景,这是因为 APS 的结构与 ATP 很相似,是荧光素酶的弱底物。为了提高检测灵敏度,采用丙酮酸磷酸双激酶(pyruvate phosphate dikinase,PPDK)催化焦磷酸盐生成 ATP 的反应,其底物有磷酸烯醇式丙酮酸(phosphoenolpyruvate,PEP)和单磷酸腺苷(AMP),其反应原理见图 5-1,与传统焦磷酸测序法的主要区别是将 ATP 硫酸化酶催化 PPi 的反应转换成 PPDK 的催化反应。由于 AMP 与 APS 不同,不是荧光素酶的底物,故不会产生背景,于是可以在焦磷酸测序反应中加入大量的荧光素酶提高测序反应的灵敏度。经过反应条件的优化,该焦测序反应系统的灵敏度比传统焦测序法提高了近 100 倍,可以测定 2.5 fmol 的 DNA 模板序列。

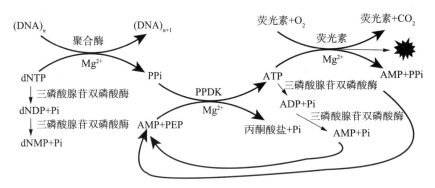

图 5-1 PPDK 催化 PPi 转化成 ATP 的焦磷酸测序流程

(二) 采用 ATP 硫酸化酶捕获游离 APS 提高焦测序反应的灵敏度

虽然基于 PPDK-AMP 催化 PPi 转化 ATP 的反应没有背景,灵敏度较高,但 PPDK 酶在室温条件下的活性不是很高,所以在焦测序反应中必须使用大量的 PPDK 酶以提高 PPi 的转化速度。由于 PPDK 酶的表达量不高,故基于 PPDK-AMP 催化反应的焦测序法价格相对较贵,并且也没有商品化的 PPDK 酶。在传统的焦测序中,灵敏度不能很高的原因,是由于未被 ATP 硫酸化酶结合的 APS 与荧光素酶反应产生背景荧光信号,并且背景信号强度会随着荧光素酶的浓度增加而增加。若保持 APS 浓度不变,增大反应液中 ATP 硫酸化酶浓度,则背景信号显著降低。如图 5-2a)所示,当反应液中 ATP 硫酸化酶浓度接近 APS 浓度时,背景最低,而信号强度恒定不变,说明反应液中大量的游离 APS 被 ATP 硫酸化酶捕获,不会与荧光素酶结合产生背景信号;而当溶液中有 PPi 时,APS 与 ATP 硫酸化酶复合物会立刻捕获 PPi 催化成 ATP。因此,在传统焦测序反应中增加 ATP 硫酸化酶浓度可以提高反应的灵敏度。如图 5-2b)所示,增加荧光素酶的浓度可以显著提高信号强度,而背景几乎不变。

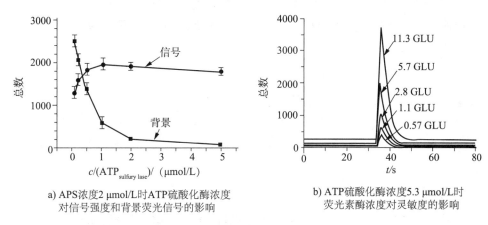

a) APS浓度2 μmol/L时ATP硫酸化酶浓度
对信号强度和背景荧光信号的影响

b) ATP硫酸化酶浓度5.3 μmol/L时
荧光素酶浓度对灵敏度的影响

图 5-2　ATP 硫酸化酶浓度的影响

三、大规模并行焦磷酸测序的实现

大规模并行焦磷酸测序技术是将焦磷酸测序技术的基本原理与乳液 PCR 以及光纤芯片相结合,实现了测序的高通量。

(一) 扩增 DNA 片段

在每一个片段的两端分别接上引物 A 和引物 B,接头分子与 DNA 片段都做成平末端,DNA 片段的 5′磷酸化,B 接头 5′末端接有生物素,A 接头没有。DNA 片段与 A、B 接头结合的情况有:两端都接 A;两端都接 B;两端分别接 A、B。磁珠包被了链霉亲和素,这 3 种情况下 DNA 片段与磁珠有着不同的亲和力,两端都接 B 的片断的 DNA 对磁珠亲和力最强。在溶液中,将 DNA 片段、A、B 接头以及磁珠共孵育,然后洗脱,则都接 A 的片段(未接生物素)不能与磁珠耦联而被洗脱。再用强一些的洗脱条件,将正确接上 A、B 的片段洗脱至溶液中,而都接 B 的片段还耦联在磁珠上,从而将双链"A-DNA 片段-Bbio" 分离开。再用磁珠捕捉 A-DNA 片段-Bbio,加热,使得双链解旋,收集游离在溶液中的单链"A-DNA 片段-B",将其作为 PCR 反应的模板,用于进行下一步的 PCR 扩增反应。

大规模并行焦磷酸测序技术的扩增步骤采用了乳液 PCR 的方法。在新的一批磁珠耦联上与 B 接头互补的寡核苷酸链,利用碱基的互补作用将单链片段吸附到磁珠上。将携带了要扩增的 DNA 片段的磁珠、反应液(水液)以及乳液按一定比例混合、搅拌均匀,形成一个个水滴悬浮在乳液中。每个水滴都是独立的反应体系。一个正常的 200 μL

PCR管,可以容纳56000个磁珠,即可以同时进行56000个片段的同时扩增。PCR扩增以后乳液体系被破坏以释放磁珠,其中包括结合着扩增了片段的磁珠。

(二)将磁珠置于微反应器中

承载着已扩增片段的磁珠用离心法沉淀到光纤芯片上开发的小室。这些小室排列在一个60 mm²×60 mm²大小的光纤板上,这个光纤板包含大约160万个作为微反应器的小室。小室在制作过程中大小要求至多能满足一个磁珠。反应所需的多种酶如DNA聚合酶、ATP硫酸化酶、荧光素酶,被耦联在一些更小的磁珠上,也投入小室中。这种固定化作用使得测序模板和各种酶在反应过程中都保留在小室内,不会随着dNTP的加入和流走而造成流失。

(三)加入底物脱氧核苷酸

在这一阶段中4种脱氧核苷酸依次被放入反应体系(dATPaS代替了dATP)。如果与模板互补的核苷酸被加入反应体系则发生聚合反应,并最终产生与聚合的核苷酸数目相对应的光强度。在一个光纤芯片上的微反应器中大量的测序反应在同时进行,实现了高通量。

(四)读取每个反应器中的光信号

光信号被电荷耦合器件摄影机读取,光信号的强度与结合的核苷酸数目线性相关。如果一个核苷酸结合到延长的DNA链上,那么电荷耦合器件摄影机将会探测到一个确定强度的光。而如果结合的核苷酸数目是2个,那么探测到的光的强度也会是之前的2倍。然而,核苷酸均聚体(同一种脱氧核苷酸连续排列)的核苷酸数目在小于8个时,其与光信号强度与线性相关性良好,而当均聚体核苷酸数目大于8个时会出现信号强度的衰减。

四、PCR引物与测序引物的设计对焦磷酸测序结果的影响

传统的PCR引物设计原则主要是基于扩增引物的解链温度Tm值,然而在实际扩增中,有时即使引物Tm值匹配扩增要求,GC含量不高,也无法得到理想产率的扩增产物。研究发现,DNA聚合酶对引物亲和力的差异会直接影响扩增效率。有学者利用多聚酶亲和指数PPI值(polymeras preference index)评价聚合酶对引物序列亲和性的高低,PPI值越高,聚合酶对引物的亲和力越高,扩增效率也越高。

以扩增含rs8175347位点的片段为例,根据icubate 2.0(http://icubate2.com/)在线计算序列的PPI值,设计1号和2号两对PCR引物,两者Tm值相近(59.2 ℃~60.7 ℃)而PPI值不同(引物对1上下游引物的3′末端PPI值约为150,引物对2上下游引物的3′末端PPI值约为60)。用上述两对引物在相同条件下进行扩增,扩增产物进行2%琼脂糖凝胶电泳。如图5-3所示,引物对1扩增所得产物量(泳道1)明显著高于引物对2(泳道3),表明高PPI值的PCR引物扩增效率高。由于PCR扩增产物量与测序信号峰强度之间具有线性相关性,因此引物对1的扩增产物应当具有更高的信号峰强度。经焦磷酸测序结果验证,引物对1和引物对2的单碱基信号峰强度分别为0.60 mV和0.33 mV。

因此,进行扩增引物设计时,可通过软件计算扩增序列的 PPI 曲线,将上下游引物 3′末端均放在 PPI 值高的区域,再通过调整引物长度改变引物 Tm 值,以获得高产率扩增,为焦磷酸测序提供更多的模板。扩增结果见图 5 - 3。

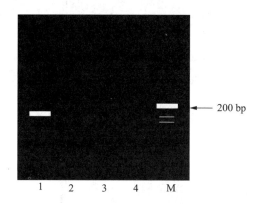

注:泳道 1.高 PPI 值的 PCR 引物(引物对 1)对 rs8175347 的扩增结果;泳道 2.引物对 1 的空白对照;
泳道 3.低 PPI 值的 PCR 引物(引物对 2)对 rs8175347 的扩增结果;泳道 4.引物对 2 的空白对照;泳道 M. DNA Marke。

图 5 - 3　PPI 值不同的两对 PCR 引物对 rs8175347 位点的扩增结果

　　测序结果的准确性既受扩增引物特异性的影响,也受测序引物特异性的影响。当测序引物 3′末端与待测模板错配或测序引物自身形成二聚体,产生的信号超过 dNTP 的本底信号时,焦磷酸测序中会出现非特异性信号,干扰结果的准确判读。因此,精确设计测序引物 3′末端的序列或调整扩增产物长度,可减少测序引物与待测模板其他区域的错配,降低或消除非特异性测序信号。此外,优化测序引物的序列,可避免引物二聚体的生成,防止因二聚体的形成而大量消耗测序引物,降低测序信号或增加非特异性信号。

五、提高焦磷酸测序定量性能的方法

　　运用焦磷酸测序对 SNP 分型时,不仅需要参照上述 PCR 引物和测序引物的设计原则,还应结合 SNP 附近的碱基序列,选择待测位点的正义链或反义链,尽量避免序列中的同质区,同时优化 dNTP 加入顺序,以获得可准确分型的焦磷酸测序图谱。

　　以测定 rs671 位点为例,当生物素标记下游引物时,测序引物延伸序列为 G/AAAGT。该位点为纯合野生型或突变杂合型时,"G""A"信号峰强度比值应分别等于1:2 或 1:5。但在实际样本的测序图谱中,纯合野生型和突变杂合型的"G""A"信号峰强度比值分别为 1:2[(见图 5 - 4a)]和 1:3.6[(见图 5 - 4b)],这一结果与理论值相差较大。然而,若测定 PCR 产物反义链序列,测序引物延伸序列即为 C/TAG,判定纯合野生型只要根据峰的有无,不需计算等位基因比例[(见图 5 - 4c)]。对于杂合型的该位点,则"C""T"信号峰同时出现[(见图 5 - 4d)]。理论上一次焦磷酸测序反应中,聚合 dNTP 的个数与信号峰强度成正比,但是如果一次聚合 4 个或 4 个以上 dNTP,则可能出现测序误差。因此,为了准确直观地测定基因型,需对比待测位点附近正义链与反义链的序列,避免在同质区一次性聚合多个 dNTP。

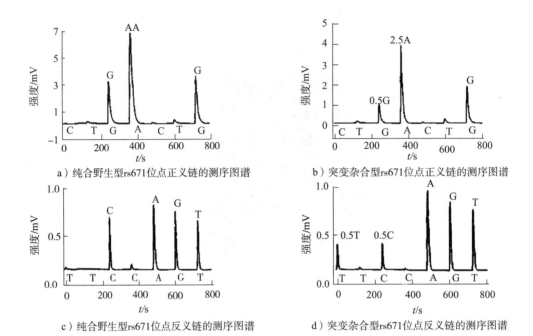

a）纯合野生型rs671位点正义链的测序图谱

b）突变杂合型rs671位点正义链的测序图谱

c）纯合野生型rs671位点反义链的测序图谱

d）突变杂合型rs671位点反义链的测序图谱

图5-4 测序模板的同质区序列对焦磷酸测序结果的影响

对有些 SNP 位点,不能简单通过选择正义链或反义链来回避 SNP 附近复杂的碱基组成。以位于 21 号染色体上的 rs914232 位点为例(该位点杂合子的等位基因比例用于判定样本是健康人或唐氏综合征患者),针对该位点无论选择正义链或反义链,都无法使测序结果中杂合子的等位基因比例为 1∶1(健康人),1∶2 或 2∶1(唐氏综合征患者)。研究发现,通过优化测序时 dNTP 的加入顺序,焦磷酸测序图谱能较好区别健康人杂合子和唐氏综合征患者杂合子。如下图所示,当 dNTP 以"TCAG"的顺序加入时,健康人杂合子和唐氏综合征患者杂合子的"C""T"信号峰强度比值分别为 3∶1(见图 5-5)和5∶1(见图 5-6),两种基因型的焦磷酸测序图谱差异非常明显。但是,当 dNTP 以"CTAG"顺序加入时,健康人杂合子和唐氏综合征患者杂合子的"C""T"信号峰强度比值分别为 1∶1.5(见图 5-7)和 1∶1.25(见图 5-8),两种基因型的焦磷酸测序图谱差异不明显,难以判断临床样本的基因型。因此,为了得到准确的判断结果,应根据待测靶标优化 dNTP 的加入顺序。

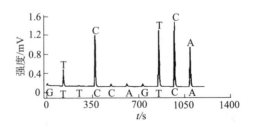

图5-5 以"TCAG"顺序测定健康人 rs914232 位点的测序图

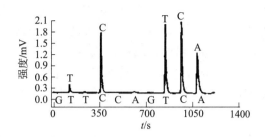

图 5-6 以"TCAG"顺序测定唐氏综合征患者 rs914232 位点的测序图

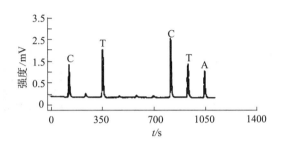

图 5-7 以"CTAG"顺序测定健康人 rs914232 位点的测序图

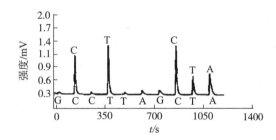

图 5-8 以"CTAG"顺序测定唐氏综合征患者 rs914232 位点的测序图

六、焦磷酸测序仪的研制

与基于激光诱导荧光—毛细管电泳 DNA 测序仪相比,焦磷酸测序仪结构比较简单,主要由 dNTP 循环加入装置、反应池、光敏传感器等组成。目前市场上已有商品化焦磷酸测序仪(Qiagen 公司)销售,其光敏传感器是利用 CCD 将焦磷酸测序反应过程中的光信号转换为电信号,并且被计算机记录下来转换成可处理运算的数据。由于 CCD 的价格较贵,所以商品化焦磷酸测序仪价格基本都在 150 万元以上,对于一般实验室来说,成本过高且体积较大,不适合现场检测,因而限制了其使用范围。

(一)单通道小型焦测序仪

该仪器的核心部分是将 4 种 dNTP 微量加入装置和反应池一体化的焦测序模块(见图 5-9)。如图所示,该模块由 5 个小池组成,四周 4 个小池分别为 4 种 dNTP 的储液池,中间的小池为焦测序反应器。反应孔底部为无色透明材料,整个模块由不透光黑色材料构成。四种 dNTP 储液池分别通过一根直径 25 μm 的毛细管与中间反应池相连。焦测序反应时通过压力装置向 dNTP 储液池加压,通过气压分别将 dNTP 注入反应池中进行反应。可以根据待测模板的序列信息顺序加入各 dNTP,也可按照固定顺序循环加入各 dNTP。测序反应进行时,将反应池固定于底座上,使反应孔底部玻璃正好位于底座中固定的光电倍增管检测窗上方。整个底座位于振荡器上,反应时启动振荡器混匀,可以使焦测序反应快速充分进行。通过光电倍增管实时记录焦测序反应中的光信号,并通过数据输出端与数据采集卡相连,将测序结果的电信号转换为数字信号。

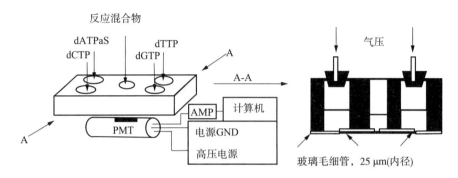

图 5-9 单通道小型焦测序仪模块

(二)多通道自动化小型便携式焦测序仪

图 5-10 为小型便携式八通道焦测序仪原理图。为了使仪器小型化和减低成本,采用光敏二极管(PD)为检测器,PD 体积很小,容易阵列化,这样可以使最终的仪器达到便携化。该仪器的关键技术是如何加入 dNTP。如图 5-10 所示,在空气阀控制下,4 种 dNTP 依次喷射入其下方的反应池中,反应池在马达驱动下可以将其中的反应液均匀混合,在反应池下方对应每一反应孔有一个光敏二极管用以收集反应生成的光信号,光信号经转换为电信号后输出至计算机。该仪器将 dNTP 储液装置与反应孔分开,避免了使用毛细管相连造成的堵塞问题,可以很方便地更换 dNTP,且能够自动、定量、程控地加入各 dNTP,保证了每次 dNTP 加入量的准确性。该装置可以方便地更换反应池,以利于提高测序反应的速度。PD 检测器的不足在于其灵敏度较低。

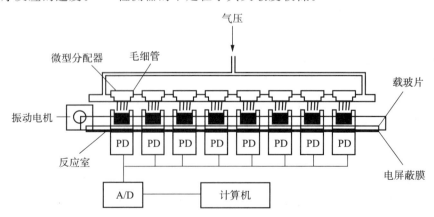

图 5-10 小型便携式八通道焦测序仪原理图

七、焦磷酸测序反应模板的制备方法研究

焦磷酸测序方法需要经测序引物退火的单链模板,因此单链模板制备是焦磷酸测序的一个重要组成部分。由于焦磷酸测序是通过实时监控碱基延伸反应来获得序列信号的,因此焦磷酸测序的单链模板要求浓度高,无分子内或分子间二级结构。如果模板中存在分子内可以自行退火的粘性末端,就容易出现非特异性测序信号。目前普遍使用的单链模板制备方法是微球-生物素法,即用链亲合素包被的磁珠捕获生物素标记的 PCR 扩增产物,然后用 NaOH 处理得到目标单链。这种方法能够较好地除去 PCR 产物中的杂质,如未反应的引物、酶、dNTP、延伸反应副产物等。需要通过一系列操作后,才能制备出符合焦磷酸测序要求的单链模板,因此该方法操作繁琐。此外,生物素标记的 PCR 引物、磁珠等试剂也提高了检测成本,而且操作过程中易发生样品间交叉污染和产物气溶胶污染,这已成为焦磷酸测序技术应用过程中的主要不足。

(一)基于不对称线性指数 PCR 扩增技术制备测序模板

PCR 的扩增产物是双链,不能直接用于焦磷酸测序反应。如果采用不对称 PCR 反应,则扩增产物中就会有单链扩增产物,可是常规不对称 PCR 反应的扩增效率较低,难以得到符合焦磷酸测序要求的单链模板。利用不对称线性指数 PCR 扩增法(LATE-PCR)的原理,直接产生焦磷酸测序用的单链 DNA 模板(ssDNA)。可通过合理设计 PCR 引物的长度,弥补低引物浓度造成的低 Tm 值,即浓度相差 10 倍的两条 PCR 引物具有相同的 Tm 值。该方法包括指数扩增过程和线性扩增过程两步。在指数扩增过程阶段,浓度低的限制性引物(PL)与浓度高的非限制性引物(PX)进行扩增产生双链 DNA,此时采用较高的退火温度以增加特异性,反应约 10~30 个循环后,PL 基本消耗完毕;然后进入线性扩增阶段,此时反应体系中只存在一条引物 PX 与模板退火,因此只产生单链产物。这种不对称扩增,一条引物量浓度很高,扩增循环数多达 60,保证了扩增效率,没有普通 PCR 所具有的平台期,扩增所得单链产物的量远高于普通不对称 PCR 。

(二)基于切刻内切酶技术制备测序模板的方法

不对称 PCR 是一种能够产生大量单链产物的技术,可直接用于焦磷酸测序反应,但每次反应引物的 Tm 值和浓度比例需要优化,不是所有位点都能够满足 LATE-PCR 的引物设计条件。随着切刻内切酶(NEase)技术的发展,可供实验用的切刻内切酶种类逐渐增多,采用切刻内切酶技术,对 PCR 扩增产物单链酶切后再进行焦测序反应。该法的关键是如何在 PCR 产物中引入切刻内切酶的酶切位点,根据焦磷酸测序模板的来源不同,酶切位点的引入方法也有所差异。图 5-11 为以基因组 DNA(用于基因分型)和 mR-NA(用于基因表达量分析)为检测模板时的原理图。

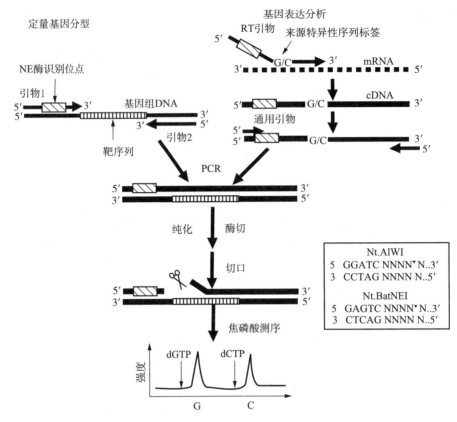

图 5-11 以基因组 DNA 和 mRNA 为检测模板时的原理图

该法是基于切刻内切酶只切割双链 DNA(dsDNA)中一条链的特性并结合 Klenow 酶的链置换效应进行测序反应的。如图 5-11 所示,当进行基因分型分析时,为了使产物中含有酶切位点,在 PCR 引物上人为引入错配碱基,形成切刻内切酶的识别区域,由于切刻内切酶的识别位点和切刻位置有数个碱基的距离,故可以在引物的中间及 5′ 端区域引入错配碱基,这不会对 PCR 扩增产生影响。双链 DNA 扩增产物经酶切后,形成一个切口,其中的 3′ 端即可以作为引物延伸端,在 Klenow 酶的催化下,可以直接进行焦磷酸测序反应。当进行基因表达量分析时,可在反转录引物 5′ 端引入切刻内切酶的识别区域,与 PCR 引物不同,反转录引物中含有酶切位点的序列可以是通用的,适合各种基因的表达量测定。该法避免了传统微球—生物素法制备单链 DNA 模板的繁琐操作,也无需不对称 PCR 复杂的引物设计,提高了焦磷酸测序模板制备过程的可操作性。与微球—生物素法(模板为 ssDNA)相比,在制备模板的时间花费上基本一致,但是操作步骤简化,只需两步(对 PCR 产物进行酶处理或纯化后酶切)即可,但不需要使用生物素标记的引物和昂贵的链亲和素包被的微球,成本只有传统的微球生物素法的一半。

八、焦磷酸测序技术的优势

传统的细菌分离、培养和生化分析耗时较长,已经不能满足对各种植物病原细菌的鉴定研究,植物病原细菌的检测鉴定不仅希望在分子水平上对各种细菌进行研究,同时希望检验方法更快速、准确、通量更高,人为影响因素要尽可能减少,便于构建标准化的操作流程。PCR 以及定量 PCR 的方法无法获得分子诊断的黄金标准基因序列,而利用常规的 DNA 测序技术对大片段的 DNA 进行序列测定,在速度和消耗上不能满足对大规模样本快速检测鉴定的要求。在实际工作中,很短的一段保守/特异序列的测定就可满足对分子鉴定的需要。Pyrosequencing 技术可以快速、准确、实时地进行短 DNA 序列分析检测,通量高,可以同时进行多达 96 份样品的测序,无需进行电泳,DNA 片断也无需荧光标记,操作简单方便,可程序化,便于构建标准化操作流程和规范,很好地保证实验结果的稳定性和准确性。

和常规的方法相比,焦磷酸测序技术的优势主要表现在:

① 检得快。利用焦磷酸测序技术,植物病原细菌检测鉴定过程更加简单,所需时间大大缩短。一个测序反应只需要几个小时,就可以读出上亿个碱基。这对于快速鉴定植物病原细菌十分重要,传统的检测鉴定方法耗时太长,大大超出苗木存活所允许的时间,焦磷酸测序技术在植物病原细菌检测鉴定中的运用将有利于苗木等农产品的进出口贸易。

② 检得准。焦磷酸测序技术方法用于植物病原细菌的检测,使检测结果更加准确、可靠。该技术人为影响因素减少,避免了因为操作原因影响最终结果,便于构建标准化的操作流程,适合于植物病原细菌检测鉴定的需要。

③ 检得多。焦磷酸测序反应每个反应可以读出上亿个碱基,是一种高通量的反应,在速度和消耗上能满足大规模样品快速鉴定的要求。焦磷酸测序反应对短 DNA 序列进行分析特别准确,最适合于分子鉴定中对植物病原细菌的一段很短的保守/特异序列进行测定。

第二节　焦磷酸测序技术在植物病原生物鉴定中的应用

一、焦磷酸测序技术在植物病原细菌鉴定中的应用

早在 20 世纪 90 年代,微生物学家们就发现并证明了 16S rDNA 用于细菌品种鉴定具有极佳的辨识力。Gan 等利用焦磷酸测序技术检测鉴定辣椒疮痂病菌,用 DNAstar megAlign 软件分析 16S rDNA 目标基因序列,选用其保守序列设计;为能在 30 bp～40 bp 片段内鉴别各种病原细菌,用目标基因可变序列设计 2 条焦磷酸测序引物;PCR 引物一端用生物素标记(见表 5 - 1)。

表 5 - 1　焦磷酸测序技术鉴定辣椒疮痂病菌所用引物序列

编号	引物序列(5′-3′)	生物素标记
正向引物 F1	CACTTTTCGCAGGCTACCA	否
反向引物 R1	GTCGTATGTTCGCGTTGGT	标记 1 条,未标记 1 条
测序引物 S1	CATATAACCCCAAGTTGC	否

水稻白叶枯病菌、甘蓝黑腐病菌、辣椒疮痂病菌、巴氏黄单胞菌焦磷酸测序结果与关键基因测序结果序列完全一致,表明各病原细菌与主要保守性区段没有发生变异,所选取核苷酸序列的高度保守性为建立焦磷酸测序的方法提供了保障。焦磷酸测序技术能将水稻白叶枯病菌、甘蓝黑腐病菌、辣椒疮痂病菌、巴氏黄单胞菌从黄单胞属植物病原细菌及其他细菌中鉴别开来,同时可以得到 4 种病菌的特征基因序列,从分子水平将病菌鉴定出来。

二、焦磷酸测序技术在植物病原真菌鉴定中的应用

井赵斌等利用 454 焦磷酸测序法对黄土区不同封育时期典型草地土壤真核生物多样性进行了研究,选择的 V4 区引物可以扩增出土壤真核生物中的微生物、动物和植物。其中真菌群落主要由子囊菌门(Ascomycota)、壶菌门(Chyt ridiomycota)、担子菌门(Basidiomycota)、绿藻门(Chlorophyta)、球囊菌门(Glomeromycota)和变形菌门(Proteobacteria)组成;动物群落区系主要包括脊椎动物门(Craniata)、节足动物门(Arthropoda)、线虫门(Nematoda)和环节动物门(Annelida);植物群落包括陆生植物(Embryophyta)和单子叶植物纲(百合纲)(Liliopsida)。在不同分类学水平,不同封育时期草地真菌群落组成具有各自的优势菌群;动物群落组成仅在种水平存在差异。

倪坚等利用焦磷酸测序法对杜鹃花菌根真菌群落结构等进行了研究。

三、焦磷酸测序技术在植物病毒株系鉴定中的应用

刘洪义等从黑龙江省克山、讷河、五大连池和北安大田种植的马铃薯上采集马铃薯病叶,提取总 RNA,进行反转录、PCR 扩增,以及焦磷酸测序,鉴定感染的马铃薯 Y 病毒(PVY)株系。克山有 2 个样品分别感染 $PVY^{N;0}$ 和 PVY^{N-Wi};讷河有 2 个样品感染 PVY^{N-Wi};五大连池有 2 个样品分别感染 $PVY^{N;0}$ 和 PVY^{N-Wi};北安有 1 个样品感染 PVY^{N-Wi}。结合已报道的 9 份黑龙江省马铃薯病样的 PVY 株系鉴定结果,表明黑龙江省大田种植的马铃薯至少存在 $PVY^{N;0}$、PVY^{N-Wi}、PVY^{NIN} 和 PVY^{N} 4 种 PVY 株系侵染;由于 PVY 侵染了 16 份已鉴定病样中的 7 份,而其余 3 种株系均仅侵染 3 份病样,显示 PVY^{N-Wi} 可能为优势株系。

四、焦磷酸测序技术在植物检疫领域中的应用

焦磷酸测序是由 DNA 聚合酶、三磷酸腺苷硫酸化酶、荧光素酶和双磷酸酶 4 种酶催化同一反应体系的酶级联化学发光反应,反应底物为 5′-磷酰硫酸(APS)和荧光素,反应体系还包括待测序 DNA 单链和测序引物。在每一轮测序反应中,加入一种 dNTP,若该 dNTP 与模板配对,聚合酶就可以将其掺入到引物链中并释放出等摩尔数的焦磷酸基团(PPi)。硫酸化酶催化 APS 和 PPi 形成 ATP,后者驱动荧光素酶介导的荧光素向氧化荧光素的转化,发出与 ATP 量成正比的可见光信号,并由 PyrogramTM 转化为一个峰值,其高度与反应中掺入的核苷酸数目成正比。根据加入 dNTP 类型和荧光信号强度就可实时记录模板 DNA 的核苷酸序列。

该技术是一项大通量、自动化程度高的测序技术,便于操作,很适合对大量、即时、现场的病原细菌快速鉴定,具有省时省力、节约费用等优点。山东检验检疫局自行立项完成的"焦磷酸测序技术(PSQ)在几种黄单胞属植物病原细菌快速鉴定中的应用研究"(SK200908),该项目利用 16S rDNA 基因克隆测序,研究发现了黄单胞属($Xanthomonas$ sp.)植物病原细菌水稻白叶枯病菌、甘蓝黑腐病菌、辣椒疮痂病菌、巴氏黄单胞菌种特异基因标记序列,利用焦磷酸测序技术,建立了这四种病原细菌的检测方法。

五、焦磷酸测序技术在其他领域中的应用

来自瑞典 Linkop ing 大学医院的两位学者 Jonasson 与 Olofsson 基于 Pyrosequencing™ 技术,通过对各种细菌 16S rRNA 可变区 V1 及 V3 的短序列分析,成功分辨了多种细菌,仅仅通过对 V1 区 10 bp 的片段的分析,就可以快速分辨出数十种细菌。焦磷酸测序技术不仅可以区别基因序列上的差异,同样可以检测某一位点的突变情况。Monstein H 等用焦磷酸测序技术检测幽门螺旋杆菌(Helieobacterpylori)16S rRNA 基因(16S rDNA)易变的 V1 和 V3 区序列,将胃镜活检标本中得到的 23 个幽门螺旋杆菌标本依据其 V1 区(第 75~100)的核苷酸序列差异,鉴定出 6 种不同的等位基因类型,除 11 个样本与幽门螺旋杆菌 26695 株序列一致、1 个样本与 J99 株的序列一致外,根据 V1 区的改变表现为有 1 个或 2 个核苷酸的突变或单个核苷酸的插入而分为 4 个等位基因类型。另有 2 个标本的 V3 区(第 990~1020)出现 C 至 T 转换。证明此技术可满足对临床病原菌标本的快速鉴定和分型。瑞典 Uppsala University 的 Storm M 等利用焦磷酸测序技术建立了新的鉴定炭疽热细菌(Bacillusanthracis)及其致病状态的方法,他们利用此技术分析染色体上的 Ba813 基因 20 bp 的特异序列来鉴定炭疽热细菌,准确率达 99.6%。通过分析菌株是否含有两个质粒(鉴定 pXO1 的 lef 基因和 pXO2 的 cap 基因)来确定炭疽细菌的致病状态,准确率达 100%。利用这项技术还可以对细菌 $rnPB$ 基因进行分析,通过比较 43 株链球菌的鉴定结果,发现这项技术与生化检测有较好的一致性。在对 29 株结核分支杆菌抗利福平突变株 rpoB 基因利福平耐药决定区分析中发现,其中 2 株通过 BACTEC 法检测对利福平敏感者可能为同义突变,该结果与探针检测技术(LiPA)和 Sanger 法测序一致。$fliC$ 和 $fljB$ 基因分别决定沙门菌的 1 相和 2 相,rfb 基因编码 O 抗原合成的主要酶,二者结合组成了沙门菌的抗原性,用于沙门菌的鉴定。在对 SARS 病毒的研究中,利用焦磷酸测序技术对 SARS 病毒多个碱基突变位点测序和突变频率分析,发现了北京流行株,并确定在第 7919 位碱基发生了 A/G 突变。Unnerstad 等利用焦磷酸测序技术对 106 株不同血清型的单核细胞增生李斯特氏菌进行了分型,根据 $inIB$ 基因的第 1575 位和 1578 位核苷酸的变化,将血清型 1/2a 和 1/2c 分为一组,1/2b 和 3b 分为一组,而血清型 4b 又可分为 2 个组。该技术还被应用于百日咳杆菌与副百日咳杆菌等细菌的快速鉴定及分型。

刘华雷等通过焦磷酸测序技术对我国分离的 H1N1、H3N2、H9N2 等 3 种基因型的 10 株猪流感病毒分离株进行金刚烷胺耐药性鉴定,10 株猪流感病毒国内分离株中 5 株 H1N1 分离株全部耐药,主要存在 M2 蛋白的 V27T、V27I 或 s31N 位点的突变,而 4 株 H3N2 和 1 株 H9N2 猪流感病毒分离株在 M2 蛋白 5 个关键位点上均未出现变异,表明

其对金刚烷胺敏感。基于 M 基因的焦磷酸测序技术可以用于对我国猪流感病毒金刚烷胺耐药性的快速鉴定。

参 考 文 献

[1] 曾地刚,陈晓汉,彭敏.用焦磷酸测序技术检测凡纳滨对虾组织蛋白酶基因单核苷酸多态性[J].水产学报,2008,32(5):684-689.

[2] 程绍辉,梁明华,李泽琳,等.焦磷酸测序技术在确认北京严重急性呼吸综合征(SARS)病毒株并检测基因突变中的应用[J].病毒学报,2005,21(3):168-172.

[3] 刘洪义,梁五生,刘忠梅,等.应用焦磷酸测序鉴定马铃薯感染的马铃薯 Y 病毒株系[J].中国农学通报,2013(36):140-146.

[4] 汪维鹏,倪坤仪,周国华.单核苷酸多态性检测的研究进展[J].遗传,2006,28(1):117-126.

[5] DING B,BERTILSSON L,WAHLESTEDT C. The single nucleotide polymorphism T1128C in the signal peptide of neuropeptide Y(NPY)was not identified in a Korean population[J]. J Clin Pharm Ther,2002,27(3):211-212.

[6] FUJII Y,SAKAGUCHI T,KIYOTANI K,et al. Comparison of substrate specificities against the fusion glycoprotein of virulent Newcastle disease virus between a chick embryo fibroblast processing protease and mammalian subtilisin-like proteases[J]. Microbiol Immunol,1999,43(2):133-140.

[7] ABDEL-GHAFAR A N,CHOTPITAYASUNONDH T,GAO Z,et al. Update on avian influenza A(H5N1)virus infection in humans[J]. N Engl J Med,2008,358(3):261-273.

[8] BELSER J A,LU X,MAINES T R,et al. Pathogenesis of avian influenza(H7) virus infection in mice and ferrets:enhanced virulence of Eurasian H7N7 viruses isolated from humans[J]. J Virol,2007,81(20):11139-11147.

[9] FOUCHIER R A,MUNSTER V,WALLENSTEN A,et al. Characterization of a novelinfluenza A virus hemagglutinin subtype(H16)obtained from black-headed gulls [J]. J Virol,2005,79(5):2814-2822.

[10] GARCIA M,CRAWFORD J M,LATIMER J W,et al. Heterogeneity in the haemagglutinin gene and emergence of the highly pathogenic phenotype among recent H5N2 avian influenza viruses from Mexico[J]. J Gen Virol,1996,77(Pt 7):1493-1504.

[11] GHARIZADEH B,KALANTARI M,GARCIA C A,et al. Typing of human papillomavirus by pyrosequencing[J]. Lab Invest,2001,81(5):673-679.

[12] GOLDBERG SM,JOHNSON J,BUSAM D,et al. A sanger/pyrosequencing hybrid approach for the generation of high-quality draft assemblies of marine microbial genomes[J]. Proc Natl Acad Sci USA,2006,103(30):11240-11245.

[13] GRUBER J D,COLLIGAN P B,WOLFORD J K. Estimation of single nucleo-

tide polymorphism allele frequency in DNA pools by using Pyrosequencing[J]. Hum Genet,2002,110(5):395-401.

[14] HA Y,STEVENS D J,SKEHEL J J,et al. X-ray structures of H5 avian and H9 swine influenza virus hemagglutinins bound to avian and human receptor analogs [J]. Proc Natl Acad Sci U S A,2001,98(20):11181-11186.

[15] HA Y,STEVENS D J,SKEHEL J J,et al. H5 avian and H9 swine influenza virus haemagglutinin structures:possible origin of influenza subtypes[J]. EMBO J, 2002,21(5):865-875.

[16] ILYUSHINA N A,RUDNEVA I A,GAMBARYAN A S,et al. Receptor specificity of H5 influenza virus escape mutants[J]. Virus Res,2004,100(2):237-241.

[17] ITO T,SUZUKI Y, TAKADA A,et al. Differences in sialic acid-galactose linkages in the chicken egg amnion and allantois influence human influenza virus receptor specificity and variant selection[J]. J Virol,1997,71(4):3357-3362.

[18] ITO T,COUCEIRO J N,KELM S,et al. Molecular basis for the generation in pigs of influenza A viruses with pandemic potential[J]. J Virol,1998,72(9):7367-7373.

[19] ITO T,SUZUKI Y,SUZUKI T,et al. Recognition of N-glycolylneuraminic acid linked to galactose by the alpha2,3 linkage is associated with intestinal replication of influenza A virus in ducks[J]. J Virol,2000,74(19):9300-9305.

[20] ITO T,SUZUKI Y,MITNAUL L,et al. Receptor specificity of influenza A virusescorrelates with the agglutination of erythrocytes from different animal species [J]. Virology,1997,227(2):493-499.

[21] KLEIN RD. The pain protective haplotype:introducing the modern genetic test[J]. Clin Chem,2007,53(6):1007-1009.

[22] MATROSOVICH M N,GAMBARYAN A S,Teneberg S,et al. Avian influenza A viruses differ from human viruses by recognition of sialyloligosaccharides and gangliosides and by a higher conservation of the HA receptor-binding site[J]. Virology, 1997,233(1):224-234.

[23] MONSTEIN H,NIKPOUR-BADR S,Jonasson J. Rapid molecular identification and subtyping of Helicobacter pylori by pyrosequencing of the 16S rDNA variable V1 and V3 regions[J]. FEMS Microbiol Lett,2001,199(1):103-107.

[24] MOREL A,Boisdron-celle M,Fey L,et al. Identification of a novel mutation in the dihydropyrimidine dehydrogenase gene in a patient with a lethal outcome following 5-fluorouracil administration and the determination of its frequency in a population of 500 patients with colorectal carcinoma[J]. Clin Biochem,2007,40(1-2):11-17.

[25] NORDSTROM T,Ronaghi M,Forsberg L,et al. Direct analysis of single-nucleotide polymorphism on double-stranded DNA by pyrosequencing[J]. Biotechnol Appl Biochem,2000,31(Pt 2):107-112.

[26] WHITE HE, DURSTON VJ, HARVEY JF,et al. Quantitative analysis of

SRNPN gene methylation by pyrosequencing as a diagnostic test for Prader-Willi syndrome and angelman syndrome[J]. Clin Chem,2006,52(6):1005-1013.

[27] SAITO T,LIM W,SUZUKI T,et al. Characterization of a human H9N2 influenza virus isolated in Hong Kong[J]. Vaccine,2001,20(1-2):125-133.

[28] SANDER T,TOLIAT M R,HEILS A,et al. Failure to replicate an allelic association between an exon 8 polymorphism of the human alpha(1A) calcium channel gene and common syndromes of idiopathic generalized epilepsy[J]. Epilepsy Res,2002,49(2):173-177.

[29] SAWADA T,HASHIMOTO T,NAKANO H,et al. Why does avian influenza A virus hemagglutinin bind to avian receptor stronger than to human receptor? Ab initio fragment molecular orbital studies[J]. Biochem Biophys Res Commun,2006,351(1):40-43.

[30] SEAL B S,KING D J,BENNETT J D. Characterization of Newcastle disease virus isolates by reverse transcription PCR coupled to direct nucleotide sequencing and development of sequence database for pathotype prediction and molecular epidemiological analysis[J]. J Clin Microbiol,1995,33(10):2624-2630.

[31] SENNE D A,PANIGRAHY B,KAWAOKA Y,et al. Survey of the hemagglutinin(HA)cleavage site sequence of H5 and H7 avian influenza viruses:amino acid sequence at the HA cleavage site as a marker of pathogenicity potential[J]. Avian Dis,1996,40(2):425-437.

[32] STEVENS J,BLIXT O,TUMPEY T M,et al. Structure and receptor specificity of the hemagglutinin from an H5N1 influenza virus[J]. Science,2006,312(5772):404-410.

[33] SUZUKI T,HORIIKE G,YAMAZAKI Y,et al. Swine influenza virus strains recognize sialylsugar chains containing the molecular species of sialic acid predominantly present in the swine tracheal epithelium[J]. FEBS Lett,1997,404(2-3):192-196.

[34] SUZUKI Y,ITO T,SUZUKI T,et al. Sialic acid species as a determinant of the host range of influenza A viruses[J]. J Virol,2000,74(24):11825-11831.

[35] PERDUE M L,SUAREZ D L. Structural features of the avian influenza virus hemagglutinin that influence virulence[J]. Vet Microbiol,2000,74(1-2):77-86.

[36] RONAGHI M. Pyrosequencing sheds light on DNA sequencing[J]. Genome Res,2001,11(1):3-11.

[37] WONG S S,YUEN K Y. Avian influenza virus infections in humans[J]. Chest,2006,129(1):156-168.

[38] UNNERSTAD H,ERICSSON H,ALDERBORN A,et al. Pyrosequencing as a method for grouping of Listeria monocytogenes strains on the basis of single-nucleotide polymorphisms in the inlB gene[J]. Appl Environ Microbiol,2001,67(11):5339-5342.

[39] VINES A,WELLS K,MATROSOVICH M,et al. The role of influenza A virus hemagglutinin residues 226 and 228 in receptor specificity and host range restriction[J]. J Virol,1998,72(9):7626-7631.

[40] WAGNER R,WOLFF T,HERWIG A,et al. Interdependence of hemaggluti-nin glycosylation and neuraminidase as regulators of influenza virus growth:A study by-reverse genetics[J]. J Virol,2000,74(14):6316-6323.

[41] WOOD G W,MCCAULEY J W,BASHIRUDDIN J B,et al. Deduced amino acid sequences at the haemagglutinin cleavage site of avian influenza A viruses of H5 and H7 subtypes[J]. Arch Virol,1993,130(1-2):209-217.

第六章　生物传感技术

第一节　生物传感技术的原理

随着科学技术的不断进步,常规的生物学分析方法比较费时、操作较复杂或敏感度较低,无法满足许多领域中生物检测工作的需要,一些新型生物学检测技术如生物芯片和生物传感器等应运而生并日益发展壮大。其中生物传感器将常规的生物检测原理与传感技术结合,具有快速、简便、敏感、特异的特性,成为最具潜力的一种生物学分析技术。

一、生物传感器的基本概念

生物传感器(biosensor)是指用固定化的生物体成分或生物体本身作为敏感元件的传感器,是一种将生物化学反应能转换成电信号的分析测试装置。生物传感器研究起源于 20 世纪 60 年代,1962 年英国学者 Clark 和 Lyons 最先提出,可以将酶反应的高度特异性和电极响应的高度灵敏结合起来,由此提出酶电极概念,1967 年 Updike 和 Hicks 把葡萄糖氧化酶(GOD)固定化膜和氧电极组装在一起,首先制成了第一个生物传感器。20 世纪 70 年代,相继出现了电流型和电位型微生物电极、组织电极、线粒体电极。20 世纪 80 年代,利用生物反应的光效应、热效应、场效应和质量变化而开发的生物传感器蓬勃发展,开始了生物电子学传感器的新时代。

二、生物传感器的基本组成和工作原理

(一)生物传感器的基本组成

生物传感器结构及工作示意图如图 6-1 所示。它由 3 部分组成:生物敏感组件、换能器、电子信号处理装置。其中生物敏感组件固定化有生物识别元件(包括酶、抗体-抗原、微生物、细胞、动植物组织、基因等),见表 6-1。换能器是为信号转换元件(包括电化学电极、半导体、光学元件、热敏元件、压电装置等)。

(二)生物传感器的工作原理

生物传感器的工作原理是待测物质经扩散作用进入固定生物膜敏感层,经分子识别而发生生物学作用,产生的信息如光、热、音等被相应的信号转换器变为可定量和处理的电信号,再经二次仪表放大并输出,以电极测定其电流值或电压值,从而换算出被测物质

的量或浓度。

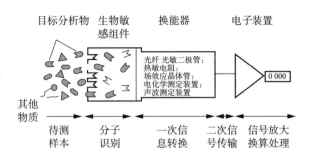

图6-1 生物传感器的组成与工作原理示意图

表6-1 1生物传感器的分子识别元件

分子识别元件	生物活性材料
酶膜	各种酶类
全细胞膜	细菌、真菌、动植物细胞
组织膜	动植物组织切片
细胞器膜	线粒体、叶绿体
免疫功能膜	抗体、抗原、酶标抗原等

1. 表面等离子体共振SPR生物传感器的工作原理

表面等离子体共振(SPR)是一种物理光学现象。表面等离子体(SPR)是沿着金属和电介质间界面传播的电磁波形成的。当平行表面的偏振光以表面等离子体共振角入射在界面上,发生衰减全反射时,入射光被耦合入表面等离子体内,光能大量被吸收,在这个角度上由于表面等离子体共振引起界面反射光显著减少。由于SPR对金属表面电介质的折射率非常敏感,不同电介质其表面等离子体共振角不同。同种电介质附在金属表面的量不同,则SPR的响应强度不同。基于这种原理的生物传感器通常将一种具特异识别属性的分子即配体固定于金属膜表面,监控溶液中的被分析物与该配体的结合过程。在复合物形成或解离过程中,金属膜表面溶液的折射率发生变化,可以实时被SPR生物传感器检测出来。抗原、抗体因反应特异性强、灵敏度高、重复性好,所以,SPR生物传感器最为常见的检测对象是抗原、抗体的相互识别过程。SPR生物传感器工作原理如图6-2所示。

2. 核酸杂交生物传感器的工作原理

核酸杂交生物传感器的理论基础是DNA碱基配对原理。高度专一性的DNA杂交反应与高灵敏度的电化学检测器相结合形成DNA杂交生物传感器,在其检测过程中,形成的杂交体通常置于电化学活性指示剂(如氧化-还原活性阳离子金属络合物)溶液中,指示剂可强烈低、可逆地结合到杂交体上,由于指示剂与形成的杂交体结合,产生的信号可以用电化学法检测。电化学DNA生物传感器杂交检测原理图见图6-3。

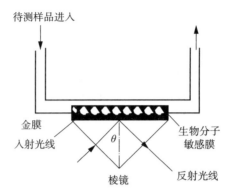

图 6 - 2　SPR 生物传感器工作原理图

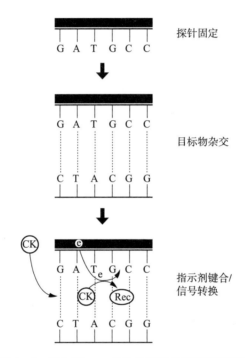

图 6 - 3　电化学 DNA 生物传感器杂交检测原理图

三、生物传感器的分类

生物传感器的分类较为复杂。目前主要有敏感元件分类、信号转换元件分类,被检目标与识别元件的反应类型分类 3 种方法。

(一) 按敏感元件分类

生物传感器敏感元件(即生物识别元件)是由具有分子识别功能的生物材料和支持物构成的,常见的生物材料有酶/底物、抗原/抗体、核酸/互补序列、微生物、动物或植物的细胞或组织切片等。

按分子识别元件分类,将生物传感器分为酶传感器(enzyme sensor)、免疫(抗原或抗体)传感器(immunol sensor)、微生物传感器(microbial sensor)、组织传感器(tissue sensor)、细胞器传感器、核酸传感器、分子印迹传感器等。

免疫传感器由于其自身独特的优势,像选择性好、灵敏度高、样品用量小、分析速度快、专一性强、能在复杂的体系中进行在线连续监测的特点,而成为研究热点。如图6-4所示,免疫生物传感器可分为无标记(直接测定)型和标记(间接测定)型两种类型。大部分检测致病菌的生物传感器依赖于标记型免疫传感器。在标记型免疫传感器中,需要对二抗进行标记,使其能够把抗体抗原的反应转换成可检测的光信号或者电化学信号。无标记型免疫传感器中,抗原抗体复合物形成时产生的物理、化学变化,无需二抗标记就能够被直接检测到,极大地简化了制备和操作过程。在速度和操作的简易性方面,无标记型免疫传感器具有吸引人的优势,因此相关研究也成为生物传感器发展的一个重要方向。几种信号转换技术,包括石英晶体微天平(quartz crystal microbalance,QCM)、表面等离子体共振(SPR)等已经被应用于检测细菌的无标记型免疫传感器中。阻抗技术也成为一种在用于检测细菌的生物传感器的发展过程中可供选择的一种方法。

一般来讲,阻抗测量可以分成两类:非法拉第(non-faradaic)阻抗和法拉第(faradaic)阻抗。非法拉第阻抗的测量不需要任何氧化还原探针的参与,该技术主要应用于细菌计数和基于细胞的传感器。法拉第阻抗是指电流通过电解液和电子导体界面时出现的电化学极化和浓差极化所引起的附加阻抗。它是电解液和电子导体界面上阻抗的一部分(另一部分是电偶层的无功容抗)。电化学阻抗谱(electrochemical impedance spectroscopy,EIS)是一种法拉第阻抗技术,其测量需要在有氧化还原探针参与的情况下进行。该技术通过探测电极的界面性质(电容、电子转移阻抗)来感知抗原-抗体、生物素-抗生物素蛋白复合体、寡核苷酸-DNA 在电极表面的交互作用。

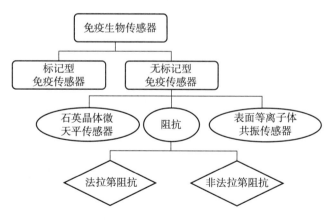

图6-4 免疫生物传感器的分类

(二) 按被检目标与识别元件的反应类型分类

根据生物传感器与底物作用机理的不同,可将生物传感器分为催化型生物传感器和亲和型生物传感器两类。前者包括酶传感器(enzyme sensor)、微生物传感器(microbial sensor)、组织传感器等;后者利用分子间特异的亲和性,如免疫传感器(immunol sensor)、受体传感器、DNA 传感器等。

（三）按信号转换元件分类

换能器（transducer）又称信号转换元件，是将敏感元件（也称感受器）上发生的物理或化学变化转变成可测量信号的器件。

目前用于传感器研究的换能器，除热敏电阻（thermistor）、场效应晶体管、压电晶体（piezoelectric quartz crystal），表面声波换能器（surfaceacoustic wave transducer）和表面等离子共振（surfaceplasmon resonance）换能器外，还有电化学和光学换能器。因此根据测量信号的不同，又可将生物传感器分为质量传感器、热量传感器、电化学生物传感器和光学生物传感器。

1. 电化学生物传感器

电化学生物传感器（electrochemical biosensors）是最早出现的生物传感器，主要利用在电极—介质面上进行的电化学反应，将被检测介质的化学量转变为电学量的一类传感器，其电学变量通常以电流、电势或电导的变化被记录，也是目前技术较成熟和商业开发最成功的一种传感器。

电化学生物传感器主要包括电位型、电流型、电导型和电容型生物传感器。其中电位型生物传感器信号转换元件主要有离子选择性电极 ISEs（iron-selective electrodes）和气敏电极（gas electrode）。电流型电化学生物传感器的信号转换元件主要包括惰性金属电极、碳电极等。惰性金属电极中，因铂电极对酶反应产物 H_2O_2 有较灵敏的响应值而应用较多。碳电极主要包括石墨电极、碳糊电极、玻碳电极、碳纤维电极和多孔玻碳电极等。碳电极的主要优点在于良好的化学惰性和较宽的电势窗口。

2. 光学生物传感器

光学生物传感器（optic biosensor）是由物理传感器发展而来的，它是将被检测物与分子识别元件相互作用产生的光信号变量转化为可识别计量的电信号。光学生物传感器（optic biosensor）主要有荧光型（fluorescence biosensor）和化学发光型（chemiluminescence biosensor）等，也是近些年来发展较快、国内外研究较多的生物传感器。这种类型的传感器除了具有速度快、灵敏度高的特点外，最主要的优势在于抗外界干扰能力强。

（1）消逝波光纤传感器（evanescent wave fiber biosensor，EWFB）

结合消逝波原理与光纤技术的消逝波光纤传感器被广泛使用，光线在光纤内发生全反射，在纤芯与覆层界面处形成一按指数衰减并渗透至覆层的消逝波。其穿透深度相当于入射光波波长的 1/5，位于消逝波穿透深度范围内的荧光试剂分子激发荧光，耦合进光纤后由信号检测系统分析，而液相中的荧光分子不能被激发检测。传感器传感层纤芯几何形状可以影响荧光信号的收集和传导，不同形状的纤芯的探测效率不同。消逝波光纤传感器的优点在于激发光作用区域仅限于一个波长的范围内，限制体相中荧光试剂分子激发，降低了背景噪声，较适用于薄层分析和均相免疫分析。利用核酸分子杂交和抗原抗体复合物的生物亲和型消逝波光纤传感器较多见诸报道，尽管如此，这种技术也存在待检测物或配位体需要预先进行荧光分子标记、荧光耦合率较低、检测信号弱、荧光分子在高强度入射光下淬灭的缺点，作为敏感基元的生物光纤制作也存在一定程度的不均一性。目前,商品化的消逝波光纤生物传感器已经实现了多光纤探头的不同目标物同时检测,它是用每种光纤检测各自的荧光分子激发光波长不同的原理得以实现,当然这样也会使预先标记的工作量和成本加大。

（2）表面等离子体共振传感器

表面等离子体子共振(surface plasmon resonance,SPR)是一种物理光学现象,利用光在玻璃界面处发生全内反射时的消失波,可以引发金属表面的自由电子产生表面等离子体子。在入射角或波长为某一适当值的条件下,表面等离子体子与消失波的频率和波数相等,二者将发生共振,入射光被吸收,使反射光能量急剧下降,在反射光谱上出现共振峰(即反射强度最低值)。当紧靠在金属薄膜表面的介质折射率不同时,共振峰位置将不同。光学 SPR 传感系统见图 6-5。

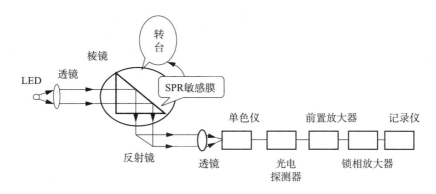

图 6-5　光学 SPR 传感系统

由于 SPR 对金属表面电介质的折射率非常敏感,不同电介质其表面等离子体共振角不同。同种电介质,其附在金属表面的量不同,则 SPR 的响应强度不同。基于这种原理的生物传感器通常将一种具特异识别属性的分子即配体固定于金属膜表面,监控溶液中的被分析物与该配体的结合过程。在复合物形成或解离过程中,金属膜表面溶液的折射率发生变化,随即被 SPR 生物传感器检测出来。SPR 生物传感器是由生物工程学、微电子学、材料科学以及分析化学等多门科学结合起来的新一代高科技产品。

与传统的相互作用技术如超速离心、荧光法、热量测定法等相比,SPR 生物传感器具有如下显著特点:①实时检测,能动态地监测生物分子相互作用的全过程;②无需标记样品,保持了分子活性;③样品需要量极少,一般一个表面仅需约 1 μg 蛋白配体;④检测过程方便快捷,灵敏度高;⑤应用范围非常广泛;⑥高通量、高质量的分析数据;⑦能跟踪监控固定的配体的稳定性;⑧对复合物的定量测定不干扰反应的平衡;⑨大多数情况下,不需对样品进行预处理;⑩由于 SPR 基于对未穿透样品的反射光的测量,所以检测能在混浊的甚至不透明的样品中进行。

随着 SPR 研究工作的迅速开展,SPR 仪器已商品化。目前已有 4 个仪器公司生产 SPR 仪器,它们是瑞典的 Biacore AB 公司(原名称为 Pharmacia Biotech)、英国的 Windor Scientific 公司、美国的 Quantech 公司和 Texas Instruments 公司。

1) BIAcore 系列

瑞典 Biacore AB 公司生产多种型号的 SPR 仪器,命名为 BIAcore。例如:BIAcore X、BIAcore 1000、BIAcore 2000、BIAcore probe、BIAcore Quant™ 和 BIAlite ™。目前,该公司已将一种灵敏度和动力学分辨率更高、分析速度更快的新一代 SPR 商品仪器 BIAcore 3000 投放市场。

BIAcore 系列仪器由液体处理系统、光学系统、传感器芯片和微机组成。各种型号的 Biacore 仪器检测原理相同,均为 Kretschmann 棱镜型。从发光二极管发出波长为 76nm 的 P⁻ 偏振光,聚焦到棱镜和金膜的界面上。由于它是点光源,故入射面光线将在一定角度范围内发散,用线性阵列光电二极管作为检测器,不同的象元接收到来自不同角度的反射光线,因此可检测不同入射角处的反射光强度。这种仪器的优点是,所有光学元件固定不动,因为阵列检测器可直接将各种角度下的反射光强度反映出来,角度分辨率为 0.1°。反射率最低点的确定通过多项式拟合完成。

BIAcore 传感器的芯片是其核心部件。它将 100nm 厚的金膜固定在一块玻璃片上,将此玻璃片嵌在一个塑料平板夹里,用一种折射率与棱镜匹配的聚合物将芯片耦合到玻璃棱镜上。在芯片表面固定一层葡聚糖分子层,它较容易与其他生物大分子耦联,因为在 BIA 技术中必须首先有一个生物分子耦联在传感片上,然后用它去捕获可与之进行特异反应的生物分子,该耦联过程可由仪器全自动控制。使用者也可以根据需要选择非葡聚糖分子层的芯片。

BIAcore 另一个显著特点是微流通池处理系统。BIAcore 有 2 个微流通池,发展到 BIAcore 1000 型时,流通池数目已达到 4 个。因此可同时分别独立地分析 4 个样品。微流通池的体积非常小,每个只有 60nL,是刻在传感器芯片表面的刻线。

BIAcore 仪器中除 BIAlite ™ 是半自动外,其余均为全自动,自动化程度很高。样品处理、进样和样品回收均为全自动,整个分析过程需要的样品量很少,一般最多不超过 750 μL。反应过程的动力学常数,包括结合常数、解离常数等数据,均可直接给出。但是由于采用的检测方式限制了可测量的角度范围,所以可检测对象的折射率范围较窄。BIAcore 1000 和 BIAcore 2000 可测量的折射率范围均为 1.33~1.36。这在一定程度上限制了它的应用。

2) 集成化手持式 Spreeta™ SPR 传感器

分析仪器的发展正趋于小型化、专门化,操作更加简单。精密分析仪器的发展正沿着落地式→台式→移动式→便携式→手持式→芯片实验室(lab-on-a chip)的方向发展。小型化已成为分析仪器发展的一个主要方向。因此,BIAcore 系列仪器较昂贵的价格和较庞大的体积(例如 BIAcore 2000 的体积为 760 mm×350 mm×610 mm,净重 50 kg),为其他仪器公司提供了竞争的机会。美国的 Texas Instruments 公司生产出了主机部分只有手掌大小、价格非常低的命名为 Spreeta™ 的 SPR 仪器。

Spreeta™ 采用 Kretschmann 型装置,全部元件集成在一个很小的体积内,其工作方式与 BIAcore 相似。光源为近红外发光二级管,检测器为线性阵列硅光电二极管,流通池刻在传感器芯片上,整个系统通过压模密封在环氧树脂板上,并在四周用黑板密封,防止杂散光进入。

Spreeta™ 仪器的另一个最有价值的特点是使用两个电热调节器(在传感器和流通池

上），对温度波动引起的灵敏度变化进行补偿，测量灵敏度为 10^{-5} 折射率单位，最低噪声水平为 3.0×10^{-6} 折射率单位。

3）Windsor Scientific IBIS 系统

Windsor Scientific IBIS 系统是由英国 Windor Scientific 公司推出的另一类价格低廉的 SPR 仪器，也是采用 Kretschmann 型棱镜。IBIS 的硬件部分相对比较紧凑、小巧、坚固。与 BIAcore 和 Spreeta™ 同时引入一定范围的入射光角度不同，IBIS 系统建立在对入射光进行角度扫描的基础上。在仪器内部，有一个机械旋转装置，可变化的角度范围为 $6°$，相应的可测量介质的折射率范围为 $1.33 \sim 1.39$。生物分子的相互作用在一个小体积流通池中进行，样品通过进样管自动进样，出口端连接在排水泵上。注射泵控制取样系统，使流通池中的样品混合均匀。溶液中样品质量的变化可及时反映到传感器表面。IBIS 还对 BIAcore 的传感芯片进行了改造。用户可以选择较精密的 BIAcore 传感芯片，若做常规和较简单的实验，也可以选择使用价格便宜的 IBIS 芯片。

4）Quantech DPX 系统仪器

美国 Quantech 公司生产了一种价格相对较低的基于 SPR 检测的多通道诊断系统 Quantech DPX 系统。该仪器主要用于医院，这是第一台直接用于医学分析的 SPR 免疫阵列仪器。该仪器与 BIAcore 和 Spreeta™ 最显著的区别是，耦合入射光的光学元件不是棱镜，而是表面镀有一层金膜的衍射光栅，光栅同时作为传感器芯片。因此，不同波长的入射光进入不同的通道，从而实现质量控制和多通道诊断。

随着对 SPR 生物传感器研究的不断深入以及商业化的需要，人们对检测的灵敏度以及多样性提出了更高的要求，迫使研究者在优化 SPR 生物传感器结构，减少生物分子膜和附加物对 SPR 生物传感器的影响等方面进行完善。SPR 生物传感器的发展趋势为：①采用新的分析方法，提高 SPR 生物传感器的灵敏度，进一步扩大其检测范围；②开发研制快速更换 SPR 传感芯片的技术，从而可以缩短样品检测时间，提高检测效率；③采用新材料和新工艺，同时与其他技术相结合，将会大大减小生物传感器的体积和重量，从而便于携带；④开发基于 SPR 生物传感技术的多通道生物传感器，可同时检测多种物质或同一物质的多种成分；⑤提高传感芯片的使用性能，延长传感芯片的使用寿命，从而可以降低使用成本。

四、生物传感器的发展阶段

到目前为止，生物传感器大致经历了 3 个发展阶段（见图 6-6）：

第一代生物传感器（如葡萄糖传感器）由固定了生物成分的非活性基质膜（透析膜或反应膜）和电化学电极所组成。

第二代生物传感器（如 SPR 传感器）是将生物成分直接吸附或共价结合到转换器的表面，而无需非活性的基质膜，测定时不必向样品中加入其他试剂。

第三代生物传感器（如硅片与生命材料相结合制成的生物芯片）是把生物成分直接固定在电子元件上，它们可以直接感知和放大界面物质的变化，从而把生物识别和信号的转换处理结合在一起，结构更为紧凑。

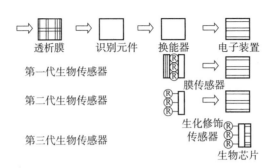

图 6-6　生物传感器的 3 个发展阶段

五、生物传感器的技术优势

近年来,生物传感器研究发展迅速是与其独特功能分不开的,其与传统的分析方法相比,优势主要表现在:

① 快速。利用生物传感器可以瞬时测定分析物的示踪物或催化产物,完成对靶物质的分析,响应速度快,可以在一分钟得到结果,且需要样品量少。

② 特异敏感。只对特定的底物起反应,而且不受颜色、浊度的影响,选择特异性强。

③ 准确度高,一般相对误差可以达至 1‰。

④ 操作系统比较简单,容易实现自动化分析。

⑤ 连续性。生物传感器可再生和再使用固定的生物识别元件,对待检样品可记性多次和连续测定,能实现连续检测和在线分析。

⑥ 采用固定化生物活性物质作催化剂,价值昂贵的试剂可以重复多次使用,克服了过去酶法分析试剂费用高和化学分析繁琐复杂的缺点。

⑦ 有的生物传感器能够可靠地指示微生物培养系统内的供氧状况和副产物的产生,能得到许多复杂的物理化学传感器综合作用才能获得的信息。同时它们还指明了增加产物产率的方向。

第二节　生物传感器技术在植物病原生物鉴定中的应用

目前,生物传感器应用较多是在医疗、医药、生物工程、环境保护、食品、农业、畜牧等与生命科学关系密切的一些领域。例如,临床上用免疫传感器等生物传感器来检测体液中的各种化学成分,为医生的诊断提供依据;生物工程产业中用生物传感器监测生物反应器内各种物理、化学、生物的参数变化以便加以控制;环境监测中用生物传感器监测大气和水中各种污染物质含量;食品行业中用生物传感器检测食品中营养成分和有害成分的含量、食品的新鲜程度等。

一、生物传感器在植物病原生物鉴定中的应用

当前,植物病原生物检测工作的要求是快速、准确的进行鉴定,一些简便、敏感、准

确、省力、省成本的快速检测方法正越来越多地被运用到植物病原生物检测鉴定中。近年来,生物传感器技术作为一种快速、灵敏的检测技术,正成为植物病原生物快速检测鉴定技术研究的新热点。常见的生物传感器有酶传感器、组织传感器、微生物传感器、免疫传感器、场晶体管传感器。生物传感器在检测病原生物方面的应用一般是利用抗原和抗体之间的高度特异性,将抗原(或抗体)结合在生物敏感膜上,来测定样品中相应抗体(或抗原),用传感器内的信号转换器和信号放大器来读取数据进行检测。

Moschopoulou 等利用生物传感器的方法来检测病毒,将某种病毒抗体(如黄瓜花叶病毒)植入纤维原细胞膜,这些纤维原细胞与电板构成了超灵敏的微型细胞生物传感器系统,当相应的病毒(抗原)与细胞膜中的抗体发生触发反应时会引起细胞膜电压变化,利用微电极可以测定病毒抗原和抗体反应造成的电压变化,并以此来判定病毒种类及检测其浓度。与现有的酶免疫测定法相比,本方法成本相近,检测速度快,无需前处理,操作简便,非常适用于常规的或田间的病毒检测。

Andrea 等利用两种方法将抗体通过共价作用与纳米孔硅片薄膜进行生物结合,制成用于病毒检测的生物传感器。试验表明,纳米孔硅膜的孔渗透性和束缚效率与孔表面的湿润性(wettability)相关,对于抗菌素病毒 MS2 的检测灵敏度高达 2×10^7 PFU/mL。

Eun 等首次应用石英晶体微天平生物传感器(quartz crystal microbalance biosensor,QCM biosensor)来检测植物病毒,可检测到最低 1ng 的建兰花叶病毒(CymMV)及齿兰环斑病毒(ORSV)。利用生物传感器可以实现对病毒在线实时检测,灵敏度高,特异性强,检测时间极短。

生物传感器的问世也极大地简化了病原菌的鉴定方法,不仅减少了前处理时间,提高了灵敏度,使鉴定过程变得更为简单,而且便于实现自动化,使病原菌的现场快速检测成为可能。要确定生物体感染了什么病原菌,可以设计实验,只要从病发部位把病原菌分离出来,进行液体纯培养,用抗体和抗原特异结合的原理,分别用不同的抗原(抗体)来检测,特异的抗原(抗体)只和特异抗体(抗原)结合,根据各种微生物的特性(产生电子转移、发生光学变化等)用生物传感器对其信号进行转换、放大,就可以鉴定该病原菌。例如在植物病原菌检测方面,传统孢子捕捉器有一些缺陷,有时很难鉴定所捕获病原菌的种类,或对所捕获孢子的计数和定量工作繁琐费时等,运用现代生物学方法如生化和分子生物学方法技术要求高,又繁琐,将生物感器技术运用于植物病原菌检测方面将是一个历史性的突破。目前这方面的研究已愈来愈受到人们的关注。如英国牛津大学 Molly Dewey 教授的研究小组近年来通过研究已建立了快速定量检测灰霉病菌(*Botrytis cinerea*)孢子的免疫荧光技术;英国 Rothamsted 试验站通过把单克隆抗体技术与 Ro. torod 捕捉器结合,设计出了旋转臂"免疫捕捉器(hamunotrap)",已尝试用来定量监测油菜黑斑病菌(*Altemaria brassicae*)孢子。生物传感器用于植物病原生物检测最主要的优点是它的现场检测能力。传统的酶联免疫吸附试验需要专业人员在几个小时内才能完成,而传感器可以在一分钟内得出结果。生物传感器还可以做到小型化和自动化,使没有经过培训的人员在很短的时间内完成检测。

二、生物传感技术在植物检疫领域的研究与应用

山东检验检疫局局承担完成的国家质检总局科研项目"噬菌体展示技术耦联表面等离子体谐振生物传感技术高通量快速检测植物病原细菌的研究"(2010IK270),采用单克隆抗体制备技术与噬菌体展示文库技术相结合的方法制备了效价高、特异性强的针对玉米细菌性枯萎病菌与木薯细菌性萎蔫病菌的单链抗体,并以此为基础借助 SPR 生物传感器完成特定生物分子(抗原－抗体)的识别及其浓度的测定方法研究,成功构建了噬菌体展示技术耦联 SPR 生物传感技术高通量、快速检测玉米细菌性枯萎病菌和木薯细菌性萎蔫病菌检测体系。针对目前传统的致病性微生物分析技术存在的问题以及快速检测方法的不足,通过噬菌体抗体表面展示文库的构建,筛选得到特异性强单链抗体,采用噬菌体展示技术耦联 SPR 生物传感技术开展病原微生物检测,课题实施过程中采用的免疫学方法、蛋白质组学及基因组学技术,不仅为玉米细菌性枯萎病菌与木薯细菌性萎蔫病菌的快速、灵敏、高通量的检测工作奠定了坚实基础,对其他植物病原微生物的快速检测亦有一定的借鉴意义。

三、生物传感器在其他领域中的应用

(一)在医学领域中的应用

生物传感器由于自身的优越性在医学领域得到了广泛的研究与应用,被誉为"迈向21 世纪医学检验技术"之一。1979 年报道的采用竞争法检测人绒毛膜促性腺技术(HCG)的生物传感器,是首例监测免疫化学反应的电流测量式传感器。有研究将乙肝表面抗原抗体(HBs Ab)固定在铂电极的纳米金颗粒上制成多层膜修饰的免疫传感器,利用电位滴定法和电流法进行乙肝表面抗原检测,可检测到 HBs Ab 的线性范围为0.05 μg/mL～4.5 μg/mL 和 0.005 μg/mL,临床应用的结果与 ELISA 方法检测结果相当。一种以有机修饰硅溶胶-凝胶膜为支持物的电化学免疫传感器检测血清样品中的HCG,其检测的线性范围在 0.5 mIU/mL～50 mIU/mL,其最低限量可达 0.3 mIU/mL,分析准确,性能稳定,显示了生物传感器在临床诊断应用的广阔前景。

(二)在食品安全检测中的应用

1. 食品中农药残留的检测

食品中农药残留进入人体后,可积累或贮存在细胞、组织和器官内,农药施用在蔬菜、水果、茶叶上,经过一段时间后,绝大部分由于日晒、高温、雨淋而挥发和流失,同时植物代谢等作用也会使之分解消失。但在收获的产品中仍然可能残留着微量农药亲体及其代谢物、降解物和其他杂物,如果长期食用农药残留量特别高的蔬菜,食用后甚至会引发急性中毒事件。利用 SPR 生物传感技术检测食品中的农药残余是日渐成熟的一种方法。用酶联免疫(ELISA)技术、放射免疫(RIA)技术与表面等离子共振检测技术(SPR)对同一种农药($C_8H_6Cl_2O_3$)(2,4D)进行检测对比分析,认为 SPR 生物传感器具有以下优点:体积小,成本低,响应快,灵敏度高,实时在线检测和抗干扰能力强。该方法的检测范

围为 0.001 mg/L～1.0 mg/L，非常适合用于现场的农药残留检测。

2. 食品中细菌和毒素的检测

传统的细菌学检验方法和血清学方法不仅操作繁琐、费时费力，而且检测的准确性不高，已越来越不能满足日益发展的社会需求。用 SPR 生物传感技术检测细菌和病毒，已取得了很好的效果。以 SPR 技术为基础，采用夹心免疫检测法，利用双抗体，其中一个作为受体的抗体固定在传感器表面，另一个抗体用来捕捉抗原，使用 Biacore 3000 生物传感器快速检测出了食物中葡萄球菌肠毒素 B(SEB)的浓度，最低检测限为 10 μg/L。利用 SPR 生物传感器可成功检测牛奶中的 β-内酰胺。

3. 食品中的重金属检测

重金属一般指对生物有显著毒性的元素，例如铅、锅、汞、锌、铜等。常见的有升汞、甘汞、雷汞、氢化汞等无机汞化合物及有机汞农药 Hg^{2+} 进入人体后，抑制多种酶的活性，阻碍细胞的正常代谢，引起中枢神经和植物神经功能紊乱，消化道和肾脏损害，升汞中毒量为 0.1 g～0.2 g，致死量为 0.3 g，甘汞致死量为 2 g～3 g。无机汞中毒，主要表现为急性腐蚀性胃肠炎及肾脏损害，重者出现急性肾功能衰竭及休克；有机汞中毒，除口中有金属味、流涎、恶心、呕吐等胃肠症状及接触性皮炎外，主要表现为神经系统和心、肝、肾等脏器的损害。由于铅、汞等重金属离子可以在生物体体内不断地沉积和富集，它们的污染对食品的品质和人类的健康都造成了极大的威胁。因此，对它们的检测显得尤为重要。采用 $HS(CH_2)_6SH$ 对金膜表面进行处理，从而在金膜表面形成自组装单分子层，然后，用它来识别溶液中的重金属离子 Hg^{2+}，通过 SPR 信号的变化实现对 Hg^{2+} 的定量检测。该方法不仅能定量检测浓度为 1.0 nmol/L～1.0 mmol/L 的单一溶液中的 Hg^{2+}，同时还能检测含有 Pb^{2+}，Ni^{2+}，Zn^{2+} 以及 Cu^{2+} 的混合液中的 Hg^{2+}。利用自组装的单层膜作为分子识别膜，用 SPR 生物传感器检测金属离子 Cu^{2+}，该传感器对 Cu^{2+} 的线性响应范围为 $1×10^{-12}$ mol/L～$1×10^{-4}$ mol/L，这为检测食品中的重金属离子提供了新的途径。用压电免疫生物传感器能够快速准确地检测大肠杆菌 O157：H7。有研究运用磁致弹性共振生物传感器成功检测沙门氏菌。磁致弹性共振生物传感器有一个特性就是能过磁通量被检测到，而磁通量与菌液浓度有关。检测沙门氏菌的生物，传感器是把多克隆抗体固定在磁致伸缩平面上，然后将生物传感器直接插入含有沙门氏细菌的溶液中。抗体和细菌抗原发生结合，通过磁通量的变化进而被磁致弹性共振生物传感器检测。

（三）在畜牧兽医领域的应用

近些年来，随着畜牧养殖业的发展，动物疫病的流行也逐渐频繁，人们在畜牧兽医领域也进行了大量生物传感器技术的探索。在奶牛养殖业中，为了方便繁殖育种的管理，减少经济损失，人们通过检测牛奶中黄体酮的含量来预测奶牛的排卵期，从而提高人工受精的成功率。利用酶标黄体酮与牛奶样品中黄体酮与碳电极上包被的抗体竞争结合的原理，电流型免疫生物传感器可以检测牛奶中黄体酮浓度，确定人工受精时间。在动物疫病检测方面，主要包括病原微生物检测和其毒素检测的生物传感器研究。利用直接竞争 ELISA 和电化学免疫传感器检测河豚毒素，结果表明，生物传感器的检测范围更广泛。

四、生物传感器的发展趋势和应用前景

生物传感器是一种集现代生物技术与电子技术为一体的高科技产品,是生命科学和信息科学的交叉区域,也是当今工程技术领域一个非常活跃的话题,形成 21 世纪新兴的高技术产业的重要组成部分,具有重要的战略意义。

(一) 生物传感器的现存问题

不同类型的生物传感器具有各自独特的优点,但又存在各自的局限性,这也是目前限制生物传感器应用和商品化的主要原因。例如,电化学生物传感器由于具有测定选择性好、灵敏度高、可在有色甚至浑浊试液中进行测量并且容易微型化等优点最受人们关注,但常受到电活性物质的干扰;光学传感器响应速度快、信号变化不受电子或磁性干扰的影响,但往往需要价格昂贵的研究应用设备;压电生物传感器能够动态的评价亲和反应,缺点是需要对其晶体进行校准,当用抗原/抗体包被时存在被动现象。还有很多重要的问题如使用寿命、长期的稳定性、可靠性、批量生产工艺等都是生物传感器研究、应用和产业化亟待解决的。

(二) 生物传感器的发展趋势

生物传感器的开发依赖于生物技术、生物电子学和微电子学最新成果的不断渗透和发展,在未来的研究工作中,将重点开发出更灵敏、更新颖的生物传感器,如专业化的生物传感器、微型的生物传感器、集成式的生物传感器、生物相容性的生物传感器、智能化的生物传感器等。可以预见,未来生物传感器的发展趋势为:

① 由分析单一成分的传感器向系列传感器发展,开发新一代低成本、高灵敏度、高稳定性和高寿命的生物传感器是目前研究的热点。

② 应用基因工程技术,可创造出检测能力更强的生物元件。例如,在检测有机磷时,不同来源的酶敏感性相差很大,采用定点突变可使酶敏感性大幅度提高。

③ 与其他仪器集成,如与 HPLC 的结合。

④ 开发便携式、低成本、高灵敏度和高选择性的生物传感器。

⑤ 集成、微型化。微电子集成电路(IC)工艺技术,特别是微电子机械系统(MEMS)技术以及信息技术的发展为生物传感器的智能化、微型化提供了广阔的空间;提高生物传感器的稳定性,生物材料结构及性能改善,尤其是高性能生物敏感材料的研制,将是生物传感器今后发展的方向之一。随着新技术、新型固定化材料的不断涌现,在不久的将来,实用化、商品化的有机磷酶生物传感器必将出现并服务于人类。

(三) 生物传感器的应用前景

尽管现在生物传感器的应用受到其稳定性、重现性和使用寿命等诸多限制,再加上待测物成分多且含量差异大、抗体种类少和不稳定等问题,许多生物传感器的研究还处在实验阶段,实际应用时环境和样品的复杂性成为制造此类传感器的主要障碍,限制了实现商业化的生物传感器的数量。但是,由于生物传感器具有高选择性、响应快、操作简单、携带方便和适合于现场检测等优点,所以仍是目前重点研究的对象。尤其是随着生

物科学、信息科学和材料科学发展的发展,生物传感器现存的诸多不足将有望得到完善并飞速发展。纳米生物传感器、微生物和全细胞传感器等正成为备受关注的新议题。未来的生物传感器将具有以下特点:功能多样化、微型化、智能化与集成化,低成本、高灵敏度、高稳定性和高寿命。当今世界发达国家对传感器技术发展极为重视,将其视为涉及国家安全、经济发展和科技进步的关键技术之一,将其列入国家科技发展战略计划之中。因此,生物传感技术得到了迅速发展,传感器新原理、新材料和新技术的研究更加深入、广泛,传感器新品种、新结构、新应用不断涌现、层出不穷。生物传感器在植物病原生物检测中的发展方向,主要是:拓宽应用范围;由单一功能向多功能发展;与其他仪器集成,以提高灵敏度和分析速度,实现准确、快速检测;向便携式、操作简便、低成本、商业化、产业化方向发展。

参 考 文 献

[1] 王凯,殷涌光.SPR 生物传感器在食品安全领域的应用研究[J].传感器与微系统,2007,26(5):12-17.

[2] 张先恩.生物传感器原理与应用[M].长春:吉林科技出版社,1991.

[3] 周益林,黄幼玲,段霞瑜.植物病原菌监测方法和技术[J].植物保护,2007,33(3):20-23.

[4] Andresen L.,Klausen J.,Bafod K.,et al. Detection of antibodies to Actinobacillus pleuropneumoniae serotype 12 in pig serum using a blocking enzyme-linked immunosorbent assay.[J]. Vet Microbiol. 2002(89):61-67.

[5] Liu Y.,Ye.,J and Li,Y.,A membrane separator/bioreactor coupled with absorbance measurement for detection of E. coli O157:H7[J]. Rapid Mrth Auto Micro.,2001(9):85-96.

[6] LETH S,MALTONI S,SINKUS R. Engineered bacteria based biosensorsformonitoring bioavailble heavy[J]. Electroanalysis,2002,14(1):35-42.

[7] LEHMANNM,RIEKL K. Amperometric measuren ent of copper ions with a deputy substrate using a novel Saccharomyces cerevisiae sensor[J]. Biosensors and bioelectronics,2000,15(3):211-219.

[8] MOSCHOPOULG,VITSA K,BEM F,et a1. Engineering of the membrane of fiborblast cells with virus-speci6c antibodies:A novel biosensor tool for virus detection[J]. Biosensors and Bioelectronics,2008(24):1027-1030.

[9] ANDREA M R,WANG L L,REIPA V. et a1. Porous silicon biosensor fordetection of viruses. Biosensors and Bioelectronics,2007(23):741-745.

[10] EUN A J,HUANG L,CHEW F,et a1. Detection of two orchid viruses using quzrtz crustal microbalance(QCM)immunosensors[J]. VirologicalMethods,2002,99(11):71-79.

[11] DEWEY F M,Ebeler S E,Adamsdo,et a1. Quantification of Botrytis ingrape

juice determined by a monoclonalantibody-based immunoassay[J]. Ameriem Journal of Viticulture aad Enology,2000(51):276-282.

[12] OHEIRN M. Imaging transmitter release Ⅱ: a practical guide to evanewent-wave imaging[J]. Asers Med Sci,2001,16(3):159-170.

[13] TANG D,YUAN R,CHAI Y,et al. New amperometric and potentiometric immunosensors based on gold nanoparticles/tris cobalt multilayer films for hepatitis B surface antigen determinations[J]. Biosens Bioelectron,2005,21(4):539-544.

[14] REVOLTELLAL RP,ROBBIOL L. Comparison of conventional immunoassays with surface Plasmon resonance for pesticide detection and monitoring[J]. Biotherapy,1998(11):135-145.

[15] RASOOLYA. SurfacePlasmon resonance analysis of staphylococcal enterotoxin B ln food[J]. J Food Prot,2001,64(1):37-43.

[16] GUSTAVSSONE. SPR biosensor analysis ofβ-lactam antibiotics in milk[D]. Uppsala:Swedish University of Agricultural sciences,2003.

[17] CHAHS,YIJ,ZARE R N. Surface Plasmon resonance analysis of aqueous mercuric ions[J]. Sensors and Actuators,2004(99):216-222.

[18] DIASFILHON L,GUSHIKEMY,POLlITOWL. Mercaptobenzothiazole clay as matrix for sorption and preconcentration of some heavy metals from aqueous solution [J]. Anal Chim Acta,1995(306):167-172.

[19] KIMSH,HANSK,KIMJH,et al. A self-assembled squarylium dye monolayer for the detection of metal ions by surface Plasmon resonances[J]. Dyes pigments,2000 (44):55-61.

[20] PEMBERTON R M,HART J P,FOULKES J A. Development of a sensitive, selective,electrochemical immunoassay for progesterone in cow's milk based on a disposable screenprinted amperometric biosensor[J]. Electrochimica Acta,1998,43(23): 3567-3574.

[21] Mellgren C,Sternesjo A. Optical immunobiosensor assay for determining enrofloxacin and ciprofloxacinin bovine milk. Journal of AOAC International,1998,81(2), 394-397.

第七章 单克隆抗体技术

第一节 概 述

单克隆抗体(monoclonal antibodies,McAb),简称单抗,是由淋巴细胞杂交瘤产生的、只针对复合抗原分子上某一单个抗原决定簇的特异性抗体。淋巴细胞杂交瘤是用人工方法使骨髓瘤细胞(纯系小鼠的腹水瘤型浆细胞)与已用抗原致敏并能分泌某种抗体的淋巴细胞(常用致敏动物的脾细胞,起作用的是其中的 B 细胞)融合而成的。用适当方法把杂交瘤细胞分离出来,进行单个细胞培养,使之大量繁殖,则在该培养液中增殖而形成的细胞克隆,只产生完全均一的、单一特异性的抗体,即单克隆抗体。将这种克隆化的杂交瘤细胞进行培养或注入小鼠体内即可获得大量的高效价、单一的特异性抗体。这种技术即称为单克隆抗体技术。

1975 年,德国科学家 Georges J. F. Kohler 和英国科学家 Cesar Milstein 首先报道用细胞杂交技术使经绵羊红细胞(SRBC)免疫的小鼠脾细胞与小鼠骨髓瘤细胞融合,建立起第一个 B 细胞杂交瘤细胞株,并成功地制得抗 SRBC 的单克隆抗体,他们把用预定抗原免疫的小鼠脾细胞与能在体外培养中无限制生长的骨髓瘤细胞融合,形成 B 细胞杂交瘤。这种杂交瘤细胞具有双亲细胞的特征,既像骨髓瘤细胞一样在体外培养中能无限地快速增殖且永生不死,又能像脾淋巴细胞那样合成和分泌特异性抗体。通过克隆化可得到来自单个杂交瘤细胞的单克隆系,即杂交瘤细胞系,它所产生的抗体是针对同一抗原决定簇的高度同质的抗体。他们利用该杂交瘤技术将产生抗体的 B 淋巴细胞同骨髓瘤细胞融合,成功地建立了单克隆抗体制备技术,由于单克隆抗体在生命科学领域的巨大贡献,此技术获得 1984 年的诺贝尔医学和生理学奖。1984 年,德国人 Georges J. F. Kohler、阿根廷人 Cesar Milstein(见图 7 - 1)和丹麦科学家 N. K. Jerne 由于发展了单克隆抗体技术,完善了极微量蛋白质的检测技术而分享了诺贝尔生理医学奖。1994 年,Winter 等创建了以噬菌体抗体库技术为代表的基因工程抗体,是单克隆抗体技术的又一重要进步,目前该技术在农业、医学、食品、环境以及微生物等方面已获得广泛应用。

单克隆抗体技术从产生到现在共经历了以下几个阶段:以抗原免疫高等脊椎动物制备到的多克隆抗体,称为第 1 代抗体;而通过杂交瘤技术产生的只针对某一种特定抗原决定簇的单克隆抗体,则属于第 2 代抗体;应用重组 DNA 技术或者是基因突变的方法改造某种抗体基因的编码序列,使之产生出自然界中原本不存在的蛋白质分子叫做基因工程抗体,又称重组抗体,即第 3 代抗体。由于传统杂交瘤技术还存在制备周期长、成本较高、杂交瘤细胞不稳定和抗性易丢失等缺陷。近几年,随着分子生物学的发展,出现了嵌合单克隆抗体和由转基因小鼠、噬菌体展示技术、核糖体展示技术所制备的单克隆抗体(见图7-2)。这些技术可有效解决传统杂交瘤技术所存在的问题,为单克隆抗体的发展提供更加广阔的前景。

a) Georges J.F. Kohler   b) Cesar Milstein

1975年将产生抗体的淋巴细胞同肿瘤细胞融合,成功建立了单克隆抗体技术。
1984年获得诺贝尔医学和生理学奖。

图 7-1 单克隆抗体的发明者 Georges J.F. Kohler 和 Cesar Milstein

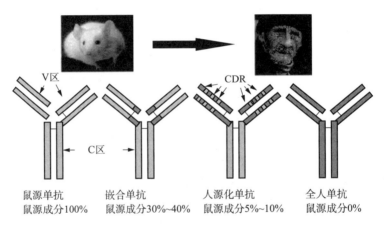

| 鼠源单抗 | 嵌合单抗 | 人源化单抗 | 全人单抗 |
| 鼠源成分100% | 鼠源成分30%~40% | 鼠源成分5%~10% | 鼠源成分0% |

图 7-2 不同时期单克隆抗体的不同结构

总之,单克隆抗体技术的问世,不仅带来了免疫学领域里的一次革命,而且它在生物学、医学科学等各个领域获得极广泛的应用,促进了众多学科的发展。

第二节 单克隆抗体技术的原理

一、单克隆抗体的概念

(一) 抗原与抗体

抗原(antigen)是进入人或动物体内对肌体的免疫系统产生刺激作用的外源物质。包括:蛋白质、多糖、核酸、病毒、细菌、各种细胞等。抗原的特点是具有外源性、结构性(分子表面具有稳定的环状结构基团作为识别位点)、特异性(抗原与抗体的反应)。

抗体(antibody)指人或动物等机体的免疫系统在抗原刺激下,由分化成熟的 B 淋巴细胞或记忆细胞增殖分化成的浆细胞所产生的、可与相应抗原发生特异性结合的免疫球蛋白(见图7-3)。B淋巴细胞受抗原刺激后,可以产生抗体。动物体内的B淋巴细胞可以产生百万种以上的抗体,每种抗体对特定的抗原具有特异性免疫作用。每一个淋巴细胞只能产生一种抗体。

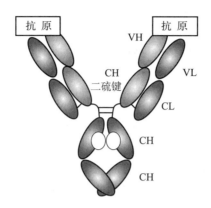

图7-3 抗体结构示意图

一般抗体具有4条多肽链的对称结构。其中2条较长、相对分子质量较大的相同的重链(H链);2条较短、相对分子质量较小的相同的轻链(L链)。每条链又分为稳定区(C区)和可变区(V区),其中可变区的多样性决定了抗体的多样性与特异性,使得抗体具有结合特定抗原的能力(见图7-4)。

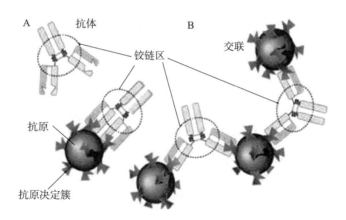

图7-4 抗体与抗原反应

(二)单克隆抗体的概念

抗原分子上可以诱导出抗体的部位或片段,称之为抗原决定基(antigenic determinant);一个抗原分子上通常都有许多处抗原决定基,而每个决定基至少都可诱生出一种抗体,因此在传统抗血清中,都含有许多种不同的抗体,分别对抗这些不同的决定基。而抗原决定簇则是抗原分子中决定抗原特异性的特殊化学基团,又称表位(epitope)。

单克隆抗体(monoclonal antibody,McAb),也称之为单抗,是通过B细胞杂交瘤技术,获得特异性针对某一种抗原决定簇的细胞克隆,产生均一性的抗体。B淋巴细胞在抗原的刺激下,能够分化、增殖形成具有针对这种抗原分泌特异性抗体的能力。将这种 B 细胞与非分泌型的骨髓瘤细胞融合形成杂交瘤细胞,再进一步克隆化,这种克隆化的杂交瘤细胞是既具有瘤的无限生长的能力,又具有产生特异性抗体的 B 淋巴细胞的能力,将这种克隆化的杂交瘤细胞进行培养或注入小鼠体内即可获得大量的高效价、单一的特异性抗体。这种技术即称为单克隆抗体技术。

二、单克隆抗体与多克隆抗体的区别

常规的抗体制备是通过动物免疫并采集抗血清的方法产生的,因而抗血清通常含有针对其他无关抗原的抗体和血清中其他蛋白质成分。一般的抗原分子大多含有多个不同的抗原决定簇,所以常规抗体也是针对多个不同抗原决定簇抗体的混合物。即使是针对同一抗原决定簇的常规血清抗体,仍是由不同 B 细胞克隆产生的异质的抗体组成。因而,常规血清抗体又称多克隆抗体(polyclonal antibody),简称多抗。普通抗血清是含有这些抗体的混合物。而将免疫小鼠的淋巴细胞与骨髓瘤细胞融合形成杂交瘤细胞,经过克隆化,所产生的抗体是高度纯一的单克隆抗体(见图 7-5)。单克隆抗体和多克隆抗体的比较见表 7-1。

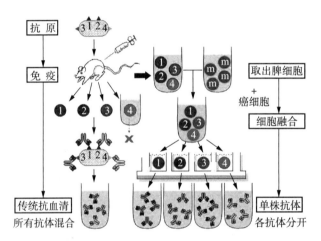

图 7-5 单克隆抗体与普通抗血清抗体的区别图

表 7-1 单克隆抗体和多克隆抗体的比较

项目	常规免疫血清抗体	单克隆抗体
定义	又称多克隆抗体 (polyclonal antibody,PcAb), 简称多抗	monoclonal antibody,McAb,简称单抗
抗体产生细胞	多克隆性	单克隆性
抗体的结合力	特异性识别 多种抗原决定簇	特异性识别 单一抗原决定簇

项目	常规免疫血清抗体	单克隆抗体
免疫球蛋白类别及亚类	不均一性,质地混杂	同一类属,质地纯一
特异性与亲合力	批与批之间不同	特异性高,抗体均一
有效抗体含量	0.01 mg/mL～0.1 mg/mL (小鼠腹水)	0.5 mg/mL～5.0 mg/mL (小鼠腹水)0.5 μg/mL～10.0 μg/mL (培养物上清液)
用于常规免疫学实验	可用	单抗组合应用
抗原抗体形成格子结构(沉淀反应)	容易形成	一般难形成
抗原抗体反应	抗体混杂,形成 2分子反应困难,不可逆	可形成2分子反应, 可逆

三、杂交瘤技术的诞生

淋巴细胞杂交瘤技术的诞生是几十年来免疫学在理论和技术两方面发展的必然结果,抗体生成的克隆选择学说、抗体基因的研究、抗体结构与生物合成以及其多样性产生机制的揭示等,为杂交瘤技术提供了必要理论基础。同时,骨髓瘤细胞的体外培养、细胞融合与杂交细胞的筛选等提供了技术贮备。

1975 年 8 月 7 日,Kohler 和 Milstein 在英国《自然》杂志上发表了题为《分泌具有预定特异性抗体的融合细胞的持续培养》(continuous cultures of fused cells secreting antibody of predefined specificity)的著名论文。他们大胆地把以前不同骨髓瘤细胞之间的融合延伸为将丧失合成次黄嘌呤-鸟嘌呤磷酸核糖转移酶(hypoxanthine guanosine phospho ribosyl transferase,HGPRT)的骨髓瘤细胞与经绵羊红细胞免疫的小鼠脾细胞进行融合。融合由仙台病毒介导,杂交细胞通过在含有次黄嘌呤(hypoxanthine,H)、氨基喋呤(aminopterin,A)和胸腺嘧啶核苷(thymidine,T)的培养基(HAT)中生长进行选择。在融合后的细胞群体里,尽管未融合的正常脾细胞和相互融合的脾细胞是 HGPRT＋,但不能连续培养,只能在培养基中存活几天,而未融合的 HGPRT-骨髓瘤细胞和相互融合的 HGPRT-骨髓瘤细胞不能在 HAT 培养基中存活,只有骨髓瘤细胞与脾细胞形成的杂交瘤细胞因得到分别来自亲本脾细胞的 HGPRT 和亲本骨髓瘤细胞的连续继代特性,而在 HAT 培养基中存活下来。实验的结果完全像起始设计的那样,最终得到了很多分泌抗绵羊红细胞抗体的克隆化杂交瘤细胞系。用这些细胞系注射小鼠后能形成肿瘤,即所谓杂交瘤。生长杂交瘤的小鼠血清和腹水中含有大量同质的抗体,即单克隆抗体。

这一技术建立后不久,在融合剂和所用的骨髓瘤细胞系等方面即得到改进。最早仙台病毒被用作融合剂,后来发现聚乙二醇(PEG)的融合效果更好,且避免了病毒的污染问题,从而得到广泛的应用。随后建立的骨髓瘤细胞系如 SP2/0-Ag14、X63-Ag8.653 和 NSO/1 都是既不合成轻链又不合成重链的变种,所以由它们产生的杂交瘤细胞系,只分泌一种针对预定的抗原的抗体分子,克服了骨髓瘤细胞 MOPC-21 等的不足。再后来,又建立了大鼠、人和鸡等用于细胞融合的骨髓瘤细胞系,但其基本原理和方法是一样的。

四、单克隆抗体的方法原理

作为抗体生成理论的克隆选择学说是杂交瘤技术产生的理论依据,细胞融合技术和杂交细胞的选择方法是杂交瘤技术产生的技术基础。

(一)克隆选择学说

1957 年,Burnet 提出的克隆选择学说认为:每一个 B 淋巴细胞有一个独特的受体(现在认为一个 B 淋巴细胞有结构相同的 10 万个受体),抗原进入机体后只刺激具有相应受体的 B 淋巴细胞,产生与受体特异性相同的抗体分子。一个淋巴细胞只产生一种抗体分子。因此,根据克隆选择学说(见图 7 - 6),一个 B 淋巴细胞克隆只能产生一种抗体分子,即生产单克隆抗体的理论依据。

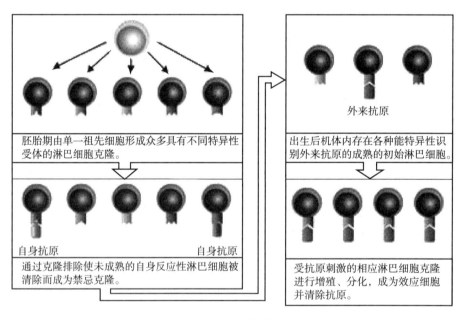

图 7 - 6 克隆选择学说的模式图

(二)抗体多样性的分子基础

抗体分子生物学的研究为克隆选择学说提出了新的依据。抗体分子是对称的,由两条完全相同的糖基化重链(H)和两条完全相同的非糖基化轻链(L)组成。根据重链稳定区(CH)的不同,免疫球蛋白(Ig)可分为 IgM、IgD、IgG、IgE 和 IgA 五类,它们分别带有 μ、δ、γ、ε 和 α 重链,又可进一步分为不同的亚类。重链和轻链均有一个可变区,分别用 VH 和 VL 表示。轻链有 κ 链和 λ 链两种,每一抗体分子只有一种轻链。重链和轻链可变区具有抗原结合部,决定抗体的特异性。每个抗体分子都有两个相同的抗原结合部。对抗体基因的研究表明:重链和 κ 链 V 区基因的数目分别为 250 个左右。任意一个 VK 基因片段可以与任意一个 JK 基因片段结合(J 基因为连接基因)。JK 有 4 个片段,故可产生 250×4＝1000 个不同的 VK 区编码基因。同样,任意一个 VH 基因片段可以与任意一个 D 基因片段(D 基因为多样性基因,在 VH 和 JH 基因之间,约 12 个)及 JH 基因片段结合。这样可产生 250×10×4＝10000 个不同的重链 V 区编码基因。重链与轻链的联合是随机的,因此可产生 1000×1000＝10^7 个特异性抗体。此外,轻链和重链基因重排时的移码、重链 D 基因 5′端和 3′端的修剪及随机延伸,还可产生多样性,因此特异性抗体的数目多得几乎是无限的。

(三) 细胞融合、筛选和杂交瘤技术的建立

肿瘤细胞 DNA 生物合成有两条途径:一条由糖、氨基酸合成核苷酸,进而合成 DNA,这是主要途径。这条途径可被叶酸的拮抗物——氨基喋呤(A)所阻断。但如果培养基中含核苷酸"前体"次黄嘌呤和胸腺嘧啶核苷,即便有 A 存在,细胞通过另一途径(称替代途径或应急途径)也可合成核苷酸。但后一途径需次黄嘌呤-鸟嘌呤-磷酸核糖转化酶(HGPRT)和胸腺嘧啶核苷激酶(TK)存在(见图 7-7)。

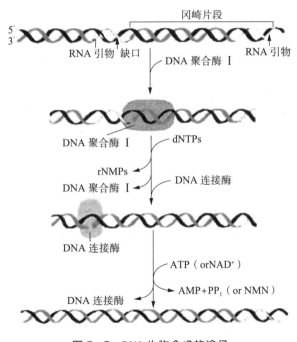

图 7-7 DNA 生物合成的途径

一些骨髓瘤细胞系在体外培养过程中常常失去生产重链能力,甚至既不生产重链,也不生产轻链,有的还可丧失合成次黄嘌呤-鸟嘌呤-磷酸核糖转移酶能力。但在自然变异中,这种 HGPRT(-)细胞在群体中只有百万分之几。如果在培养基中加入 8-氮鸟嘌呤(8-AG)或 6-硫鸟嘌呤(TG),HGPRT(＋)细胞便死亡,以此可较容易地筛选出 HGPRT(-)细胞。骨髓瘤细胞系 SP2/0、NS-1 和 X63/Ag-8 都是人工筛选的

抗8-AG细胞。动物细胞经某些病毒(如仙台病毒)或高浓度聚乙二醇(PEG)处理时，可发生细胞融合。如参与杂交的一个亲本是HGPRT(-)细胞(如SP2/0)，则在含氨基喋呤(A)的选择培养基中因DNA所有生物合成途径被阻断而死亡，但杂交细胞得到另一亲本(如脾细胞)的HGPRT，则可通过那条应急途径利用次黄嘌呤和胸腺嘧啶核苷合成DNA而得以生存下来。由此，可将杂交瘤细胞筛选出来。

由此可看出，杂交瘤细胞经在HAT培养基[含有次黄嘌呤(H)、氨基喋呤(A)和胸腺嘧啶核苷(T)]中进行选择性培养，只有融合的杂交瘤细胞由于从脾细胞获得了次黄嘌呤—鸟嘌呤—磷酸核糖转移酶，因此能在HAT培养基中存活和增殖(见图7-8)。经过克隆选择，可筛选出能产生特异性单克隆抗体的杂交瘤细胞，在体内或体外培养，即可无限制地大量制备单克隆抗体。

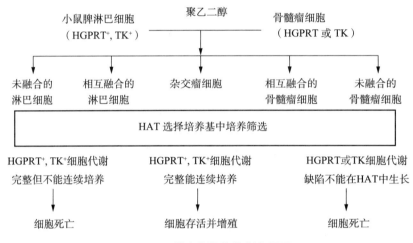

图7-8 单克隆抗体的制备原理

五、单克隆抗体技术的优缺点

单克隆抗体技术是生物技术的重要内容之一。它不仅可与基因工程媲美，而且已与基因工程配合应用，将发挥其更加重大的作用。这是由它们的下列优点所决定的：

① 目的性明确。人们可以在动物体内或体外按自己的需要生产不同类型的单抗。用任何抗原、半抗原，包括各种细菌、激素、酶素、病原体、氨基酸序列、核酸，还有其他异体蛋白或糖蛋白等抗原物质，都可以用杂交瘤技术获得相应的单克隆抗体。

② 特异性高。单抗是针对某一种特定抗原或抗原上特定决定簇制备的，与其他抗原无交叉反应性。和惯用的常规免疫血清(又称多克隆抗体)相比，单抗的特异性高，效价高，纯度高，质地均一，易于标准化，而且生产方便，易于精制浓缩。应用单抗可以提高诊断检测法的敏感性和特异性。同时，又是基础研究，制备疫苗，提纯抗原，生产生物制剂重要手段。

③ 生产简单，来源充裕，可长期使用。易于标准化，一旦选育成功，鉴定合格，一株高

效价的杂交瘤细胞株,经鉴定合格后可置液氮中长期保存。如不发生变异,染色体不丢失,就可长久源源不断地大批量生产特异性高、化学纯的单抗。杂交瘤技术近年来发展迅速,除 B 淋巴细胞杂交瘤外,还建立了 T 淋巴细胞杂交瘤和 TB 细胞杂交瘤。除用骨髓瘤细胞进行杂交,还有用淋巴瘤、胸腺瘤、胚胎瘤、血瘤细胞或 Hela 细胞进行融合;除小鼠-小鼠 B 细胞杂交瘤外,近来又发展有大鼠、兔、豚鼠、牛,还有用人的种属内或与小鼠的杂交瘤。从发展看,在不同领域内,开发利用的前途广阔诱人。

当然,单克隆抗体也存在它的局限性。

① 单克隆抗体固定的亲和性和局限的生物活性限制了它的应用范围。由于单克隆抗体不能进行沉淀和凝集反应,所以很多检测方法不能用单克隆抗体完成。

② 单克隆抗体的反应强度不如多克隆抗体。

③ 制备技术复杂,而且费时费工,所以单克隆抗体的价格也较高。

另外,当选择在体外或动物体内生产不同类型的单抗的时候,也会存在一些优缺点。如:在使用动物体内生产单抗时,该法操作简便、经济。缺点是腹水中常混有小鼠的各种杂蛋白(包括 Ig),因此在很多情况下要提纯后才能使用,而且还有污染动物病毒的危险,故而最好用 SPF 级小鼠。如果使用体外培养生产单抗,则优点是单克隆抗体的浓缩和纯化比较方便。但需要特殊设备,而且这种方法制备的单抗量极为有限,不适用于单抗的大规模生产。

目前,用任何抗原、半抗原,包括各种细菌、真菌、病毒、激素、酶素、病原体、氨基酸序列、核酸,还有其他异体蛋白或糖蛋白等抗原物质,都可以用杂交瘤技术获得相应的单克隆抗体。因而人们可以在体外或动物体内按自己的需要,生产不同类型的单抗。现在,已经可以制出多种病毒、细菌、植原体、霉菌、寄生虫表面抗原,癌胚抗原,血型红细胞抗原,移植抗原,肿瘤相关抗原,多种血清成分、DNA、RNA、基因片段等单克隆抗体。

第三节 单克隆抗体技术的操作步骤

一、单克隆抗体制备的程序

用淋巴细胞杂交瘤技术制备单克隆抗体的基本程序见图 7-9。简言之,用抗原免疫动物,取免疫动物的脾细胞与 HGPRT(-)骨髓瘤细胞,按一定比例混合,在 PEG 介导下进行细胞融合,将融合细胞混合物分配到含 HAT 培养基的 96 孔板中,培养一定时间后,通过抗体测定,确定分泌抗体的阳性细胞孔,然后进行杂交瘤细胞的克隆化,将纯化后的目的细胞冻存待用。对单抗的性质鉴定后,按需要生产特异性单抗。

二、杂交瘤技术制备单克隆抗体的主要步骤

淋巴细胞杂交瘤技术的步骤包括:抗原制备、动物免疫(致敏 B 淋巴细胞)、细胞融合、杂交瘤细胞的选择培养、杂交瘤细胞的克隆化、杂交瘤细胞的冻存与复苏、单抗特性的鉴定、单抗的大规模制备和生产等(见图 7-10)。

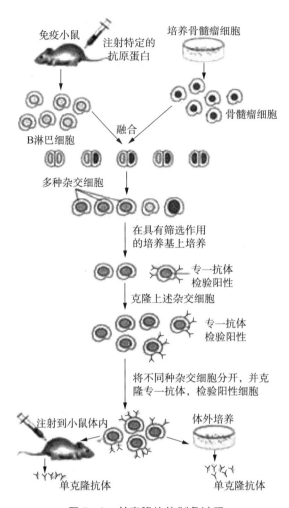

图 7 - 9　单克隆抗体制备过程

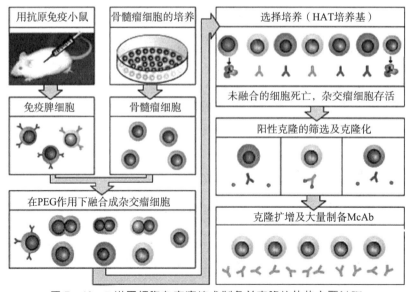

图 7 - 10　B 淋巴细胞杂交瘤技术制备单克隆抗体的主要过程

（一）抗原制备

在进行单克隆抗体制备过程中,很多物质都可以成为抗原。一般来说,免疫抗原越纯,杂交瘤细胞的阳性率越高。筛检抗原越纯,筛检方法越敏感、准确。但是,作为免疫抗原,不一定都要很纯。有些抗原甚至不提纯,杂交瘤细胞也有相当高的阳性率。所以应根据研究对象的具体情况和研究目的而定。例如,研制病毒特异性单抗往往用经密度梯度离心或层析纯化过的病毒作免疫抗原和筛检抗原。但有时用初提或不提纯的病毒抗原免疫动物也能获得成功。研制细菌单抗往往用全菌或其裂解物作免疫抗原。真菌毒素为半抗原,将其耦联到两种不同的蛋白载体上,分别作免疫抗原和筛检抗原。

（二）动物免疫（致敏 B 淋巴细胞）

1. 免疫动物的选择

根据所用的骨髓瘤细胞可选用小鼠和大鼠作为免疫动物。因为,所有的供杂交瘤技术用的小鼠骨髓瘤细胞系均来源于 BALB/c 小鼠,所有的大鼠骨髓瘤细胞都来源于 LOU/c 大鼠,所以一般的杂交瘤生产都是用这两种纯系动物作为免疫动物。但是,有时为了特殊目的而需进行种间杂交,则可免疫其他动物。种间杂交瘤一般分泌抗体的能力不稳定,因为染色体容易丢失。就小鼠而言,初次免疫时以 8 周～12 周为宜,雌性鼠较便于操作。为避免小鼠反应而不佳或免疫过程中死亡,可同时免疫 3～4 只小鼠。

2. 免疫方案

免疫方案应根据抗原的特性不同而定,选择合适的免疫方案对细胞融合杂交的成功并获得高质量的单抗至关重要。一般在融合前两个月左右根据确立免疫方案开始初次免疫。对抗原的要求是纯度越高越好,尤其是对于初次免疫所用的抗原。如为细胞抗原,可取 1.0×10^7 个细胞作腹腔免疫。可溶性抗原需加福氏完全佐剂并经充分乳化。如为聚丙烯酰胺电泳纯化的抗原,可将抗原所在的电泳条带切下,研磨后直接用于动物免疫。

（1）可溶性抗原主要为多糖、药物、激素、肽类等相对分子质量小于 5000 的物质,可溶性抗原免疫原性较弱,一般要加佐剂,半抗原应先制备免疫原再加佐剂。常用佐剂有福氏完全佐剂、福氏不完全佐剂。方法如下:

初次免疫,抗原 1 pg～50 pg 加福氏完全佐剂皮下多点注射或脾内注射

（0.8 mL～1 mL,0.2 mL/点）

↓3 周后

第 2 次免疫,剂量同上,加福氏不完全佐剂皮下或腹腔内注射

（腹腔内内注射,腹腔内注射剂量不宜超过 0.5 mL）

↓3 周后

第 3 次免疫,剂量同上,不加佐剂,腹腔内注射（5 d～7 d 后采血测其效价）

↓2 周～3 周

加强免疫,剂量 50 mg～500 mg 为宜,腹腔内注射或静脉内注射（静脉内注射）

↓3 d 后

取脾融合

目前,用于可溶性抗原(特别是一些弱抗原)的免疫方案也在不断更新。如:①将可溶性抗原颗粒化或固相化,一方面增强了抗原的免疫原性,另一方面可降低抗原的使用量。②改变抗原注入的途径,基础免疫可直接采用脾内注射。③使用细胞因子作为佐剂,提高机体的免疫应答水平,增强免疫细胞对抗原的反应性。

(2)颗粒性抗原多为病毒、细菌、真菌等微生物和蛋白质等相对分子质量大于5000的物质。该类免疫性强,不加佐剂就可获得很好的免疫效果。以细胞性抗原为例,免疫时要求抗原量为$(1\sim2)\times10^7$个细胞:

初次免疫,$1\times10^7/0.5$ mL 腹腔内注射

↓2周～3周后

第2次免疫,$1\times10^7/0.5$ mL 腹腔内注射

↓3周后

加强免疫(融合前3 d),$1\times10^7/0.5$ mL 腹腔内注射或静脉内注射

↓

取脾融合

免疫过程和方法因动物、抗原形式、免疫途径不同而异,以获得高效价抗体为最终目的。免疫间隔一般2周～3周。一般被免疫动物的血清抗体效价越高,融合后细胞产生高效价特异抗体的可能性越大,而且单克隆抗体的质量(如抗体的浓度和亲和力)也与免疫过程中小鼠血清抗体的效价和亲和力密切相关。末次免疫后3 d～4 d,可分离脾细胞融合。

3.免疫程序的确定

免疫是单抗制备过程中的重要环节之一,其目的在于使B淋巴细胞在特异抗原刺激下分化、增殖,以利于细胞融合形成杂交细胞,并增加获得分泌特异性抗体的杂交瘤的机会。因此在设计免疫程序时,应考虑到抗原的性质和纯度、抗原量、免疫途径、免疫次数与间隔时间、佐剂的应用及动物对该抗原的应答能力等。没有一个免疫程序能适用于各种抗原。现用的免疫程序中多数是参照制备常规多克隆抗体的方法。表7-2列举了目前常用的免疫程序。

表7-2 不同免疫抗原的免疫程序

免疫原特性	抗原量	接种次数	间隔时间	单抗的特性	
				抗体滴度	亲和性
免疫原性强(如细胞、细菌和病毒等)	$10^6\sim10^7$个细胞或 $1\ \mu g\sim10\ \mu g$	2～4	2～4周	高	中等至强
免疫原性中等	$10\ \mu g\sim100\ \mu g$	2～4	2～4周	中等或高	中等或强
免疫原性弱	$20\ \mu g\sim400\ \mu g$	2～4 随后2～3	每月 2～3月	中等	强

续表

免疫原特性	抗原量	接种次数	间隔时间	单抗的特性	
				抗体滴度	亲和性
免疫原性弱	$10\ \mu g\sim 50\ \mu g$ 其后 $200\ \mu g\sim 400\ \mu g$	2 其后 4	每月 每天	中等	中等
	$10\ \mu g\sim 100\ \mu g$	2 其后 4 其后"休息" 最后加强	每月 10 d 1～2 月	中等	中等或强

免疫途径常用体内免疫法,包括皮下注射、腹腔或静脉注射,也采用足垫、皮内、滴鼻或点眼。最后一次加强免疫多采用腹腔或静脉注射,目前尤其推崇后者,因为可使抗原对脾细胞作用更迅速而充分。在最后一次加强免疫后第 3 天取脾融合为好。许多实验室的结果表明,初次免疫和再次免疫应答反应中,取脾细胞与骨髓瘤细胞融合,特异性杂交瘤的形成高峰分别为第 4 d 和第 22 d,在初次免疫应答时获得的杂交瘤主要分泌 IgM 抗体,再次免疫应答时获得的杂交瘤主要分泌 IgG 抗体。因此,为达到最高的杂交瘤形成率需要有尽可能多的浆母细胞,这在最后一次加强免疫后第 3 d 取脾进行融合较适宜。已有人报道采用脾内免疫,可提高小鼠对抗原的免疫反应性,且节省时间,一般免疫 3 d 后即可融合。

体内免疫法适用于免疫原性强、来源充分的抗原,对于免疫原性很弱或对机体有害(如引起免疫抑制)的抗原就不适用了。如果制备人单克隆抗体,多采用体外免疫。所谓体外免疫就是将脾细胞(或淋巴结细胞,或外周血淋巴细胞)取出体外,在一定条件下与抗原共同培养,然后再与骨髓瘤细胞进行融合。其基本方法是取 4 周龄～8 周龄 BALB/c 小鼠的脾脏,制成单细胞悬液,用无血清培养液洗涤 2～3 次,然后悬浮于含 10% 小牛血清的培养液中,再加入适量抗原(可溶性抗原 $0.5\ \mu g/mL\sim 5\ \mu g/mL$、细胞抗原 $10^5\sim 10^6$ 个细胞/mL)和一定量的 BALB/c 小鼠胸腺细胞培养上清液,在 37℃、6% CO_2 的培养箱中培养 3 d～5 d,再分离脾细胞与骨髓瘤细胞融合。

(三) 细胞融合

细胞融合是杂交瘤技术的中心环节,细胞融合程序见图 7-11。

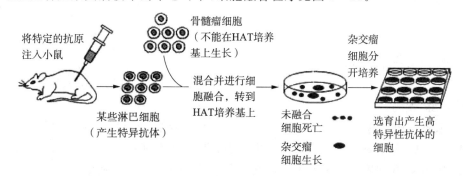

图 7-11 细胞融合程序

1. 骨髓瘤细胞的制备

维持小鼠骨髓瘤细胞处于最佳生长状态是融合成功的因素之一。这种细胞的倍增时间一般为 14 h～16 h,在融合前一周内使其保持对数生长期。刚复苏的细胞需 2 周时间才能达到适于融合状态。融合时需收集 $2×10^7$ 个以上骨髓瘤细胞。

为防止在传代过程中部分骨髓瘤细胞返祖,可用含 15 g/mL～20 g/mL 8-氮鸟嘌呤的完全培养液定期处理骨髓瘤细胞,使其对 HAT 呈均一敏感性。主要的骨髓瘤细胞系如表 7-3 所示。

表 7-3 用于 B 淋巴细胞杂交瘤的主要骨髓瘤细胞系

细胞系	来源	耐受药物	Lg 链		文献
			H	L	
p3X63-Ag8	MOPC21	8-Ag	rl	k	Kohler and Milstein,1975
P3/NS-1/1-Ag4-1(NS-1)	p3	8-Ag	—	k	Kohler et al.,1976
Sp2/0-Ag14(Sp2)	p3+spleen cell	8-Ag	—	—	Shulman et al.,1978
FO	Sp2+Sp2	8-Ag	—	—	Fazekas de St. Groth and Scheidegger,1980
p3X63-Ag8.653	P3	8-Ag	—	—	Kearney et al.,1979
45.6TG1.7	MOPC 11	6-Tg	r2b	k	Margulies et al.,1976
S194/5.XXO.BU(S194)	5 S194	BrdU	—	—	Trowbridge,1978
210.RC43.Ag.1	Rat	8-Ag	—	k	Cotton and Milstein,1973
Y3-Ag1.2.3.	Rat	8-Ag	—	k	Galfre et al.,1979
GM 1500 6TG-A12	GM1500	6-Tg	r2	k	Croce et al.,1980
U-266AR1	U-226	8-Ag	ε	λ	Olsson and Kaplan,1980

骨髓瘤细胞悬液的制备方法:

① 于融合前 48 h～36 h,将骨髓细胞扩大培养(一般按一块 96 孔板的融合试验约需 2～3 瓶 100 mL 培养瓶培养的细胞进行准备)。

② 融合当天,用弯头滴管将细胞从瓶壁瘤轻吹下,收集于 50 mL 离心管或融合管内。

③ 1000 r/min 离心 5 min～10 min,弃去上清。

④ 加入 30 mL 不完全培养基,同法离心洗涤一次。然后将细胞重悬浮于 10 mL 不完全培养基,混匀。

⑤ 取骨髓瘤细胞悬液,加 0.4% 台酚蓝染液做活细胞计数后备用。细胞计数时,取细胞悬液 0.1 mL 加入 0.9 mL 台酚蓝染液中,混匀,用血球计数板计数。计算细胞数目的公式为:每毫升细胞数=4 个大方格细胞数×10^5/4;或每毫升细胞数=5 个中方格细胞数×10^6/2。

2. 免疫脾细胞的制备

取已经免疫的 BALB/c 小鼠,摘除眼球采血,并分离血清作为抗体检测时的阳性对照血清。同时通过颈脱位致死小鼠,浸泡于 75％酒精中 5 min,于解剖台板上固定后掀开左侧腹部皮肤,可看到脾脏,换眼科剪镊,在超净台中用无菌手术剪剪开腹膜,取出脾脏置于已盛有 10 mL 不完全培养基的平皿中,轻轻洗涤,并细心剥去周围结缔组织。将脾脏移入另一盛有 10 mL 不完全培养基的平皿中,用弯头镊子或装在 1 mL 注射器上的弯针头轻轻挤压脾脏(也可用注射器内芯挤压脾脏),使脾细胞进入平皿中的不完全培养基。用吸管吹打数次,制成单细胞悬液。为了除去脾细胞悬液中的大团块,可用 200 目铜网过滤。收获脾细胞悬液,1000 r/min 离心 5 min～10 min,用不完全培养基离心洗涤1～2 次,然后将细胞重悬于 10 mL 不完全培养基混匀。取上述悬液,加台酚蓝染液做活细胞计数后备用。通常每只小鼠可得 $1×10^8$～$2.5×10^8$ 个脾细胞,每只大鼠脾脏可得 $5×10^8$～$10×10^8$ 个脾细胞。

3. 饲养细胞(Feeder cells)的制备

在细胞融合后选择性培养过程中,由于大量骨髓瘤细胞和脾细胞相继死亡,此时单个或少数分散的杂交瘤细胞多半不易存活,通常必须加入其他活细胞使之繁殖,这种被加入的活细胞称为饲养细胞。饲养细胞促进其他细胞增殖的机制尚不明了,一般认为,它们可能释放非种属特异性的生长刺激因子,为杂交瘤细胞提供必要的生长条件,也可能是为了满足新生杂交瘤细胞对细胞密度的依赖性。

常用的饲养细胞有胸腺细胞、正常脾细胞和腹腔巨噬细胞。其中以小鼠腹腔巨噬细胞的来源及制备较为方便,且有吞噬清除死亡细胞及其碎片的作用,因此使用最为普遍。其制备方法如下:

按上述采小鼠脾细胞的方法将小鼠致死、体表消毒和固定后,用消毒剪镊从后腹掀起腹部皮肤,暴露腹膜。用酒精棉球擦拭腹膜消毒。用注射器注射 10 mL 不完全培养基至腹腔,注意避免穿入肠管。右手固定注射器,使针头留置在腹腔内,左手持酒精棉球轻轻按摩腹部 1 min,随后吸出注入的培养液。1000 r/min 离心 5 min～10 min,弃上清。先用 5mL HAT 培养基将沉淀细胞悬浮,根据细胞计数结果,补加 HAT 培养基,使细胞浓度为 $2×10^5$ 个/mL,备用。通常对巨噬细胞来说,96 孔板每孔需 $2×10^4$ 个细胞,24 孔板每孔需 10^5 细胞。每只小鼠可得 $3×10^6$～$5×10^6$ 个细胞,因此一只小鼠可供两块96 孔板的饲养细胞。也可在细胞融合前 1 d～2 d 制备并培养饲养细胞,这样使培养板孔底先铺上一层饲养细胞层。做法是,将上述细胞悬液加入 96 孔板,每孔 0.1 mL(相当于2 滴),然后置 37℃、6％ CO_2 的培养箱中培养。

4. 细胞融合的程序

细胞融合的过程如下(见图 7 - 12、图 7 - 13):

① 按骨髓瘤细胞与脾细胞 1∶5 的比例取两种细胞。一般取约 $2×10^7$ 个骨髓瘤细胞和 10^8 个脾细胞加入 50 mL 尖底塑料离心管中,混匀。

② 以 1000 r/min 离心 10 min,弃上清,倒置灭菌滤纸上吸几次管口残液,然后用手指弹击管底,使沉积细胞团成松散糊状,置 37℃水杯中预热。

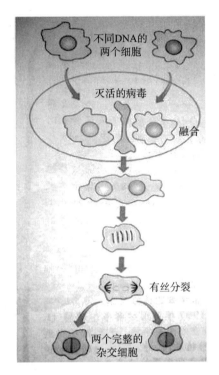

图 7-12　用灭活病毒诱导动物细胞融合示意图

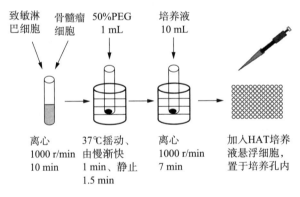

图 7-13　细胞融合过程

③ 用 1 mL 吸管取 0.7 mL 已在 37℃温箱中预热的 50％PEG(pH8.0)缓缓滴入含混合细胞的离心管中,边滴边摇(离心管不离开水面),60 s 内滴完,然后在水浴中静置 90 s。

④ 用 20 mL 注射器取 15 mL 预热的无血清培养液,在 2 min 内向融合管内滴完。开始时慢加,1 min 后加快,直至滴完。再补加 15 mL 无血清培养液。

⑤ 以 1000 r/min 离心 10 min,弃上清,加入 40 mL 含 20％小牛血清的 HAT 全培养液,轻轻吹吸几次,分散细胞,用弯头滴管分装于含饲养细胞的 4 块 96 孔板中,每孔 0.1 mL,盖盖,用胶纸(布)固定。

⑥ 将培养板置于 $37℃$、$5\%\sim7\%CO_2$ 饱和湿度温箱中培养。

（四）杂交瘤细胞的选择培养

杂交瘤细胞在融合后 2 周左右即可筛选，即把分泌所需抗体的杂交瘤孔从众多的孔中选出来，通常也称为抗体检测。抗体检测的方法很多，通常根据所研究的抗原和实验室的条件而定。但作为杂交瘤筛选的抗体检测方法必须具有快速、准备、简便，便于一次处理大量样品等特点。因为往往有几百个样品需要在短短几个小时就报告结果，以便决定杂交瘤细胞的取舍，所以选用抗体检测方法的原则是快速、敏感、特异、可靠、花费小和节省人力。一般说来，在融合之前就必须建立好抗体检测方法，并克服可能存在的问题。另一个重要问题是抗体检测方法所需要的"动力学范围"，即检出背景以上的最强与最弱信号之比，依所用的检测抗原是否纯净而定。

1. HAT 培养基的选择原理

（1）氨基喋呤（A）是叶酸拮抗剂，可阻断细胞利用正常途径合成 DNA，细胞在含有氨基喋呤的培养基中不能通过正常途径合成 DNA。

（2）瘤细胞是 HGPRT 酶阴性细胞，自身不能通过替代途径合成 DNA 而繁殖。

（3）B 细胞虽含有 HGPRT，但不能在体外培养存活（只存活 5 d～7 d，且功能下降）。

（4）融合细胞含有 B 细胞和瘤细胞，其中瘤细胞核利用 B 胞的 HGPRT 酶进行旁路合成 DNA 而存活。

2. 杂交瘤细胞的筛选（抗体检测方法）

（1）酶联免疫吸附试验（ELISA）

该法在杂交瘤细胞的筛检和单抗的鉴定中最为常用。根据反应方式不同，可将其分为以下几类：

① 羊抗鼠或兔抗鼠双抗体夹心 ELISA 能识别所有鼠源抗体。凡是分泌鼠源抗体的杂交瘤细胞均可被筛选出来，然后再通过间接 ELISA 或捕获 ELISA 或其他特异性检测方法确定目的杂交瘤细胞。如果通过一次融合企图获取不同特异性的二种或二种以上的单抗，或在筛检抗原制备困难而数量有限的情况下研制单抗时，均可采用此法先作初筛，缩小范围，待进一步作特异性筛检。

② 间接 ELISA 和捕获 ELISA 能识别与抗原相对应的特异性抗体。一般用于分泌特异性抗体的杂交瘤细胞的筛选和单抗特异性鉴定。其中，捕获 ELISA 由于首先用多抗致敏酶标反应板，增强板对抗原的结合能力，因此一般来说它比间接 ELISA 更稳定和敏感。

③ 液相 ELISA。由于抗原和抗体在液相中反应，抗原保持自然构型，所有表位处于完好状态，并可与抗体进行全方位反应，其结果与中和反应较为一致，适于中和单抗的筛选和病毒抗原表位分析。

在进行 ELISA 试验时，每块酶标板均应设阴性和阳性对照。阴性对照可用骨髓瘤细胞上清或其腹水，或用其他单抗上清液或其腹水；阳性对照用已建立的杂交瘤细胞上清或其腹水，或免疫小鼠多抗血清。结果常以 $P/N\geqslant2.1$ 或 $P\geqslant N+3SD$ 公式判定阳性。P 代表阳性孔 OD 值，N 代表一组阴性对照孔 OD 值的平均值，SD 代表阴性对照标准差。

因细胞上清样品单抗含量低微,检测时不作稀释。

（2）免疫酶组化法

主要用于检测针对细胞抗原成分的单抗或细胞上病毒抗原成分的单抗。常用间接免疫过氧化物酶试验（IIP）或碱性磷酸酶－抗碱性磷酸酶桥联酶标技术（APAAP），镜检判定结果。

（3）免疫荧光技术

与免疫酶组化法相似,主要用于各种细胞抗原成分和感染细胞中病毒抗原成分的检测,具有操作简便、敏感,可对抗原成分直观定位等优点,常用于单抗的筛选和鉴定。凡检测针对细胞内成分的单抗,将细胞片经－20℃冷丙酮固定后作荧光染色;而检测针对细胞内成分的单抗,则用活细胞作膜荧光染色。

（4）放射免疫测定

在筛选和鉴定单抗时常用固相抗原法,其反应原理与 ELISA 相似,所不同的是用放射性同位素（如 125I）标记的羊或兔抗鼠抗体代替酶标抗体作指示系统。由于同位素半衰期的限制,操作和同位素污染对人的危害以及废物处理的困难,一般实验室很少采用。

（5）间接血凝试验（PHA）

该法快速、简便、较为敏感、影响因素少,易掌握,也常应用于单抗的筛检。但因敏感性和反应范围的限制,不如 ELISA 应用广。

（五）杂交瘤细胞的克隆化

从原始孔中得到的阳性杂交瘤细胞,可能来源于两个或多个杂交瘤细胞,因此它们所分泌的抗体是不同质的。为了得到完全同质的单克隆抗体,必须对杂交瘤细胞进行克隆化。所谓克隆化是指使单个细胞无性繁殖而获得该细胞团体的整个培养过程。克隆化的目的是为了获得单一细胞系的群体。克隆化应尽早进行并反复筛选。这是因为初期的杂交瘤细胞是不稳定的,有丢失染色体的倾向。反复克隆化后可获得稳定的杂交瘤细胞株。另一方面,杂交瘤细胞培养的初期是不稳定的,有的细胞丢失部分染色体,可能丧失产生抗体的能力。为了除去这部分已不再分泌抗体的细胞,得到分泌抗体稳定的单克隆杂交瘤细胞系（又称亚克隆）,也需要克隆化。另外,长期液氮冻存的杂交瘤细胞,复苏后其分泌抗体的功能仍有可能丢失,因此也应作克隆化,以检测抗体分泌情况。通常在得到针对预定抗原的杂交瘤以后需连续进行 2～3 次克隆化,有时还需进行多次。

1. 杂交瘤阳性克隆的筛选

阳性克隆的筛选应尽早进行。通常在融合后 10 d 作第一次检测,过早容易出现假阳性。检测方法应灵敏、准确、而且简便快速。具体应用的方法应根据抗原的性质,以及所需单克隆抗体的功能进行选择。杂交瘤细胞在 HAT 培养液中生长形成克隆后,其中仅少数是分泌预定特异性 McAb 的细胞,而且多数培养孔中有多个克隆生长,分泌的抗体也可能不同,因此,必须进行筛选和克隆化。常用方法有酶联免疫吸附试验（ELISA）、间接血凝试验（PHA）、放射免疫测定（RIA）、直接和间接荧光抗体技术（DFA、IFA）以及免疫酶斑点试验等。如测定针对细胞表面抗原的 McAb 可用细胞毒试验,而测定可溶性抗原的 McAb 多用 ELISA。阳性孔的特异性检测见图 7－14。

首先初筛出能分泌与预定抗原起反应的 McAb 杂交瘤细胞,再进一步从中筛选出有预定特异性的杂交瘤细胞,然后选出可供实际应用,具有能稳定生长和有功能特性的细胞克隆。而且应尽量多选数株细胞,以保证有足够的候选株供实际应用。

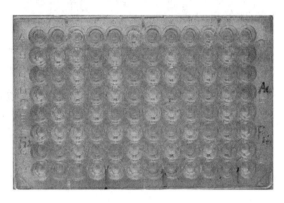

图 7 - 14 阳性孔的特异性检测

2. 克隆化的方法

该法很多,如有限稀释法、软琼脂法、单细胞显微操作法、单克隆细胞集团显微操作法和荧光激活细胞分类仪(FACS)分离法。这里介绍常用有限稀释法(见图 7 - 15):

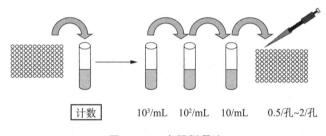

| 计数 | 10^3/mL | 10^2/mL | 10/mL | 0.5/孔~2/孔 |

图 7 - 15 有限稀释法

① 提前 1 d~2 d 向 96 孔板加小鼠腹腔巨噬细胞,置 CO_2 培养箱中待用,方法见细胞融合操作程序。

② 待克隆化的阳性融合细胞,可先转入 24 孔板扩大培养后再克隆,也可边扩大边从 96 孔板取样直接克隆。用吸管将细胞群吹打分散,制成悬液,按前述方法精确计数活细胞数。从 96 孔板直接取样克隆,计数取样只用 1 滴悬液,用另一支滴管加无血清培养液 9 滴作 10 倍稀释,计数。用 HT 培养液将细胞稀释至每毫升 5、30 和 50 个细胞各 40 mL。

③ 每种杂交瘤细胞用一块备好的含饲养细胞的 96 孔板,每个稀释度 32 孔,每孔加细胞悬液 0.1 mL,每孔应含 0.5、3 和 5 个细胞。由于计数和加样的误差,往往偏高或偏低。如从 96 孔板直接取细胞克隆时,应在克隆完后立即把孔中和稀释管中剩余细胞全部转入 24 孔中扩大培养,以备失败时重新克隆。

④ 在 37℃、5%~7% CO_2 培养箱中培养 7 d 左右,镜检,标出所有板孔的细胞群落数。按融合一节所述方法采样,进行抗体检测。

⑤ 将单克隆阳性孔细胞先转入 24 孔,后在培养瓶中扩大培养,然后冻存。

对于新融合的杂交瘤细胞,一般至少克隆 2～3 次。对于冻存的克隆细胞株,在复苏时,最好同时克隆化,以不断清除变异细胞,保持分泌抗体的稳定性。

(六) 杂交瘤细胞的冻存与复苏

1. 杂交瘤细胞的冻存

在建立杂交瘤细胞的过程中,有时一次融合产生很多"阳性"孔,来不及对所有的杂交瘤细胞作进一步的工作,需要把其中一部分细胞冻存起来;另一方面,为了防止实验室可能发生的意外事故,如停电、污染、培养箱的温度或 CO_2 控制器失灵等给正在建立中的杂交瘤带来灾难,通常尽可能早地冻存一部分细胞作为种子,以免遭到不测。在杂交瘤细胞建立以后,更需要冻存一大批,以备今后随时取用。

① 冻存液。将 20% 小牛血清、10% 二甲基亚砜(DMSO)、70% 基础培养液混匀,冰浴或冰箱预冷。

② 收集处于对数生长期的细胞,离心沉淀,按每毫升 $5 \times 10^6 \sim 5 \times 10^7$ 个最终细胞浓度,重悬于冻存液中,按每瓶 1 mL,分装于 2 mL 安瓿瓶中,火焰封口,标上细胞名称,冻存日期,装入布袋中。

③ 将细胞置于泡沫塑料容器内,放入 −70℃ 超低温冰箱内,次日取出,立即投入液氮中保存。或将细胞在 4℃ 放置 1 h,然后移入液氮罐口,每 5 min 下降 2 cm,在液氮面上停留 30 min 以上,再浸入液氮中。

2. 杂交瘤细胞的复苏

杂交瘤细胞、骨髓瘤细胞或其他细胞在液氮中保存,若无意外情况时,可保存数年至数十年。复苏时融解细胞速度要快,使之迅速通过最易受损的 −5℃ ～0℃,以防细胞内形成冰晶引起细胞死亡。

① 从液氮中取出细胞安瓿,放入 37℃ 水浴中,轻轻摇动,当只剩一点冰块时,即取出置冰浴上。

② 打开安瓿,将细胞移入含 10 mL 无血清基础培养液的尖底离心管中,轻轻摇动,离心沉淀,弃上清,用 3 mL～4 mL 全培养液或 HT 培养液重悬,移入 5 mL 细胞培养瓶中,置 37℃、5%～7% CO_2 温箱中培养。如镜检时死细胞较多,可向培养液中加入最终浓度为 10^4 个/mL～10^5 个/mL 小鼠腹腔巨噬细胞。

不过,冻存的细胞并不都能 100% 复苏成功,其原因较多。如冻存时细胞数量少或生长状态不良,或复苏时培养条件改变或方法不当,也可能细胞受细菌或支原体污染,以及液氮罐保管不善等。在出现上述情况时,可采用一些补救方法复苏这些细胞,如小鼠皮下形成实体瘤法、脾内接种法、小鼠腹腔诱生腹水和实体瘤法,以及 96 孔板培养法等。

(七) 单抗特性的鉴定

1. 单克隆性的确定

包括杂交瘤细胞的染色体分析、单抗免疫球蛋白重链和轻链类型的鉴定和单抗纯度鉴定等。

对杂交瘤细胞进行染色体分析可获得其是否是真正的杂交瘤细胞的客观指标之一，杂交瘤细胞的染色体数目应接近两种亲本细胞染色体数目的总和，正常小鼠脾细胞的染色体数目为 40 个，小鼠骨髓瘤细胞 SP2/0 为 62 个～68 个，NS-1 为 54 个～64 个；同时骨髓瘤细胞的染色体结构上反映两种亲本细胞的特点，除多数为端着丝点染色体外，还出现少数标志染色体。另一方面，杂交瘤细胞的染色体分析对了解杂交瘤分泌单抗的能力有一定的意义。一般来说，杂交瘤细胞染色体数目较多且较集中，其分泌能力则高，反之，其分泌单抗能力则低。

检查杂交瘤细胞染色体的方法最常用秋水仙素法，其原理是应用秋水仙素特异的破坏纺锤丝而获得中期分裂相细胞；再用 0.075 mol/L KCl 溶液等低渗处理，使细胞膨胀，体积增大，染色体松散；经甲醇－冰醋酸溶液固定，即可观察检查。

2. 单抗理化特性的鉴定

单抗对温度和 pH 变化的敏感性以及单抗的亲合力都是理化特性鉴定的主要项目，它们可为单抗的使用和保存提供重要依据。

抗体亲合力是指抗体与抗原或半抗原结合的强度，其高低主要是由抗体和抗原分子的大小、抗体分子结合簇（部）和抗原决定簇之间的立体构型的合适程度决定的。亲合力通常以平均内在结合常数（K）表示。

单抗亲合力测定是十分重要的，它可为正确选择不同用途的单抗提供依据。在建立各种检测方法时，应选用高亲合力的单抗，以提高敏感性和特异性，并可节省试剂。而在亲和层析时，应选用亲合力适中的单抗作为免疫吸附剂。因为亲合力过低不易吸附，亲合力过高不易洗脱。常用的方法有竞争 ELISA、非竞争性 ELISA、间接 ELISA、间接法夹心 ELISA 等。这里仅介绍竞争性 ELISA 测定单抗亲和常数的方法。其步骤是：

取适宜浓度的纯化抗原包被酶标板，100 μL/孔，4℃过夜。洗涤后，加入封闭液（0.5% BSA-PBS，pH7.2）100 μL/孔，37℃ 1 h。取一定浓度的单抗，与系列倍比稀释的抗原混合，4℃过夜，使反应达到平衡。必须注意所用抗原浓度至少要比抗体浓度高 10 倍以上。将平衡后的抗原抗体复合物加入酶标板孔中，100 μL/孔，37℃ 1 h。洗涤后，加入适宜稀释度的 HRP 标记抗小鼠 IgG 抗体，100 μL/孔，37℃ 1 h。洗涤后，加入底物（OPD）溶液，100 μL/孔，37℃显色 15 min；2 mol/L H_2SO_4 终止反应后，于 495 nm 波长测定各孔的吸收率（A）。按式（7-1）计算各单抗的亲和常数（K）：

$$A_0/(A_0-A)=1+K/a_0 \tag{7-1}$$

式中：

A_0——无抗原时吸收率值；

A——采用不同浓度抗原时的吸收率值；

a_0——抗原总量。

3. 单抗与相应抗原的反应性测定

单抗与相应抗原的反应性决定于它所识别的抗原表位，确定单抗针对的表位在抗原结构上的位置，是单抗特性鉴定的关键环节。同时，进一步分析这类表位的差别，可正确评价单抗的特异性和交叉反应性，如一些抗原为同属不同血清型共有，甚至是科内不同属所共有,而另一些抗原表位则是某种血清型乃至某一菌株或毒株所特有。此外,单抗的反应性往往呈现一种或几种免疫试验特异性,这在建株时予以测定,有利于正确使用这些单抗。

单抗反应性测定的方法很多,包括各类免疫血清学试验、生物学试验和免疫化学技术等,选择何种方法依据不同的单抗特性和试验目的而定。

(八) 单抗的大规模制备和生产

获得稳定的杂交瘤细胞系后,即可根据需要大量生产单抗,以用于不同目的。目前大量制备单抗的方法主要有两大系统:一是动物体内生产法,这是国内外实验室所广泛采用;另一是体外培养法。一般体内生产法最为常用。

1. 动物体内生产单抗的方法

迄今为止,通常情况下均采用动物体内生产单抗的方法,鉴于绝大多数动物用杂交瘤均由 BALB/c 小鼠的骨髓瘤细胞与同品系的脾细胞融合而得,因此使用的动物当然首选 BALB/c 小鼠。本方法即将杂交瘤细胞接种于小鼠腹腔内,在小鼠腹腔内生长杂交瘤,并产生腹水,因而可得到大量的腹水单抗且抗体浓度很高。可见该法操作简便、经济,但是,腹水中常混有小鼠的各种杂蛋白(包括 Ig),因此在很多情况下要提纯后才能使用,而且还有污染动物病毒的危险,故而最好用 SPF 级小鼠。

① 将 0.5 mL 液体石蜡或降植烷注入 BALB/c 小鼠腹腔。

② 7 d 后每只小鼠腹腔接种 0.2 mL 计 $5×10^5$ 个细胞。

③ 5 d 后每天观察小鼠腹部,当用手触摸时皮肤有紧张感时,即用 16~18 号针头采集腹水,如采 2~3 次,每只可采 5 mL~10 mL 腹水,抗体含量为 1 mg/mL~5 mg/mL。

④ 离心管去细胞和其他沉淀物,收集上清,测定效价,分装,−70℃存放。纯化前,膜滤或高速离心再次除渣。

2. 体外培养生产单抗的方法

杂交瘤细胞系并不是严格的贴壁依赖细胞(anchorage dependent cell,ADC),因此既可以进行单层细胞培养,又可以进行悬浮培养。单层细胞培养法是常用手段,即将杂交瘤细胞加入培养瓶中,以含 10%~15% 小牛血清的培养基培养,细胞浓度以 $1×10^6$ 个/mL~$2×10^6$ 个/mL 为佳,然后收集培养上清,其中单抗含量约 10 μg/mL~50 μg/mL。这种方法制备的单抗量极为有限,是不适用于单抗的大规模生产。要想在体外大量制备单抗,就必须进行杂交瘤细胞的大量(高密度)培养。单位体积内细胞数量越多,细胞存活时间越长,单抗的浓度就越高,产量就越大。

目前在杂交瘤细胞的大量培养中,主要有两种类型的培养系统。其一是悬浮培养系统,采用转瓶或发酵罐式的生物反应器,其中包括使用微载体;其二是细胞固定化培养系统,包括中空纤维细胞培养系统和微囊化细胞培养系统。

3. 杂交瘤细胞的无血清培养

杂交瘤细胞的体外培养绝大多数应用 DMEM 或 RPMI-1640 为基础培养基,添加 10%~20% 胎牛或新生小牛血清。基础培养基主要提供各种氨基酸、维生素、葡萄糖、无机盐、各种合成核酸和脂质的前体物质。而血清主要供给杂交瘤细胞等各种营养成分,血清中的激素可刺激细胞生长,其中的许多蛋白质能结合有毒性的离子和热源质而起解毒作用,同时这些蛋白质对激素、维生素和脂类有稳定和调节作用。但是,血清中含有上百种的蛋白质,这给单抗的纯化带来很大麻烦,而未纯化的含有异种蛋白的单抗用于动物治疗可诱发变态反应;加之,血清来源有限,每批血清之间质量差异较大,直接影响结果的稳定性。同时血清是杂交瘤细胞发生支原体污染的最主要来源之一,而且价格较贵,为了克服血清的这些缺点,采用无血清培养基培养杂交瘤细胞越来越受到广泛重视。

无血清培养的实质就是用各种不同的添加剂来代替血清,然后进行杂交瘤细胞的培养。目前已报道的各类无血清培养基有含有大豆类脂的、含有酪蛋白的、化学限定性的、无蛋白的、含有血清低相对分子质量成分的无血清培养基,其中一部分已有产品出售。综合这些无血清培养基,约有几十种不同的添加剂可用于无血清培养基,在其中至少必须添加胰岛素、转铁蛋白、乙醇胺和亚硒酸钠这四种成分,才能起到类似血清的作用。其他较重要的添加剂包括白蛋白、亚油酸和油酸、抗坏血酸以及锰等一些微量元素。

采用无血清培养基培养杂交瘤细胞制备单抗,有利于单抗的纯化,有助于大规模生产,可减少细胞污染的机会,且成本较低。但无血清培养细胞的生产率低、细胞密度小,影响了单抗的产量;同时无血清培养基还缺少血清中保护细胞免受环境中蛋白酶损伤的抑制因子等。尽管如此,无血清培养基终究会成为杂交瘤细胞培养的理想的培养基。

4. 单抗的纯化

单克隆抗体主要来源于杂交瘤细胞培养上清和免疫动物的腹水,不论抗体是何种形式的来源,在使用之前都应进行纯化。

按所要求的纯度不同采用相应的纯化方法。一般采用盐析、凝胶过滤和离子交换层析等步骤达到纯化目的,也有采用较简单的酸沉淀方法。目前最有效的单克隆抗体纯化方法为亲和纯化法,多用葡萄球菌 A 蛋白或抗小鼠球蛋白抗体与载体(最常用 Sepharose)交联,制备亲和层析柱将抗体结合后洗脱,回收率可达 90% 以上。蛋白可与 IgG1、IgG2a、IgG2b 和 IgG3 结合,同时还结合少量的 IgM。洗脱液中的抗体浓度可用紫外光吸收法粗测,小鼠 IgG 单克隆抗体溶液在 A280 nm 时,1.44(吸光单位)相当于 1 mg/mL。经低 pH 洗脱后在收集管内预置中和液或速加中和液对保持纯化抗体的活性至关重要。

第四节 单克隆抗体技术在植物病原生物鉴定中的应用

单克隆抗体技术的创立和推广应用,为所有需要制备和使用特异性抗体的研究领域提供了全新的手段和制剂,促进了诸如生物、医学、农业、牧业的遗传学、细胞学、肿瘤学、免疫学、病毒学、细菌学和寄生虫病学等众多学科的发展,成为一种必不可少的工具,其在基础研究、蛋白纯化、环境与食品监测、疾病诊断等方面均有不可替代的作用,具有极为重要的理论研究价值和实用价值。目前,单抗技术已基本完善,大量单抗已广泛应用到各个领域。

世界各国研制植物病害用的单克隆抗体,始于 1682 年,主要用于植物病毒、细菌、类菌原体、螺旋体和昆虫病原性病毒的分析。McAb 诊断试剂,在国际上发达国家也不过是最近几年才开始研制,尽管处于应用的初期阶段,但已显示出广阔的应用潜力。各种诊断试剂中,以植物病毒的单抗发展最快。1982 年以来,世界各国已研制成功 10 个病毒组的 30 多种植物病毒的单克隆抗原体。美国菌种保藏中心先后研制出 15 种植物病毒的 McAb 诊断试剂。植物细菌是单克隆抗原体研究的又一个重要领域,已研制成功了柑桔溃疡病原细菌的 MeAb 诊断试剂,并用于墨西哥的病害流行研究。最近又研制成了十字花科蔬菜黑腐细菌的单克隆抗原体。

植物病原菌中单克隆抗体的研究可以追溯到 1984 年加拿大的 SH DeBoer 等首次研制出 5 株分泌对马铃薯环腐病棒杆状细菌单克隆抗体杂交瘤细胞株。同年,美国的 Magee 也研制出针对马铃薯环腐病菌的单克隆抗体。1990 年,Handeisman 等制作了仅对葡萄癌肿病生理小种 C58 株及来源于该株的突变体 LPS 反映的菌株特异抗体,并用于该病的检疫、检验。

近年来,单克隆抗原体诊断试剂已开始商品化。据报道,国际 Koppers 和 DNAP 两公司联合成立了一家“农业植物病害诊断公司”,已正式用 MeAb 检测植物病害。早期检查诊断草坪病害的单克隆抗原体成套工具业已进行商品标价。该公司正在寻求 McAb 成套工具用以诊断其他植物的病害和检查某些种子病毒。我国植物病原单克隆抗原体的研究,与发达国家相比,起步较晚。但和大多数国家相比不算太晚。目前已建立了分泌 TMV、CMV 和 PVY MeAb 的杂交瘤细胞系和青枯病细胞生理小种特异性 McAb 的杂交瘤细胞系,但尚处于实验室研究阶段。

一、单克隆抗体技术在植物病毒鉴定中的应用及展望

植物病毒的单克隆抗体的研制始于 20 世纪 80 年代中期,主要应用于植物病毒和病害检测及株系鉴别,其特点是快速、准确、简便,具有较高的实用价值。在病毒诊断和检测方面,由于同种病毒侵染同种植物,可能由于病毒株系不同而表现出不同症状,所以仅从生物学角度很难鉴别不同病毒,而利用单克隆抗体技术可以对病原进行准确诊断和鉴定。在对植物病毒的诊断分析中应用最广泛的是马铃薯病毒,主要包括卷叶病毒和 A、M、S、X 及 Y 病毒的检测鉴定。

1982 年,西德科学家首次成功研制烟草花叶病毒(tobacco mosaic virus,TMV)的单克隆抗体以来,单克隆抗体在植物病毒学上也得到广泛的应用。发展至今,其应用于植物病毒和病害检验。确定同一病毒中下分类级别的划分,单克隆抗体可用于确定同一病毒属中的病毒及同一病毒不同株系间的抗原关系。利用单克隆抗体可以识别存在于抗原表面的、不同于其他病毒或株系的单一抗原决定簇的特性,因而单克隆抗体技术是鉴定病毒科、属、种及株系的有效方法,在国内外已有成功的实例。如 Moudallal 等用获得的 9 个抗烟草花叶病毒的单克隆抗体去识别野生型病毒株系和个别氨基酸发生了置换的突变株系,结果供试的单克隆抗体对不同置换作用都有特异的识别方式;周仲驹等利用香蕉束顶病毒的单克隆抗体对病毒的反应,结合病毒的致病性、介体蚜虫的传病率及病毒株类型之间的交互保护特性,将香蕉束顶病毒区分为重型(BBTV-S)和轻型(BBTV-M)两个株系,BBTV-M 导致植株产生少量青筋,而 BBTV-S 除导致香蕉植株上有大量青

筋之外,还导致严重矮化、束顶以及轻度黄化症状;张成良等首次利用10个抗烟草花叶病毒的单克隆抗体,将14个烟草花叶病毒分离物分为六组抗原型,即Ⅰ组、Ⅱ组、Ⅲ组、Ⅳ组、Ⅴ组、Ⅵ组,各组抗原型和不同地区的分离物有特异反应,各自有不同的抗原决定簇;徐平东等采用8个黄瓜花叶病毒(cucumber mosaic virus,CMV)单克隆抗体,对20个CMV分离株或株系进行双抗体夹心酶联免疫吸附分析法(double antibody sandwich enzyme link immuno sorbant assay,DAS-ELISA)测定,结合寄主反应,将20个CMV分离株分为2个亚组,其中亚组Ⅰ为DTL血清组,亚组Ⅱ为ToRS血清组。

单克隆抗体还可以分析病毒抗原决定簇的蛋白结构。多数植物病毒的抗原决定簇为几个氨基酸,或者是裸露出的一段核酸,其数目不止一个。这些不同抗原决定簇能够产生多种不同的单克隆抗体,因此,利用单克隆抗体可以鉴定植物病毒的抗原决定簇。张成良等从10个抗烟草花叶病毒的单克隆抗体与14个烟草花叶病毒分离物的反应模式中,初步识别出8个抗原决定簇,即A、B、C、D、E、F、G抗原决定簇。不同抗原决定簇和来自不同地区的烟草花叶病毒分离物有特异性反应。Chen等制备了4株真菌传棒状病毒属土传小麦花叶病毒(soil borne wheat mosaic virus,SBWMV)的单克隆抗体,其中3株单抗可以与来自美国、法国、日本的SBWMV分离株起不同的反应,1株单抗(SCR-133)与真菌传棒状病毒属的燕麦金色条纹病毒(oat gold stripe virus,OGSV)起反应,但4株单抗均不与真菌传棒状病毒属的甜菜坏死黄脉病毒(beet necrotic yellow vein virus,BNYVV)和马铃薯帚顶病毒(potato mop top virus,PMTV)起交叉反应。Ye等用胰蛋白酶消化中国小麦花叶病毒(chinese wheat mosaic virus,CWMV)的病毒粒体,其CP被降解为3个片段,即12ku、10ku和8ku片段,再用CWMV单克隆抗体和多克隆抗体分别与3个片段反应,发现其中含有病毒的显性抗原决定簇。Regenmortel等将7个烟草花叶病毒(TMV)的连续抗原决定簇定位在1~10、34~39、55~61、62~68、80~90、108~102和153~158残基附近,且利用针对完整病毒的单抗也已将部分不连续抗原决定基定位在TMV病毒颗粒表面。因此单抗在区分病毒衣壳蛋白的抗原结构方面具有比多抗更明显的优势。

制备病毒的非结构蛋白的单克隆抗体,可以分析其生化特性,并作为探针确定蛋白的功能及其与寄主植物互作的关系。据报道,植物病毒的移动蛋白、多聚蛋白、NIa蛋白(nuclear inclusion A,核内含体A)、NIb蛋白(nuclear inclusion B,核内含体B)、HC-Pro(helper component proteinase,辅助成分蛋白酶)等非结构蛋白的单克隆抗体已被研制。Rott等比较了马铃薯环斑病毒(Tomato ring spot virus,ToRSV)和其他相关病毒的序列后发现,RNA2编码的多聚蛋白(45 ku)可能参与病毒的胞间移动,通过原核表达该蛋白,并以此为抗原制备了单克隆抗体。Western印迹结果表明,从侵染的ToRSV组织提取物中能检测到该蛋白,大小约为45 ku,说明45 ku蛋白可能参与病毒的胞间移动。利用莴苣花叶病毒(Lettuce mosaic virus,LMV)HC-Pro的单克隆抗体,Roudet-Tavert等发现,在感病植株中,HC-Pro能与病毒蚜传和非蚜传株系的CP相互作用,进而推测HC-Pro与CP互作不仅在病毒的蚜虫传播过程中起作用,也可能参与病毒短或长距离运动。

利用单克隆抗体检测植物病毒,具有灵敏度较高、特异性强的特点,已在多种植物病毒上广泛应用。王贵珍等制备了水稻条纹病毒（Rice stipe virus，RSV）单克隆抗体，检测病汁液的稀释度能达到 2560 倍以上，且与其他病毒无交叉反应；检测田间灰飞虱带毒率，发现灰飞虱的带毒率达 12.5％～41.5％。施曼玲等制备了芜菁花叶病毒（Turnip mosaic virus，TuMV）单克隆抗体，检测病叶的灵敏度为 1∶5120，检测提纯 TuMV 的病毒绝对量为 21.9 ng。吴建祥等制备了马铃薯 X 病毒（Potato virus X，PVX）云南分离物单克隆抗体，用于检测 PVX，发现病叶经 1∶600 稀释、提纯 PVX 病毒浓度为 2 ng/mL 时，仍能检测到病毒。马铃薯 Y 病毒是危害马铃薯和烟草等作物的重要病毒，Ismail 1997 年建立了 ELISA 方法可以快速检测作物中马铃薯 Y 病毒，而且与马铃薯 X 病毒、马铃薯 Y 病毒、烟草花叶病毒、番茄斑萎病毒等均无交叉反应。至 2004 年，国内已研制了 23 种植物病毒的单克隆抗体，并用于检测寄主植物和媒介昆虫中的病毒，如烟草花叶病毒（TMV）、大豆花叶病毒（soybean mosaic virus，SMV）、大麦条纹花叶病毒（Barley stripe mosaic virus，BSMV）、番茄花叶病毒（Tomato mosaic virus，ToMV）等。

利用常规的 ELISA 法检测植物病毒，病毒含量越高，其 OD 值也就越大。利用单克隆抗体检测植物病毒的含量，可避免了多克隆抗体易产生背景色的缺陷，因为多抗中也可能含有针对植物蛋白的抗体，而单抗不存在这样的问题。汪继玲等用 TMV 的多克隆抗体和单克隆抗体结合的三抗体夹心酶联免疫吸附法（triple antibody sandwich enzyme link immuno sorbant assay，TAS-ELISA）测定烟株中的病毒含量，发现接种 TMV 后，团棵期接种的叶中病毒含量最高，而旺长期接种的根中病毒含量最低，在花器中花冠的病毒含量最高，而雌蕊的病毒含量最低。

单克隆抗体还可以用做亲和层析中的配体。Disco 等用此法制成单克隆抗体亲和层析柱，用于提纯大豆花叶病毒并获得成功。Schieber 等制备了 10 株葡萄斑点病毒（Grapevine fleck virus，GFKV）的单克隆抗体，并尝试利用其中的 2B5 株单抗对 GFKV 进行提纯，发现不仅能够得到高纯度的病毒蛋白，而且其方法要比常规的病毒提取方法简单得多。当然，单克隆抗体在植物病毒研究上的应用不仅上述几项，其应用前景是十分广阔的，还需要我们进一步的研究和发现。

二、单克隆抗体技术在植物病原细菌鉴定中的应用及展望

细菌是仅次于真菌和病毒的重要植物病原物。迄今，已知由细菌引起的病害在 500 种以上。其中青枯病、软腐病、马铃薯环腐病以及水稻白叶枯病等都是世界性重要病害。病原细菌鉴定始终是细菌学家和植物病理学家的重要工作。然而至今还没有一套仅靠少数指标就能准确鉴定细菌和诊断细菌病害的简便方法。在过去 10 年中，细菌鉴定的基因组技术的快速发展极大地简化和促进了病菌的检测鉴定工作。与传统检测方法相比，现代分子生物学技术应用可大大提高检测灵敏度和准确度，并使得快速检测大样本的操作成为可能。

与植物病毒相比，关于植物病原细菌的单克隆抗体制备的报道还不多。植物病原细菌单克隆抗体研究起步也比较晚，但已显示出其在植物病原细菌学研究中广泛的应用前途。目前，国内外已研制出数十种细菌及其病原的单克隆抗体。经过各国实验室的共同努力，已建立起多种分泌植物病原细菌单克隆抗体杂交瘤细胞株：十字花科蔬菜黑腐病

菌、柑桔溃疡病菌普通菌系与佛罗里达菌系、茄科植物青枯病菌、水稻白叶枯菌、梨火疫病菌、花叶万年青斑点病菌、葡萄癌肿根癌杆菌生物型 1、水稻细菌性条斑病菌、玉米细菌件枯萎病菌、柑桔细菌性斑点病菌、洋葱假单胞菌、秋海棠细菌性叶斑病菌、桃树细菌性穿孔病菌、辣椒细菌性斑点病菌、菜豆细菌性斑点病菌、小麦细菌性条斑病菌等。从现有的报道中,已可看出单克隆抗体试材的同质性和均一特异性的优点可用于细菌的种、型和亚型的鉴定,并具有特异性强、灵敏度高的优点,此非一般动物免疫血清所能比拟的。尤其是应用于细菌抗原结构的分析和提取,抗原决定簇的免疫原性研究,将有助于现有细菌的改进和研制。

单克隆抗体利用抗体与抗原的特异性结合,可以快速、精准地对植物病原细菌进行检测。血清学技术与各种生物学、生理、生化方法相比,因其具有迅速性及特异性的高客观性优点,在植物病原细菌等病原体的诊断、检出及分类,鉴定等研究领域中被广泛应用。如:1990 年 Benedict 等研制了可分别针对野油菜黄单胞秋海棠致病变种(*Xanthomnas campestris* pv. *begoniae*)和野油菜黄单胞菌菜豆疫病致病变种(*X. campestris* pv. *pelargonii*)的单克隆抗体 Xcb-1 和 Xpel-1,用于观赏园艺工业中选择无病砧木和鉴定繁殖材料中的 2 种病菌。细菌表层上抗原决定基的作图、鉴定与寄主的特定识别部位有关,与病原性有关的酶、毒素等的提纯检出将会进一步促进细菌与寄主植物相互反应的生理生化分析。利用转基因植物产生有效单克隆抗体不仅用于细菌病的防治,还广泛应用于生产医用疫苗。如用转基因苜蓿生产可饲化口蹄疫疫苗等。另外,在植物中转入病原菌的单克隆抗体的基因,也已成功地用于抗病害基因工程。在农业生产中,疱病黄单胞杆菌严重限制了番茄和辣椒的产量,Tsuchiya 和 D Ursel 2004 年制备了 3 种抗疱病黄单胞杆菌的单克隆抗体,通过 ELISA 测定灵敏度可达 10^3 CFU/mL$\sim$$10^4$ CFU/mL,可用作番茄和辣椒疱病黄单胞杆菌的检测,方法简单、准确,几个小时即可得出结果,有很强的实际应用价值。

由于细菌细胞表面具有蛋白质、脂多糖(LPS)和胞外多糖等抗原分子,利用多克隆抗血清可以鉴定细菌的种。尽管优良的抗体可以显示鉴定病菌的特征,但其与不相关种的交叉反应是普遍存在的,因此难以查清抗血清的专化性范围。杂交瘤技术的发展为单克隆抗体(MAbs)的制备提供了方向,并很快被用于制备病原细菌的单克隆抗体。一旦一个单克隆抗体被完全定性,根据鉴定的需要,一组单克隆抗体可被组成综合试剂用来检测病原细菌的属、种、亚种和致病型。实际上,鉴定一个致病变种与其他成员区别的抗原首先是让它们与各自的单克隆抗体反应。如:细菌 LPS 作为抗原决定部位是在根癌杆菌(*Argrobacterium tumefaciens*)的标准菌系上发现的,依此制备的单克隆抗体被用于鉴定其生物变种。但其他的生物变种却是血清学异质的,因此它的 MAbs 不能区别根癌杆菌(*A. tumefaciens*)和放射型土壤杆菌(*A. radiobacter*)。黄单胞杆菌间脂多糖的差别在MAbs 之前很久就被研究证明是可用的,但它是否与致病变种的地位和寄主特异性有关却不清楚。早期研究表明,鉴别甘蓝黑腐黄单胞(*Xanthomonas campestris*)致病变种的许多 MAbs 识别不同细菌的 LPS 组分。同样通过识别不同 LPS 分子的 MAbs 区分了引致柑橘溃疡病的地毯草流胶病菌柑橘致病变种(*X. axlonopodis* pv. *citri*)A、B 和 C 三个致病型。与耐热 LPS 反应的病菌特异 MAbs 的制备使得用于田间和实验室病害快速诊

断的普通检测试剂盒的开发成为可能。同样，MAbs 也能识别病菌的荚膜和（或）胞外多糖，如番茄溃疡病菌（*Clavibacter michiganensis* subsp. *michiganensis*）和青枯雷尔氏菌（*Ralstonia solanacearum*），这一特性在许多免疫诊断方式中都是可用的。

胡广淦、李清铣等在单克隆抗体技术在植物病原细菌学中的应用中对单克隆抗体在植物病原细菌的鉴定与分类作出详细地说明，野油菜黄单胞菌（*X. campestris*）是常见的植物病原细菌，包含有许多致病变种。这些变种的生化和细菌学性状非常相似，但在某一种或数种寄主植物上致病力不同。1990 年，A. A. Benediet 等人研制了可分别针对 pv begoniae 和 pv Pelargonii 的单克隆抗体 Xcb-1 和 Xpel-1，Xcb-1 和 Xpel-1 可分别与 pv begoniae 和 pv Pelargonii 发生特异性反应而无交叉反应，为观赏园艺工业选择无病砧木和鉴定繁殖材料中的两种病菌提供了有效方法。

在梨火疫病菌（*Erwinia amylovora*）的研究中，常规用来鉴定该菌的多克隆抗体常与其他细菌发生非特异性交叉反应。C. P. Lin 等人 1987 年获得了 48 株梨火疫病菌的单克隆抗体，这些单克隆抗体各自与来源于不同国家的 75 株梨火疫病细菌部分纯培养发生阳性反应。取其中的 37 株单克隆抗体同 6 个属的 24 个菌株和来自不同洲的 56 个未知的分离菌反应鉴定其特异性，有 10 株单克隆抗体不与任何梨火疫病细菌以外的细菌或分离菌反应。

柑桔溃疡病是影响柑桔生产的重大障碍。在美国的佛罗里达州，发现柑桔溃疡病菌有两个菌系，分别为普通菌系和佛罗里达菌系，但症状相似。T. A. Permar 等人 1989 年建立了一种针对柑桔溃疡病菌佛罗里达菌系的单克隆抗体，这种单克隆抗体仅与佛罗里达菌系反应，而与普通菌系及其他菌系不起反应，因此根据菌株与单克隆抗体的 ELISA 反应结果，就很易将两个菌系分开。对于非佛罗里达菌系的大多数柑桔溃疡病病菌菌系，现在也已研制出其专化性单克隆抗体。

根据单克隆抗体与菌株的反应，可进一步进行细菌菌系的分化和分类。印度 S. S. Gnanamanickam 等人 1992 年利用单克隆抗体研究了印度水稻白叶枯病菌菌系的血清学分化和血清型，及其与印度现有 3 个水稻白叶枯菌小种间关系。表明，用单克隆抗体划分的血清型与印度水稻白叶枯病菌小种并不吻合。在国内，秦文胜等人 1990 年对水稻细菌性条斑病菌单克隆抗体的研究结果也表明，根据 6 株水稻细菌性条斑病菌单克隆抗体与 20 个菌株的反应，可把参试菌株分成 3 个血清型和 1 个菌株组。

多数病原细菌 MAbs 的制备开始都是通过 ELISA 方法筛选的，然后再用其他免疫诊断检测验证。迄今为止，运用多克隆和单克隆 2 种抗体的 ELISA 检测方法对植物病原细菌的许多分类单元的鉴定都有效，快速检测试剂盒也已商业化。目前已经开发了用不同的酶标在同一个酶联板上检测多个标样的多靶标或复合 ELISA 技术，这一技术被用于番茄溃疡病菌（*C. michiganensis* subsp. *michiganensis*）和番茄细菌性斑点病菌（*X. axonopodis* pv. *vesicatoria*）的检测。

植物病原细菌单克隆抗体的建立，为寄主植物与病原细菌相互关系研究提供了一种准确可靠的检测试剂。J. B. Jones 等人 1991 年研制了针对辣椒细菌性斑点病菌 *X. campestris* pv. *vesicatoria* 脂多糖的单克隆抗体，并用来进行 *X. campestris* pv. *vesicatoria* 抗原决定簇基因表达的遗传研究。英国中央科学实验室已开发出侧流方法检验试剂盒,可在 3 min 内一步检测青枯菌(*Ralstonia solanacerrum*)。该试剂盒也可用于 *X. hortorum pv. pelargonii* 和 *E. amylovora* 的检测。

国内李汝刚等人 1991 年筛选了可检测植物青枯病菌 M₂细菌素的单克隆抗体,该抗体对 M₂细菌素基因的分子克隆提供了有用的检测试剂。

近年来,朱华等人 1989 年利用水稻白叶枯病菌单克隆抗体,结合 ELISA 试验,也进行了检测病叶和种子中水稻白叶枯病菌。采用 ELISA 双夹心法,检测供试的 41 个病叶样品,结果全部表现阳性。浸泡病叶液稀释液 32 倍或病叶放置 2 年后检测都不影响结果的准确性。朱华等人 1992 年应用单克隆抗体检测,与大白菜软腐病菌、马铃薯青枯病菌、马铃薯环腐病菌、桃细菌性根癌病菌、十字花科蔬菜黑腐病菌、棉花角斑病菌都无交叉反应。在此基础上,提高种子带菌的检测灵敏度,还建立了用于检测水稻白叶枯病菌的单克隆抗体试剂盒,效果较好。

钟藏文等人利用单克隆抗体技术制备了水稻细菌性条斑病菌的单克隆抗体。1991 年,Lamka 等人报道以多克隆抗体—单克隆抗体夹心 ELISA 方法从玉米种子、植株和纯培养物中都检测到玉米枯萎病菌,比较不同抗体组合的 ELISA 结果,发现多克隆抗体尽管和一些从玉米上分离的其他细菌有交叉反应,但仍能够完全捕捉玉米枯萎病菌;而单克隆抗体能够专一性识别玉米枯萎病菌,只和其他两个从玉米上分离的菌株有交叉反应,对这两个菌株进行深入研究,发现分别是玉米枯萎病菌的弱毒株系和无毒株系,由此可见单克隆抗体可以 100% 特异性地检测玉米枯萎病菌。为提高灵敏度和检测效果,将两种抗体结合,以多抗捕捉,而以单抗检测该细菌,取得较好的效果。

杨林等人在应用单克隆抗体检测水稻细菌性条斑病菌的效果中指出,应用单克隆抗体技术检测 RBLS(细菌性条斑病菌)具有特异性强、灵敏度高的特点,RBLS-McAb 具有较强的特异性。除对本病原菌产生阳性反应外,对其他检测菌均无交叉反应,用于检测稻叶、稻种亦未出现交叉反应。不仅为带菌稻种检测提供准确、快速的测定方法,而且为上述几方面研究提供基础,在生产上有应用价值。

陈京阅等在研究分泌抗玉米细菌性枯萎菌单克隆抗体细胞瘤株的建立及抗体测定中,提出用单克隆抗体技术对玉米细菌性枯萎菌(745)免疫 BALB/c 小鼠得到的脾细胞与骨髓瘤细胞 SPZ/0-Ag14 融合,获得 G₂、C₂和 D₂三株稳定分泌抗 745 菌的单克隆抗体的细胞瘤株。所获得单克隆抗体能够检出 745 菌的 9 个株系及分离物,而与同属亲缘关系近的其他两株菌没有交叉反应,这对具有多变性的玉米细菌性枯萎菌的株系鉴定,同时使无限量的生产同质的种特异性单克隆抗体变为现实,在植物检疫上具有重要意义。

单克隆抗体不仅可作为识别、鉴定细菌细胞抗原分子上存在的特定抗原决定基的"分子探针",且可大量、无限地制作均质抗体,可以说具有"血清学试剂"的优点,因此,在植物病原细菌中,利用该抗体进行特异抗原分析,应用于以检出、诊断为主的鉴定、分类等许多方面。

植物病原细菌学中单克隆抗体的利用,可以解决迄今多克隆抗体的许多难题。该抗体的最大优点是对每个抗原决定基的单一特异性,可以克服抗原构造的复杂度和共同抗原的存在,可以制作致病变种或菌株特异抗体。由此可见,细致而稳定的诊断、鉴定已成为可能。

三、单克隆抗体技术在植物病原真菌鉴定中的应用及展望

传统的植物病害诊断方法往往根据病组织的症状、病原菌的特征以及研究人员的经验进行。但某些病原引起的症状相似,例如胡萝卜的细菌枯萎病与交链孢黑斑病,病毒与难养菌,不同病原物复合侵染造成的症状。有些病原菌不能进行纯培养,因而,单靠传统的分离培养、生物学测定等常规方法进行检测诊断困难较大,并且效率低,速度慢。目前随着我国对外开放,国际贸易不断扩大,进出口的种子、苗木等繁殖材料日益增多,更迫切需要进行快速的检疫检测。近年来分子生物学、生物化学、免疫学等领域取得的巨大进步,为植物病原的快速检测提供了许多新技术。

在植物病原真菌的血清学研究中,利用菌丝可溶性蛋白成分作免疫原的报道较多,其次是菌丝细胞壁成分、低等真菌的游动孢子、休眠孢子等;高等真菌的分生孢子、厚垣孢子等也被用作免疫原制备过多种病原菌的抗血清。另外,Gendlodff 等人 1983 年报道用菌丝碎片,Takenake 等人 1992 年报道利用菌丝核糖体作免疫原制备的抗血清效果也较好。

目前,对真菌免疫原的特异性成分了解还不是太多,虽然了解不多,但利用真菌的许多成分作免疫原,免疫原性还是较好,较易产生特异性的抗体,因而血清学方法用于真菌的检测具有广阔的前景。但也应考虑菌龄、培养基的种类等众多因素会影响免疫原性的高低。在病原真菌的血清学诊断检测中,多克隆和单克隆抗体各有其特点,效价高低和特异性好坏是衡量抗体质量的两个重要指标,大部分只达到属,较少具有种及种以下的特异性,这也是制约血清学检测技术在真菌鉴定中应用的一个重要因素。不过检测某些病害时,广谱性(属的水平)抗血清就能达到要求,并不苛求特异性非常强(种及种以下)的抗血清。美国 SIGMA 公司商品化生产诊断疫霉菌、立枯丝核菌、腐霉菌的试剂盒便是很好的例证。美国 Agri-diagnostics associ-ation 公司生产的诊断 *Phytophthora* spp. , *Pythium* spp. 和 *Rhizoctonia* spp. 的 ELISA 试剂盒已被商品化生产,并已普遍应用。利用上述 ELISA 试剂盒检测大豆根茎组织,土壤悬浮液中的大豆疫霉菌 *Phytophthora megasperma* f. sp. *glycinea*,土壤中大豆疫霉的游动孢子、卵孢子和菌丝,病组织中的隐地疫霉 *P. crypotogea*,灌溉水中 *Phytophthora* spp. 游动孢子效果都很好。ELISA 在 *Pythium* spp.、*Fusaium* spp.、*Verticillium* spp *Tilletia*. 等许多菌的检测中也应用较多。

迄今为止,植物病理学真菌单抗的研究,仍局限于少数病害。如用蕃茄镰孢菌的孢子作为抗原研制的 MeAb,以腥黑穗菌的冬孢子作为抗原研制的 McAb,以瓜果腐霉菌为抗原研制的一种 MeAb。以单克隆抗体技术为核心的血清学方法是理想方法之一。单抗不仅能迅速识别致病菌抗原或其代谢产物,还可诱导有效的体液免疫,因而具有保护性,可以达到防治的目的。

但是,在植物病理学中,发病植物上真菌的免疫诊断技术发展较缓慢。主要原因可能是难以制备特异性抗血清,抗菌丝碎片、冷冻干燥菌丝提取物、固体培养表面洗涤液和培养物过滤液的抗血清有广泛的交叉反应。据报道,大多数抗真菌的单抗还未用于诊断。制备的困难与不同真菌的免疫原性有关,它可能依次反映着可溶性蛋白的水平、诱导非 T 细胞刺激反应的非特异的碳水化合物和糖蛋白的存在状况。对种和亚种特异抗

原的结合位点和性质都还不了解。有些单抗象多克隆抗血清没有特异性,和其他属的种有广泛的交叉反应。种特异单抗都是 IgG,属于 IgG1 亚类和 IgG2 亚类,而属特异的单抗大部分是 IgM。但是有些像抗 *Phytophthora cinnamomi*、*P. megasperma* var. *glycinea* 和 *Pythium aphanidermatum* 的种特异单抗有诊断潜力。Hardham 等人 1986 年和 Estradia-Garcia 等人 1989 年分别制备的抗 *P. cinnamomi* 和 *P. aphanidermatum* 的单抗能根据游动孢子区别到种,对于检测病株和土壤里真菌的特异性试验将更加有用。Mitchell 和 Sunderlnd 1988 年、Wright 等 1987 年成功地制备了单抗并用于 ELISA 和 BLOT 试验进行种传真菌(*Sirococcus strobeilinus*)和泡枝状真菌(*Glomus occeultum*)子实体的检测。Wong 等制备了香蕉萎蔫真菌(*Fusarium oxysporum* f. sp. *cubense*)的单抗,它将通过免疫荧光区别 4 号菌株和 1、2 号菌株厚壁的厚垣孢子。再如,荷兰榆病病原(*Ophiostoma ulmi*)和两种真菌引起谷粒黄化病的(*Humicola lanuginose*)和(*Penicillium islandicum*)诊断试验的发展是很快的。另外,只有高滴度抗血清和分泌特异性单抗的融合细胞用于真菌的鉴定。例如,引起干椰子肉产后变质的真菌(*Aspergliius flavus*)采用单抗技术,至今仅得到只能检测有限量 *Aspergilli* 和 *Penicillia* 的单抗。

除少数商业试验外,大多数用于测定真菌的单抗诊断试验都是采用间接试验的。它们包括用病株抽提物抗原混合物直接包被微量滴定孔或膜、加特异性单抗孵育、加酶标第二抗体或金标记物。这些试验用于检测鉴定病组织表面或附近的真菌特别成功,浸泡过夜被动释放出来的抗原就足以用来作低水平的检测。

随着分子标记技术的不断发展和完善,它对生防真菌的快速检测和生态学研究将更为科学便捷,更有利于对生防菌生态学知识的客观了解,将推动真菌在植物病虫害生物防治中的更广泛应用,并为解决生防制剂防效不稳定提供理论依据实践指导。总之,单克隆抗体技术在病原真菌的检测、鉴定中已显出很大的潜力,它的普遍应用只是时间问题。

四、单克隆抗体技术在植物病原线虫鉴定中的应用及展望

植物寄生线虫给水果产量、粮食产量造成严重的损害。随着人口不断增加,要求粮食产量越来越高,植物线虫研究显得越来越重要。近年来,植物线虫研究的各个领域使用了各种各样的生物技术。研究方面包括种的鉴定、小种和病理型的鉴定、抗病育种、植物线虫与寄主的相互作用、植物线虫虫口动态、优化轮作制度、生物防治和生防试剂等。准确地鉴定植物线虫的种类是植物线虫学研究植物线虫防治,尤其是不用杀线剂防治植物线虫的基础。

在植物线虫学的研究中,传统鉴定的方法是通过形态学鉴定,由于受环境和地理条件的影响相当大,有时并不可靠。特别是在种间进行鉴定时,难以找到合适特征。利用生物技术工具和新方法有着广阔的天地。应用分子生物学技术的直接目的就是使得鉴别植物线虫种类容易、准确和快速。生物技术直接检测植物线虫的基因组,排除了环境变化的影响,从而快速准确地鉴定植物线虫种类。生物技术在植物线虫研究中的应用将在许多方面影响植物线虫学,从植物线虫的鉴定到抗病作物育种,将提高其有效性,从而增加防治手段。

20 世纪 80 年代,单克隆抗体的筛选逐渐渗透到线虫学研究的各个领域。如生物探针广泛地应用于特定抗原成分的检测和细胞成分的定位等。至今国内外很少有关利用单克隆抗体技术对线虫进行准确区分鉴定的报道。Lawler 等人 1993 年通过制备多克隆抗体(polyclonal antibody,PcAb)区分两者,用酶联免疫吸附测量法(enzyme linked immuno sorbent assay,ELISA)不易将两者区分开,这说明虽然 ELISA 的敏感度高,但种间区分度并不好。Okamoto 和 Thomson 1985 年报道了制备 Caenorhabditis elegans 单克隆抗体,之后相继有植物线虫单克隆抗体的报道(Hussey,1989;Curtis et al.,1996;Abrantes and Curtis,2002;Chen et al.;2003)制得的单克隆抗体可用于鉴定互作中涉及的线虫蛋白,通过免疫筛选线虫 cDNA 文库及蛋白学方法来鉴定编码这些蛋白的基因,从而有助于探析线虫与寄主互作及其互作过程中各种线虫蛋白的功能。A. Schots,J. Bakker 等人 1991 年在一种用于鉴定和定量分析土样中马铃薯胞囊线虫的单克隆抗体技术中提出,通过具有热稳定性蛋白质其有专化反应的单克隆抗体,同时又有对白色球胞囊线虫和金色球胞囊线虫的热稳定性蛋白质具有相同反应的单克隆抗体,可以提高常规免疫试验的灵敏度,既可定性区分又可定量区分土样中的白色球胞囊线虫和金色球胞囊线虫。此外也有专门用于植物线虫分类鉴定的单克隆抗体,如 Davies 和 Lander 1992 年用 Mabs 鉴别根结线虫(*Meloidogyne* spp.);Robinson 等人 1993 年用单克隆抗体区分马铃薯白线虫(*Globodera pallida*)和马铃薯金线虫(*G. rostochiensis*)。

植物线虫形态学上的相似性在一定程度上系蛋白质水平相似性的具体体现。近 20 年来研究表明:单克隆抗体在线虫相似种的区别鉴定中已显示出巨大潜力,Bakker 等人 1988 年指出,在蛋白水平,马铃薯金线虫与白线虫之间的遗传距离为 0.7,大豆胞囊线虫(*Heterodera glycines*)与甜菜胞囊线虫(*H. schachtii*)为 0.59,因此虽然其形态学异常相似,比较发现可从中分离出一些种特异性蛋白来制取单抗,以特异区分两种线虫。Davies 等人 1992 年、Robinson 等人 1993 年和 Chen 等人 2003 年分别成功地制得根结线虫、马铃薯金线虫和标准剑线虫(*Xiphinema index*)特异性单克隆抗体用于诊断。蒋立琴等人 2006 年在松材线虫单克隆抗体的研制中报道,通过获得松材线虫种特异性单克隆抗体株系 1D3,对来自各地的松材线虫与拟松材线虫株系的间接 ELISA 检测表明,1D3 株系对松材线虫的特异性好,并不像一般纯蛋白作为抗原制得的单抗为单一条带。这与 Chen 等人 2003 年对标准剑线虫和 Fioretti 等人 2002 年对马铃薯白线虫制得的单抗 Western blot 的结果有类似的特点,即单一单抗结合在膜上的条带多且相对分子质量不等。从 Western blot 结果来看,1D3 单抗与拟松材线虫有极弱交叉反应,但仍能正确将两种线虫区分开。

植物病原线虫与其他植物病原生物(如植物病毒和植物病原细菌等)相比,有关植物病原线虫单克隆抗体方面的研究还较少,这可能与线虫属于动物界的多细胞的真核生物,其蛋白质种类及结构的复杂性使筛选其特异性单克隆抗体相对困难有一定的关系。

五、单克隆抗体技术在螨虫及昆虫鉴定中的应用及展望

与其他植物病原生物相比,螨虫及昆虫单克隆抗体研究起步较晚,但已初步显示出其广泛的应用前途。特别是对于某些小型昆虫,尤其是卵和幼虫,很难用传统的形态学

方法进行区分,但是利用单克隆抗体完全能解决这一问题。例如,Stuart 和 Burkholder 制备了分别只与 *Laelius pedatus* 和 *Bracon hebetor* 各虫态发生免疫反应的单克隆抗体来鉴别贮粮中的害虫和益虫。尤其是由于单克隆抗体具有种的特异性和检测灵敏度高等特点,已经成为检疫性害虫诊断分析的一种新手段。Banks 等利用针对检疫性害虫棕榈蓟马的单克隆抗体建立了一个检测系统,从而快速、准确地区分棕榈蓟马、苜蓿蓟马和烟蓟马。

我国对蜱螨分子生物学研究较少,应用单克隆抗体技术在螨虫中的应用仅限于医学中蜱螨种类的研究,植物螨虫方面还未见相关的报道。李朝品等较早利用 PCR 法体外扩增粉尘螨 Derf1、Derf2 cDNA 序列分析结果证实出淮南地区 Derf1 cDNA 与国外粉尘螨 Derf1 cDNA 序列存在一定差异,Der f2 cDNA 与国内粉尘螨 Derf2 cDNA 存在一定差异,主要表现为缺失一约 87 bp 的插入序列。

对于单克隆抗体技术在捕食性昆虫研究过程中,由于节肢动物个体小、活动隐蔽,有些捕食性昆虫在夜间捕食,许多捕食性昆虫只吸食猎物的体液,肠道内不存在猎物的碎片,因此,很难用传统的方法来评价其在调节种群和群落结构方面的作用。而利用单克隆抗体技术进行研究的优势在于:捕食者消化道内存在猎物蛋白,利用针对猎物蛋白的 McAb 检测田间捕食者消化道中是否含有该蛋白及其含量,从而准确地确定该猎物的捕食者种类并估计其捕食量。同样的原理,以天敌的蛋白作为抗原制备的 McAb 可用于昆虫拟寄生性天敌的检测。

单克隆抗体的制备技术及应用情况研究表明,昆虫肌肉内的琼浆蛋白仅在昆虫体内,大量存在于成虫组织中,也分布在其他虫态。该抗原蛋白是有选择性的,可与不同昆虫体内的专一蛋白起交叉反应,但不与植物组织起抗原反应。如蒋小龙等人 1994 年等在昆虫单克隆抗体的制备及其应用论述应用单克隆抗体的特异性与谷物或面粉提取物(被害虫危害时)反应,颜色随昆虫污染物升高而加深。昆虫琼浆蛋白抗原检测谷物中害虫残留量可直接在酶联免疫分析读数器中读出颜色值,从而得出谷物中害虫的污染程度。该方法可测出小麦、燕麦、黑麦、大米、大豆、高粱等粮食中玉米象、谷象、米象、花斑皮囊、黑斑皮囊、赤拟谷盗、杂拟谷盗、锯谷盗、谷囊、印度谷螟等仓虫幼虫、蛹和成虫的含量。目前此方法还不能检测虫卵。

单克隆抗体自问世以来,仅十余年,已在生物学各领域中得到了广泛的应用。随着细胞融合技术的提高及双杂交技术的应用,单克隆抗体的应用将更为普遍,无疑同样也将成为昆虫学研究中的重要工具。除上述诸方面的深入应用外,还用于昆虫近缘种,尤其是幼虫近缘种的分类,用于研究害虫与其捕食性昆虫间的相互关系,如研究猎物的种类、估计天敌对害虫的控制作用等。

单克隆抗体自 1975 年问世以来,短短三十多年间,技术已趋于成熟,被广泛应用于各个领域,具有极大的科学研究价值和实际应用价值,单克隆抗体技术在植物病原生物中的应用将会愈来愈广泛。近年来,国内外有关学者正试图用基因操作技术,把分泌单克隆抗体的杂交瘤细胞中的抗体基因转移到某些植物中,期望这种转基因植物能产生"抗体",抵御病害。如能研究成功,无疑将会为单克隆抗体技术在植物病害防治上的应用带来更为广阔的前景。因此我们有理由相信,在未来生物学的发展领域里,单克隆抗体必将显示出独特的魅力,为造福人类,甚至为整个生物圈作出巨大贡献。

参 考 文 献

[1] 刘秀梵.单克隆抗体在农业上的应用[M].合肥:安徽科技出版社,1994.

[2] 徐志凯.实用单克隆抗体技术.陕西科学技术出版社,1992:8.

[3] 何忠效.浅谈单克隆抗体[J].生物学通报,2004,39(9):1-4.

[4] 胡春艳,刘全忠.单克隆抗体制备技术及应用的研究进展[J].安徽预防医学杂志,2008,14(2):116-118.

[5] 尚佑芬.国内外植物病毒研究发展概况[J].山东农业科学,1998(1):51-54.

[6] 朱学泰,谢溱,马瑞君.单克隆抗体制备技术研究进展[J].甘肃科技,2005,21(3):109-108.

[7] 李莉,王丽花,孔宪涛.单克隆抗体治疗的过去、现在和未来[J].免疫学杂志,2005,21(3):13-16.

[8] 朱美财.小鼠单克隆抗体的纯化[J].生物化学与生物物理进展,1990,17(5):335-338.

[9] 戴顺志.单克隆抗体的诊断与治疗应用的近况[J].生物工程进展,1992,12(3):16-21.

[10] 昌增益,等.克隆的概念、意义与进展[J].生物学通报,1999,34(11):3-6.

[11] 张元兴,等.杂交瘤细胞的大量培养[J].生物工程进展,1997,17(5):54-60.

[12] 杨林,等.分泌抗水稻细菌性条斑病菌单克隆抗体杂交瘤细胞系的建立[J].西南农业学报,1992,5(l):115-116.

[13] 王贵珍,周益军,陈正贤,等.水稻条纹病毒单克隆抗体的制备及检测应用[J].植物病理学报,2004,34(4):302-306.

[14] 施曼玲,吴建祥,郭维,等.芜菁花叶病毒单克隆抗体的制备及检测应用[J].微生物学报,2004,44(2):185-188.

[15] 吴建祥,周雪平.马铃薯X病毒云南分离物单克隆抗体的制备及其检测应用[J].浙江大学学报,2005,31(5):608-612.

[16] 刘海建.水稻条纹病毒(RSV)免疫检测试剂盒研制与应用.扬州:扬州大学,2005:19.

[17] 张成良,张作芳,阙晓枫,等.应用单克隆抗体对烟草花叶病毒抗原决定簇及其抗原型的分析研究[J].病毒学杂志,1986,1(2):2-37.

[18] 张菁,于善谦.大麦条纹花叶病毒单克隆抗体及抗原特性的分析[J].病毒学报,1990,6(4):347-351.

[19] 于翠,吴建祥,周雪平.番茄花叶病毒单克隆抗体的制备及检测应用[J].微生物学报,2002,42(4):453-457.

[20] 钟藏文,等.水稻细菌性条斑病菌单克隆抗体的分类及其单抗血清学研究[J].福建省农科院学报,1996,11(4):19-22.

[21] 张成良,等.应用单克隆抗体对烟草花叶病毒抗原决定簇及其抗原型的分析研究[J].病毒学杂志,1986,1(2):32-37.

[22] 朱华,等.应用单克隆抗体鉴定水稻白叶枯病菌血清型的研究[J].江苏农学院学报,1992,13(4):21-24.

[23] 林福呈.稻瘟病菌单克隆抗体 2B4 的研究[J].菌物系统,2002,21(2):215-222.

[24] 吴建祥,等.蚕豆萎蔫病毒单克隆抗体研制[J].浙江农业大学学报,1999,25(2):147-150.

[25] 庞保平,等.白背飞虱单克隆抗体的制备及其特性的研究[J].昆虫学报,2001,44(1):21-26.

[26] BAKKER J,BOUWMAN-SMITS L. Contrasting rates of protein and morphological evolution in cyst nematode species[J]. Phytopathology,1988(78):900-904.

[27] BERNHARD K,COLLEEN C,ROBIN W. Biofumig ation of sapstaining fungi using natural products [J]. Research Group on Wood Preservation Documents,2002,2(10):428.

[28] BILGICER B, THOMAS S W, et al. Anon-chromatographicmethod for the purification of abivalent lyactive monoclonal IgG antibody from biological fluids. J Am-ChemSoc,2009,131(26):9361-9367.

[29] BOSCHETTI E. Antibody separation by hydrophobic charge induction chromatography[J]. Trends Biotechnol,2002,20(8):333-337.

[30] CHEN J,TETRAULTJ J,et al. Comparis on of standard and new generation hydrophobicinter action chromato graphy resinsin themon-oclonal antibody purific ation process[J]. J Chromatogr A,2008,1177(2):272-281.

[31] CURTIS R H C,BENDEZU I F,Evans K. Identification of a putative actin in the two species of PCN using a monoclonal antibody[J]. Fundamental and Applied Nematology,1996(19):421-426.

[32] CHEN Q,ROSANE H C,LAMBERTI F,et al. Production and characterization of monoclonal antibodies to antigens from Xiphinema index. Nematology,2003,5(3):359-366.

[33] DAVIES K G,LANDER B. Immunological differentiation of root-knot nematodes(Meloidogyne spp.)using monoclonal and polyclonal antibodies[J]. Nematologica,1992(38):353-366.

[34] DOEM C M. The 30-kilodalton gene product of Tobacco mosaic virus protentiates virus movement [J]. Science,1982(237):389-394.

[35] DOUTHWAITEL JA,GROVES MA. An improved method for an efficient and easily accessible eukaryotic ribosome display technology [J]. Protein Engineering,Design & Selection,2006,19(2):85.

[36] FIORETTI L,PORTER A,HAYDOCK P J,et al. Monoclonal antibodies reactive with secreted-excreted products from the amphids and cuticle surface of Globodera

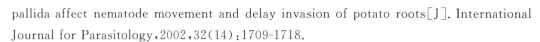

pallida affect nematode movement and delay invasion of potato roots[J]. International Journal for Parasitology,2002,32(14):1709-1718.

[37] HANES J,PLUCKTHUN A. In vitro selection and evolution of functional proteins by using ribosome display [J]. Procnatl Acad Sci USA,1997(94):4937.

[38] HIGHLEY T L. Recearch on biodeterioration of wood,I. Decay mechanisms and bilcontrol [M]. USDA-FPL Research,1994:529.

[39] HUSSEY R S. Monoclonal antibodies to secretory granules in Esophageal Glands of Meloidogyne species[J]. Journal of Nematology,1989,21(3):392-398.

[40] JAKOBOVIT SA. Production of fully human antibodies transgenic mice[J]. Current Oppion in Biotechnology,1995,6(5):561-566.

[41] KANG J S,Choi K S,Shin S C,Moon I S,Lee S G and Lee S H. Development of an efficient PCR-based diagnosis protocol for the identification of the pinewood nematode,Bursaphelenchus xylophilus(Nematoda:Aphelenchoididae)[J]. Nematology,2004,6(2):279-285.

[42] KOHLER G,MILSTEIN C. Cont in us culture of fused cells secreting antibody dy of predefined specificity[J]. Nature,1975(256):495-510.

[43] LAWLER C,JOYCE P,HARMEY M A. Immunological differentiation between Bursaphelenchus xylophilus and B. mucronatus. Nematologica,1993(39):536-546.

[44] LONBERG N,TAYLOR LD,HARDING FA,et al. Antigen specific human antibodies from mice comprising four distinct genetic modifications[J]. Nature,1994,368(6474):856-859.

[45] MAMIYA Y,ENDA N. Bursaphelenchus mucronatus(Nematoda:Aphelenchoididae)from pine wood and its biology and pathogenicity to pine trees[J]. Nematologica,1979(25):353-361.

[46] MATSUNAGA K,TOGASHI K. A simple method for discriminating Bursaphelenchus xylophilus and B. mucronatus by species-specific polymerase chain reaction primer pairs[J]. Nematology,2004,6(2):273-277.

[47] MATTHEAKIS LC,BHATT RR,DOWER WJ. An in vitro polysome display system for identifying ligands from very large peptide libraries[J]. Procnatl Acad Sci USA,1994(91):9022.

[48] OKAMOTO H,THOMSON J N. Monoclonal antibodies which distinguish certain classes of neuronal and supporting cells in the nervous tissue of the nematode Caenorhabditis elegans[J]. Journal of Neuroscience,1985(5):286-316.

[49] ROBINSON M P,BUTCHER G,CURTIS R H,et al. Characterization of a 34kD protein from potato cyst nematodes using monoclonalantibodies with potential for species diagnosis[J]. Annals of Applied Biology,1993(123):337-347.

[50] ROGUSKA MA,PEDERSEN JT,KEDDY CA,et al. Humanization of murine monoclonal antibodies through variable domain resurfacing [J]. Proc Natl Acad Sci

USA,1994,91(3):969-973.

[51] ROGUSKA MA,PEDERSEN JT,HERRY A,et al. A comparison of two murine monoclonal antibodies humanized by CDR-grafting and variable domain resurfacing [J]. Protein Eng,1996(9):895-904.

[52] SCHAFFITZEL C,HANES J,JERMUTUS L,et al. Ribosome display:an in vitro method for selection and evolution of antibodies from libraries[J]. Journal of Immunological Methods,1999(231):119-135.

第八章　色谱技术

第一节　色谱技术的原理

一、色谱技术的概念

色谱这一概念 1906 年由俄国著名植物学家 Tswett 提出，他在研究植物色素组成时发现了色谱分离的潜力，首次提出了色谱法这一概念。1938 年，德籍奥地利化学家 Kuhn R 采用色谱法对维生素和胡萝卜素进行分离分析和结构分析，色谱分析法迅速为各国科学家们广泛采用。20 世纪 50 年代，James 和 Martin 提出气液相色谱法，同时也发明了第一个气相色谱检测器，并被广泛使用。

色谱法(chromatography)的技术原理是：一种物质在流经另一固定物质时，固定物质对流动物质各组分的作用力存在差异，造成流动物质组分在固定物质中滞留时间不同，导致混合物各组分出现分离，分离出的组分按照时间差异逐一流经特定的检测仪器，通过仪器完成色谱流出物的非电量转换，对流出物浓度比例实现电信号输出，进而实现分析、计算、检测。色谱法主要利用复杂样品本身性质的不同，在不同相态间进行选择性分配，以流动相和固定相的相互位移对复杂样品中的单一样品进行分类洗脱，复杂样品中不同的物质会以不同的洗脱速度在不同的时间脱离固定相，最终达到分离复杂样品的效果。这是一种分离并分析复杂样品的方法，在化学和生物等领域有着广泛的应用。

在色谱技术的发展过程中，众多理论推动了色谱技术的不断发展。主要有平衡色谱理论、踏板理论、轴向扩散理论、速率理论和双模理论。其中平衡色谱理论认为，在复杂样品色谱分离的过程中，固定相和流动相之间的分配平衡可在瞬间达到临界平衡状态。它主要解释了样品在分离过程中移动速率的变化，同时平衡色谱理论在非线性等温线条件下解释了流出曲线形状变化的规律，是色谱发展过程中被较早提出并应用成熟的理论基础之一。踏板理论是基于色谱分离过程模块化的理论，认为色谱由一系列单一平衡单元组成，在每一个平衡单元内，样品在固定相和流动相之间瞬时达到相对平衡。踏板理论是对早期平衡色谱理论的模块化发展，简明地说明了色谱分离的过程，对色谱理论的发展作出了宝贵贡献。轴向扩散理论主要解释了轴向扩散对色谱区域谱带扩散规律的影响，较快的传质速率会引起色谱带的较快扩散，达到样品分离的目的。轴向扩散理论发展到一定阶段时，研究者发现轴线扩散对传质速率的影响较小，近乎可以忽略不计，而分离样品在固定相和流动相之间有限的传递速率则是影响传质速率的主要因素，于是提出了速率理论。速率理论对于解释轴向扩散的影响因素起到了重要的理论意义。随着研究的不断进展,越来越多的证据显示,轴向扩散和传质影响其实是一对相互影响的关键因子,二者有着复杂的相互关系,若揭示色谱过程的本质,需要同时考虑轴线扩散和传质速率的相互影响,进而提出了最新的双模理论,认为色谱分离过程的固定相和流动相是相互紧密接触的平衡薄膜,分离组分在相互分离的界面处达到瞬时的分离平衡。

二、色谱技术的种类

根据不同的分类方法,色谱技术有着不同的分类方式。按照分离相和固定相的状态,色谱技术可分为气相色谱法、气固色谱法、气液色谱法、液相色谱法、液固色谱法、液液色谱法。根据固定相的几何形状,色谱技术可分为柱色谱法、纸色谱法和薄层色谱法。按照分离原理或者物理化学性质的不同,色谱法又可分为吸附色谱法、分配色谱法、离子交换色谱法、尺寸排阻色谱法和亲和色谱法,其中吸附色谱法、离子交换色谱法和亲和色谱法在我国目前工业生产中的应用较为广泛。

(一) 薄层色谱法

将一定波长的光照射在一个薄层板上,扫描经过薄层色谱吸收的紫外光和可见光的斑点或者对经过激发后能够发射出荧光的斑点进行扫描,并通过扫描得到的图谱和积分的数据应用于药品的检验和含量的测定。薄层色谱法的特点是:分离效能高、简便、快捷等,因而可以应用于中药制剂的测定和分析领域。但是其精密度和准确度不如高效液相色谱法,虽然其存在着一定的缺陷,仍可作为高效液相色谱法的一种补充,它可以弥补高效液相色谱法无紫外光吸收的缺点。在中华药典中有几十种药材,例如人参皂苷和贝母生物碱,都是采用薄层色谱法来进行含量的测定的。

(二) 毛细管电泳法

毛细管电泳法顺应现代新技术的发展,其工作原理是在高压电场的驱动下,在毛细血管的分离通道内,根据待测样品中各组分的电泳淌度(所谓淌度,即指溶质在单位时间间隔内和单位电场上移动的距离)不同进行分离。根据毛细管电泳的分离模式不同,又可分为毛细管区带电泳(capillary zone electrophoresis,CZE)、毛细管凝胶电泳(capillary gel electrophoresis,CGE)、胶束电动毛细管色谱(micellar electrokinetic capillary electrophoresis,MECE)、亲和毛细管电泳(affinity capillary electrophoresis,ACE)、毛细管电色谱(capillary electro chromatography,CEC)、毛细管等电聚焦电泳(capillary isoelectric focusing,CIEF)、毛细管等速电泳(capillary isotachophoresis,CITP)。毛细管区带电泳是最常见的模式,用以分析带电溶质。样品中各个组分因为迁移率不同而分成不同的区带。为了降低电渗流和吸附现象,可将毛细管内壁做化学修饰。毛细管凝胶电泳是在毛细管中装入单体,引发聚合形成凝胶,主要用于测定蛋白质、DNA等大分子化合物。另有将聚合物溶液等具有筛分作用的物质,如葡聚糖、聚环氧乙烷,装入毛细管中进行分析,称毛细管无胶筛分电泳,此种模式总称为毛细管筛分电泳,有凝胶和无胶筛分两类。胶束电动毛细管色谱,在缓冲液中加入离子型表面活性剂如十二烷基硫酸钠,形成胶束,被分离物质在水相和胶束相(准固定相)之间发生分配并随电渗流在毛细管内迁移,达到分离。本模式能用于中性物质的分离。亲和毛细管电泳是在毛细管内壁涂布或在凝胶中加入亲和配基,以亲和力的不同达到分离目的。毛细管电色谱是将 HPLC 的固定相填充到毛细管中或在毛细管内壁涂布固定相,以电渗流为流动相驱动力的色谱过程,此模式兼具电泳和液相色谱的分离机制。毛细管等电聚焦电泳是通过内壁涂层使电渗流减到最小,再将样品和两性电解质混合进样,两个电极槽中分别为酸和碱,加高电压后,在毛细管内建立了 pH 梯度,溶质在毛细管中迁移至各自的等电点,形成明显区带,聚焦后用压力或改变检测器末端电极槽储液的 pH 值使溶质通过检测器。毛细管等速电泳,采用先导电解质和后继电解质,使溶质按其电泳淌度不同得以分离。

以上各模式以 CZE、CGE、MECE 三种应用较多,在中药领域中有关分离技术的报道中,常见的是毛细血管电泳法。在以往的阿魏酸的测定中,通常应用薄层色谱法和高效液相色谱相结合的方法,但是采用毛细管电泳法则可以高效、重现性、经济的对其进行成分的测定。毛细管电泳法可以应用在生物碱的测定中,因为大部分的生物碱都在缓冲体系中带有正电荷,在 pH 为 7.0、以 65% NaH_2PO_4 溶液作为缓冲体系,分离黄连中的小檗碱。

(三)超临界流体色谱法

超临界流体指的是临界温度和临界压力以上状态的物质,而超临界流体色谱法是一种可以对样品进行提取、分离、浓缩和检测的方法。其优点在于可分离、分析某些难挥发的物质。

(四)反相高效液相色谱

高效液相色谱(high-performance liquid chromatography,HPLC)是溶质在固定相和流动相之间进行的一种连续多次的交换过程,它借溶质在两相间分配系数、亲和力、吸附能力、离子交换或分子大小不同引起的排阻作用的差别使不同溶质分离。在 HPLC 各种模式中,RP-HPLC 应用最为广泛,其固定相是非极性的,而流动相是比固定相极性更强的溶剂系统,蛋白质分子疏水性的不同使其在两相中的分配不同而得到分离。近十几年来,RP-HPLC 以其高分辨力、快速、重复性好等优点广泛应用于蛋白质的分离分析中。

(五)膜色谱

膜色谱采用具有一定孔径的膜作为介质,连接配基,利用膜配基与蛋白质之间的相互作用进行分离纯化。当料液以一定流速流过膜的时候,目标分子与膜介质表面或膜孔内基团特异性结合,而杂质则透过膜孔流出,处理结束后再通过洗脱液将目标分子洗脱下来,其纯化倍数可达数百乃至上千倍。膜色谱是目前生物大分子分离中最为有效的方法之一,其特点为:①色谱填料柱中的每一片膜都相当于一个短而粗的吸附床层,膜厚相当于床层高度,当床层体积一定时,这种结构有利于在相同压降下获得更高的流速,从而提高了分离速度和处理量;②膜表面的配基与液流主体间的扩散路径很短,膜介质只受表面液膜扩散及吸附动力学的影响,消除了传统色谱中占主要地位的孔扩散阻力,大大改善了传质效果,提高了配基的利用率和总的分离速度,缩短了分离时间,一次循环操作时间只是普通填料柱的十分之一,提高了生产效率,并有利于保持配基和目标蛋白的生物活性;③采用了膜介质,整个床层的压降大为降低,一般只用低压蠕动泵即可满足分离要求,这样既降低了设备投资和运行费用,也避免了液流与泵体直接接触,便于无菌操作和防止蛋白质失活;④配基修饰过的膜介质选择性与填充柱相当,在采用足够的膜堆和梯度洗脱技术之后,可以获得较高的分离纯化效果;⑤膜介质具有良好的刚性,能够承受较高的压力,且便于放大。

(六)亲和色谱

亲和色谱是利用耦联了亲和配基的亲和吸附介质为固定相来亲和吸附目标产物,使目标产物得到分离纯化的液相色谱法。亲和色谱已广泛应用于生物分子的分离和纯化,如结合蛋白、酶、抑制剂、抗原、抗体、激素、激素受体、糖蛋白、核酸及多糖类等;也可以用于分离细胞、细胞器、病毒等。亲和层析技术的最大优点在于:利用其可以从粗提物中经过一些简单的处理便可得到所需的高纯度活性物质。利用亲和层析技术成功地分离单克隆抗体、人生长因子、细胞分裂素、激素、血液凝固因子、纤维蛋白溶酶、促红细胞生长素等产品,亲和层析技术是目前分离纯化药物蛋白等生物大分子最重要的方法之一。

(七)高速逆流色谱

高速逆流色谱(high-speed counter current chromatography,HSCCC)是新型的液-液分配色谱技术,它利用多层螺旋管同步行星式离心运动,在短时间内实现样品在互不相溶的两相溶剂系统中的高效分配,从而实现样品分离。HSCCC最大的优点在于每次的进样量大,可以达到毫克量级,甚至克量级;同时,HSCCC是无载体的分离,所以不存在载体的吸附,样品的利用率非常高。HSCCC仪器价格低廉、性能可靠、分析成本低、易于操作,已被应用于生化、生物工程、医药、天然产物化学、有机合成、环境分析、食品、地质、材料等领域。

(八)连续床色谱

连续床色谱实际上是吸取了无孔填料和膜的快速分离能力,以及HPLC多孔填料的高容量,又没有增加柱阻力这两方面的优点而发展出的一个很有意义的新产物。具有以下几个特点:①整个床层高度均匀,分辨率高,不存在粒子间空隙体积,没有颗粒粒度大小不均匀或填充不均匀造成的峰展宽。②可在高流速下操作,连续床具有大量不规则的无孔渠道,在高流速下仍能达到很高的动态吸附容量,解决了传统柱层析中理论等板高度与流速之间的矛盾。③制备成本低,可直接在层析柱内交联,省去了复杂的传统颗粒制备工艺及层析柱填充工艺。同时,降低了有机溶剂的消耗,实现了在水溶液中进行。④使用寿命长,稳定性好,整个床层结构均匀,使用一年以上仍可保持很高的分辨率和可重复性。既可用于蛋白质的分离备,又可用于生化分析。⑤简化了介质的衍生,传统色谱介质通常分两步合成,首先是颗粒介质的制备,然后与配基固定衍生。而连续床介质的合成和衍生是一步完成,如在某种阳离子交换剂的制备中,就是直接将丙烯酸加入到含有丙烯酰胺、交联剂和盐的水溶液中来完成的。⑥分辨率、吸附容量、流速(给定压力下的运行时间)都可通过改变制备过程中单体溶液的组成来调节。

(九)气相色谱

气相色谱法的分离原理是利用待分离的诸组分在流动相(载气)和固定相两相间的

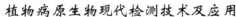植物病原生物现代检测技术及应用

分配有差异(即有不同的分配系数),当两相作相对运动时,这些组分在两相间的分配反复进行,从几千次到数百万次。即使组分的分配系数只有微小的差异,随着流动相的移动也可以有明显的差距,最后使这些组分得到分离。气相色谱法的理论基础主要表现在以下两个方面:色谱过程动力学和色谱过程热力学。即组分是否能分离开取决于其热力学行为,而分离得好不好则取决于其动力学过程。

气相色谱法主要应用在一些具有挥发性成分的中药材的成分测定中。例如蒙药白豆蔻中的桉油精、土木香内酯、苄基丙酮等,另外还有一些中药制剂中的含有的龙脑、薄荷脑、异龙脑和丁香酚等。气相色谱法还可分析一些通过衍生后的物质,如经过酯化后的熊果酸和齐墩果酸,经过硅烷化后的某些糖类的成分,经过甲酯化后的高级脂肪酸等。随着现代科学技术的发展,毛细管气相色谱越来越精细,这也拓展了气相色谱法的应用范围,气相色谱法可以获得更多的图形文字信息。

历史上最早的气相色谱仪 1947 年由捷克色谱学家 Jaroslav Janlik 发明。该仪器以 CO 为流动相,杜马测氮管为检测器测定分离开的气体体积。在样品和 CO 进入测氮管之前,通过 KOH 溶液吸收掉 CO,按时间记录气体体积的增量(见图 8-1)。这台仪器虽然简陋,但对当时的气相色谱研究起到了巨大的推动作用。

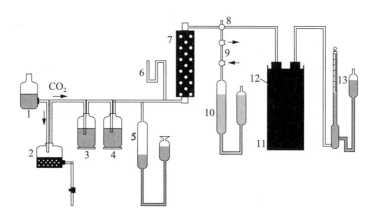

1—盐酸溶液;2—产生 CO$_2$ 的大理石;3—Na$_2$CO$_3$ 洗气瓶;4—浓硫酸;5—汞平衡器;6—压力计;7—CaCl$_2$ 干燥器;8—三通阀;9—校正样品体积管;10—汞压力计;11—恒温槽;12—色谱柱;13—测量气体管。

图 8-1　Jaroslav Jantlk 发明的气相色谱仪装置示意图

现代气相色谱仪主要由 5 个系统组成,即气路系统、进样系统、分离系统、温度控制系统与检测记录系统。气路系统主要朝自动化方向发展。20 世纪 90 年代出现了采用电子压力传感器和电子流量控制器,通过计算机实现压力和流量自动控制的电子程序压力流量控制系统,这是气路系统的一大进步。温控系统则基本朝着精细、快速、自动化方向发展。进样系统、分离系统与检测记录系统是气相色谱仪的核心组成系统,它们的每一次变革和进步都推动着气相色谱的快速发展。

气相色谱仪进样系统一般由样品引入装置及气化室(又称进样 VI)组成。样品引入装置最初采用手动注射器,后期发展出自动进样器,进样工作效率得到显著提高。此外,气体或液体样品还可以采用手动或自动进样阀进样。进样口是进样系统中最重

要的部分,气相色谱仪进样系统的发展基本就是进样口的发展。气相色谱采用填充柱时,样品注入进样口气化后全部被载气带入色谱柱。这种进样方法后来也用于大口径毛细管柱直接进样。气相色谱进入毛细管柱时代后,采用分流进样法,样品在进样口中气化后,一小部分进入色谱柱,而大部分通过分流放空,此方法适用于大多数挥发性样品,操作简单,得到了广泛应用。20 世纪 60 年代末,出现了不分流进样法,注入色谱仪的样品气化后全部进入色谱柱,适用于稀溶液中痕量组分的分析测定。Vogt 发明了一种混合型进样系统,既可实现分流、不分流的单独操作,又可以混合操作。1977 年,Grob 发明了冷柱头进样方法,将样品以液态形式直接注入处于室温或更低温度下的色谱柱头,然后逐渐升高温度,样品组分按照沸点顺序依次气化后进入色谱柱实现分离。冷柱头进样最初为手动操作方式,近年来已实现与自动进样器联用,操作复杂程度得以降低。冷柱头进样法之后,又陆续出现了顶空进样技术、裂解进样技术以及程序升温气化进样技术。顶空进样技术取复杂样品上方的气体部分进样。裂解进样技术在进样过程中将高分子化合物和有机物裂解为适合色谱分析的小分子化合物再进行分析。例如用裂解气相色谱对溶剂型丙烯酸树脂进行裂解测定,可以快速而准确地获得其溶剂和合成树脂的组成。现在,顶空气相色谱和裂解气相色谱已经成为气相色谱法中的独立分支。程序升温气化进样技术是目前较理想的一种进样方法,它结合分流/不分流进样、冷柱头进样等多种进样方法的长处,将样品注射入低温进样口中,按设定程序升高进样口温度实现进样。近年来,为提高分析灵敏度,色谱工作者还发展了大体积进样技术,通过大体积进样口来提高进样量,从而提高分析灵敏度检测记录系统的核心为检测器。1952 年,James 与 Martin 在提出气相色谱法的同时,发明了第一台气相色谱检测器,它是一个接在填充柱出口的滴定装置。1954 年,Ray 发明了热导池检测器,开创了现代气相色谱检测器的时代。1958 年,Mcwillian 和 Harley 同时发明了氢火焰离子化检测器,这也是现在应用最为广泛的检测器之一。同年,Lovelock 发明了氩电离检测器,灵敏度提高了 23 个数量级。

20 世纪 60 年代～70 年代,由于气相色谱痕量分析的需求,一些高灵敏度、高选择性检测器陆续出现。1960 年,Lovelock 发明电子俘获检测器;1966 年,Brody 发明了火焰光度检测器;1974 年,Kolb 和 Bischof 提出了电加热的氮磷检测器;1976 年,美国 HNU 公司推出窗式光电离检测器。同时,电子技术的发展也使得原有检测器在结构和电路上得到重大改进,性能得到相应提高。20 世纪 80 年代,弹性石英毛细管柱的广泛应用使检测器的发展呈现出体积小、响应快、灵敏度高、选择性好的趋势。计算机和软件的发展也使传统检测器的灵敏度和稳定性得到很大提高。此外还出现了一些新型的检测器,如化学发光检测器、傅氏红外光谱检测器、质谱检测器、原子发射光谱检测器等。20 世纪 90 年代后,质谱检测器成为气相色谱通用检测器之一,它将色谱的高分离能力与质谱的结构鉴定能力结合在一起,定性准确,定量精度高,与其他检测器相比优势明显。此外,这一时期快速气相色谱和全二维气相色谱等快速分离技术的发展,促使快速检测方法进一步走向成熟。

气相色谱发展到现在已经成为一门非常成熟的分析技术,但科学家及相关企业对气相色谱的研究仍然没有停止。近年来,气相色谱出现了一些新的技术,主要有快速气相色谱、微型气相色谱、多维气相色谱等。

快速气相色谱就是分析速度更快的气相色谱法。传统气相色谱法的分析速度虽然较快,但对于复杂成分的分离如石油的模拟蒸馏等,仍需较长的时间。因此,许多色谱工作者致力于研究快速气相色谱技术。快速气相色谱理论最早出现于 20 世纪 60 年代,但到 20 世纪 80 年代后,快速气相色谱仪器才出现并被引入实际应用。快速气相色谱主要通过以下几种途径加快分析速度:使分离度最小化;提高色谱系统的选择性;在保证分离度恒定的条件下缩短分离时间。因此,快速气相色谱对仪器的要求比普通气相色谱更高。1998 年,Blumberg 和 Klee 用峰宽作为衡量标准,将快速气相色谱分为 3 类:FGC(FastGC,峰宽小于 1 s)、VFGC(Very-fast GC,峰宽约为 100 ms)、UFGC(Ultra-fast GC,峰宽小于 10 ms)。在实际分析中,以 FGC 应用最为广泛,VFGC 和 UFGC 只适用于简单样品的分离。快速气相色谱在分离复杂混合物,如药物、环境样品、石油工业样品、环境分析样品等,有十分重要的作用。

气相色谱仪虽然具有强大的分析能力,但由于体积大、功耗高等原因,在野外分析或航空航天等领域的应用受到限制。1979 年,Terry 等首次提出基于微机电加工手段的气相色谱。此后,微型气相色谱仪经过不断的研究和发展,已经实现了商品化。气相色谱微型化有两种思路:一是将常规仪器按比例小型化,做成便携式气相色谱仪;二是用高科技制造技术实现元件的微型化,如将检测器、进样 VI 和色谱柱微刻在硅片上,做成类似于集成电路的仪器。微型气相色谱的应用广泛,如对于大气中挥发性有机物的监测,微型气相色谱仪可以实现即时分析,能很好地解决这个问题。此外,微型气相色谱仪还能用于有毒气体的快速分析,烟气中乙醛的现场测定,未知废物的监测等。近年来,随着技术的改进以及研究人员的增加,微型气相色谱技术的发展很快,前景很好。

传统一维气相色谱使用一根色谱柱,虽然分离能力较强,但对一些成分非常复杂的混合物还是难以实现有效的分离。因此,使用多根色谱柱共同分离混合物的多维气相色谱技术得到广泛关注。理论上,多维分离技术可以从二维到六维,但目前实际研究和应用的多为二维分离技术。二维气相色谱分为两种:一种是部分二维气相色谱,也就是通常说的二维气相色谱(GC+GC),是将第一根色谱柱上分离后的有关馏分以中心切割法转至第二根色谱柱上进行再分离。GC+GC 只能分离部分组分,不能对全部组分进行准确的定性和定量分析。另一种是全二维气相色谱(GC×GC),是把分离机理不同而又互相独立的两支色谱柱以串联方式结合成二维气相色谱。第一支色谱柱分离后的每一个馏分,经调制器聚焦和快速加热后以脉冲方式进入第二支色谱柱中进行进一步的分离。所有组分从第二支色谱柱进入检测器,信号经数据处理系统处理后,得到以第一支柱上的保留时间为第一横坐标,第二支柱上的保留时间为第二横坐标,信号强度为纵坐标的三维色谱图或二维轮廓图。GC×GC 克服了 GC+GC 的缺点,具有分辨率高、峰容量大(其峰容量为组成它的两根柱各自峰容量的乘积,分辨率为两根柱各自分辨率平方和的平方根)、灵敏度高等特点。近年来,GC×GC 已成为多维气相色谱中的研究热点,被广泛地应用于复杂样品成分的分析。例如,石油样品是一种非常复杂的混合物,用传统一维气相色谱来分析诸如柴油这样复杂的样品时,会产生峰容量不足的缺陷,而用 GC×GC 则样品能得到很好的分离。此外,环境样品、香精香料及有机农药等的分析,都离不开 GC×GC。

三、色谱技术的发展

(一)液相色谱-气相色谱联用技术

液相色谱和气相色谱联用技术(LC-GC)是一项新型多维色谱技术,兼有 LC 的高选择性和 GC 的高效率及高灵敏度,对复杂有机试样有较强的处理、富集、分离和检测能力,在环境监测、农药检测、生物医学、食品检测和燃料分析等领域有较广泛的应用。

LC-GC 检测原理、LC-GC 装置主要由溶剂泵、LC 进样器、LC 柱、LC 检测器、接口装置、GC 柱、GC 检测器及数据处理系统组成(见图 8-2)。联用时,试样由注射器引入 LC 柱粗分,通过 UV 检测器监测 LC 馏分并选择适当的切换时间,将所测组分通过接口转移至 GC 的保留间隙,溶剂部分或全部蒸发除去,由载气将测定组分送入 GC 毛细管柱进一步分离,并被 GC 检测器检测。

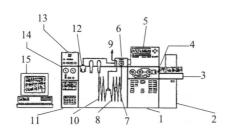

1,2—泵;3—LC 进样器;4—LC 柱;5—LC54321 检测器;6—样品环接口;7—保留间隙;
8—保留预柱;9—溶剂出口;10—GC 柱;11—GC 控制器;12—柱上接口;
13—自动进样器;14—气压计;15—控制及数据处理系统。

图 8-2 LC/GC 联用装置

与 GC 单独分析比较,LC-GC 联用有如下优点:①不需对试样进行预处理和预富集,避免了烦琐冗长的样品预处理步骤,有助于缩短分析时间,减少样品消耗,消除试样污染,提高测量精度;②使用二维色谱技术,可显著改善系统的分离能力,提高峰容量,增加鉴定信息,增加分析的可靠性;③通过 LC 对样品进行预富集,提高痕量组分的浓度,有利于改善痕量分析的灵敏度。接口装置对 LC-GC 联用灵敏度、分离能力有直接影响。欲获得最佳检测效果,联用接口应满足下列条件:①惰性好,死体积小;②无样品损失、无明显谱带扩展;③抗水性好,溶剂蒸发快,适用于大体积液相的转移;④无记忆效应;⑤操作简便、快速、重复性好、易于自动化。目前已报道的接口装置和溶剂处理技术较多。主要有:柱上接口、样品环接口、程序升温进样接口、分流和不分流接口、LC 馏分全部共蒸发和部分共蒸发技术、保留间隙技术、混和溶剂共蒸发技术;固相萃取技术、液-液萃取技术、毛细管萃取技术等。

(二)色谱-质谱联用技术

色谱与质谱的联用主要有气相色谱-质谱联用、液相色谱-质谱联用和毛细管电色谱-质谱联用。由于质谱的离子化方式和质量分析器类型较多,针对性的化合物各不相同,因此衍生出了多种色谱质谱联用模式,使该项联用技术日益成熟并得到越来越多的应用。液相色谱-质谱联用技术是20世纪70年代发展起来的,将液相色谱分离技术与质谱检测手段联合集液相色谱的高分离能力和质谱的高灵敏度、极强的定性专属性于一体,已成为一种不可替代的分离分析工具。气相色谱在20世纪80年代已成功地与质谱联用,并且随着小型台式四极质谱的发展,质谱已成为气相色谱的一种重要的专用检测器,可同时进行上百种不同成分的分离并进行质谱检测。除以上联用外,将四极杆质谱与飞行时间质谱组成串联质谱,结合最新发展的毛细管液相色谱技术组成的将集成高效毛细管、液相色谱、四极杆质谱与飞行时间质谱等的优点而成为当前解决复杂样品分离分析的最尖端工具之一。

当前,发展毛细管电色谱CEC与各种高灵敏度检测器的联用已成为CEC研究中最活跃的方向之一。CEC的高效分离能力和MS的高鉴定能力相结合,使得对nL级样品进行分子结构分析和分子质量的准确测定成为可能。

(三)毛细管电色谱

毛细管电色谱(CEC)是新近发展起来的一种高效微分离技术。CEC技术是通过在毛细管中填充或在毛细管壁涂布、键合色谱固定相,依靠电渗流(EOF)或电渗流结合压力流推动流动相,使得中性和带电荷的样品分子根据其在色谱固定相和流动相间分配系数的不同以及电泳速率的不同而得到分离。因而,CEC技术结合了毛细管电泳(CE)电渗流驱动的高效性和高效液相色谱(HPLC)溶质保留的高选择性。由于传统的CEC大多采用单一的电渗流作为驱动,在施加的高压电场下,柱塞和填料之间极易产生气泡,且分离柱易干裂,影响了体系的稳定性。为了抑制气泡的形成,引入液相泵辅助驱动流动相,发展了加压毛细管电色谱(pCEC)技术。pCEC不仅能抑制气泡的形成,使得实验的重现性得到改善,而且在压力流和电渗流的双重驱动下,极大地提高了分离效能,缩短了分析时间。在柱效方面,由于采用压力和电渗流联合驱动流动相,pCEC的柱效介于HPLC和CEC之间。与HPLC相比,电驱动使得涡流扩散、传质阻力和纵向扩散对柱效的影响减小,有利于柱效的提高。在保留方面,与HPLC和CE相比,对于带电物质,pCEC可分别优化压力和电压条件,因而可更好地调节分离物的保留。尽管在柱一端或两端加压会导致流型变化而使柱效略有损失,但泵压同时又可作为一种推动力来提高流速,尤其在电渗流速度较低的情况下,所以pCEC可以有效地缩短样品的分析时间。

CEC的发展可以追溯到20世纪50年代,将电场应用到薄层色谱中进行寡糖分离。直到1974年,首次将电场引入到高效液相色谱中,显示出以电渗流作为流动相推动力进行分离的巨大优势,但研究在当时并未引起足够的关注。1982年,首次实现了开管毛细管电色谱,并对多环芳烃进行分离。1982年和1988年对CEC的理论进行了研究,不仅对分别以压力和电渗流作为流动相推动力的两个体系中的流型、区带展宽、焦耳热效应进行了比较,同时还对CEC中的双电层现象进行了系统的研究。1991年,从理论上讨论了填料粒径大小和流动相中电解质浓度与电渗流速度以及柱效之间的关系,对其发展的CEC理论进行了完善。此后,CEC的研究进入一个飞速发展时期。1994年,利用高压液相色谱泵首次实现了毛细管电色谱的梯度洗脱,并用该技术成功地分离了寡聚核苷酸。同年,制作了第一个毛细管电色谱芯片。1995 年,首次利用溶胶-凝胶技术制备了开管毛细管电色谱柱,并分离了稠环芳烃;发展了毛细管电色谱与质谱仪的联用技术,并在染料分析中得到了应用;发明了毛细管电色谱柱的电动填充技术,并获得了美国专利,在同年首次制备了有机聚合物连续床毛细管电色谱整体柱。1998 年,首次实现了 CEC 与核磁共振联用。1999 年,阎超推出了第一台专用的加压毛细管电色谱 TriSep™-2000GV 系统。2000 年,实现了毛细管电色谱和电感耦合等离子体-质谱(ICP-MS)的联用技术,并应用于金属离子的分析。此外,制备了连续床层毛细管电色谱的芯片,实现了毛细管电色谱与安培检测技术的联用,以其高效、快速、耗样量少等显著优势赢得了分析化学界的广泛关注,但毛细管固有的内径细小、纳升级进样量、溶质区带超小体积等特性对检测系统提出了很高的要求。开展 CEC 与各种高灵敏检测器的联用已成为当前 CEC 中最活跃的研究方向之一。为了适应 CEC 微体积在柱检测的需要,研究者在检测模式和联用接口上进行了大量卓有成效的研究,发展了许多类型的检测器。例如紫外-可见吸收检测器(UV/Vis)、荧光(FL)或激光诱导荧光检测器(LIF)、质谱检测器(MS)、核磁共振检测器(NMR)以及电化学检测器(ED)、化学发光检测器(CL)等。

作为一种新兴的高效微分离技术,CEC 近年来得到了迅猛的发展,取得了长足的进步。这不仅体现在理论的不断完善,而且表现在仪器开发、柱的制备技术以及应用领域上的多样化。CEC 的优越性势必使其成为当代色谱发展的一个新方向。随着各种高灵敏检测器的开发和接口技术的不断完善,CEC 联用技术必将成为分析工作者强有力的工具,并促进相关领域的发展。

(四)色谱-红外光谱联用技术

近年来,气相色谱与傅里叶变换红外光谱联用技术发展较快,灵敏度不断提高,应用范围日益扩大。这是因为色谱技术以其高灵敏度和高分离效率成为理想的分离和定量分析工具,而红外光谱能提供丰富的结构信息,几乎没有两种不同的成分会具有完全相同的红外光谱图,所以红外光谱是一种十分理想的定性分析工具。早在 20 世纪 60 年代初,就曾有人尝试将气相色谱与红外光谱联用,以实现对复杂试样的快速分离鉴定。直到 1969 年第一台傅里叶变换红外光谱仪问世,GC/FHR 作为 GC/MS 的有效互补分析手段开始步入实用阶段。近年来,由于国内外学者的探索和研究,GC/FTIR 联用技术在理论方法、仪器及实际应用等方面取得了可喜进展。随着接口装置红外光谱仪、数据处理技术的不断发展与完善,GC/FTIR 联用技术必将在复杂混合物的定性定量分析与鉴定方面取得迅速的发展。

(五)色谱-原子光谱联用技术

色谱与原子光谱联用,可充分利用色谱的高分离性能和原子光谱的高灵敏度及高选择性的优点,实现优势互补,是解决复杂体系中痕量元素形态分析的重要途径。自 1966 年 Kolb 等首次阐明原子吸收光谱法作为 GC 检测器的潜在能力以来,GC 与各种原子光谱分析法的联用技术得到了快速发展。在色谱与原子光谱联用技术中所涉及到的分离技术有气相色谱、液相色谱、超临界流体色谱和毛细管电泳,这些分离技术已被广泛应用于色谱原子光谱联用技术的研究中。

（六）色谱-核磁共振联用技术

色谱的高效分离能力和核磁共振精确的结构分析能力为中等大小分子的各种复杂有机化合物的分离和分析提供了有效保障。早在 20 世纪 70 年代末就有 LC-NMR 联用技术的报道，由于 LC-NMR 一体化联用技术能一次性完成从样品的分离纯化到峰的检测、结构测定和定量分析，提供大量分子结构和混合物组成的信息，提高了研究效率和灵活性，而且 HPLC-NMR 克服了 HPLC-MS 难以分辨同分异构体和不适用于不挥发缓冲系统的不足，因而引起人们的广泛关注，并得以快速发展。近年来，随着 NMR 灵敏度以及色谱分离技术的提高，特别是更为高效的色谱柱的出现，还出现了其他一些 NMR 联用技术。如毛细管电泳-核磁共振联用（CE-NMR）、毛细管电泳-核磁共振-质谱联用（CE-NMR-MS）、液相色谱-红外光谱-核磁共振-质谱联用（LC-FT/IR-MR-MS）、超临界色谱-核磁共振联用（SFC-NMR）等。由于 CE 在分离性能上的优势，它与 NMR 的联用已成为一种非常重要的分子结构鉴定手段，可用于复杂体系的分析鉴定。NMR 是有机化合物结构鉴定最强有力的分析手段之一，但 NMR 的不足使得其与 CEC 的联用具有一定的挑战性：①NMR 是一种较不灵敏的分析方法，需要的样品量在 mL 级，而 CEC 的样品量却在 nL 级；②NMR 需纯净的分析物，否则样品与杂质信号峰的重叠将加大鉴定的难度。近年来随着 NMR 理论和技术的发展，出现了许多新技术新方法，使多重溶剂峰的有效抑制和信噪比大幅度增强成为可能。Bayer 等和 Sweedler 等两小组在 CEC-NMR 联用方面做了大量的研究工作。Bayer 等首次设计的一种可与 CE、CEC 和 HPLC 联用的接口装置，采用连续流和停流两种模式，尤其是停留模式可以有效避免信号峰的重叠，提高了分辨率。该装置实现了异构体、同系物组分的分离与鉴定。此后，Bayer 等分别对梯度 CEC-NMR 以及 pCEC-NMR 联用技术进行了深入的研究，结果表明，施加适当的压力可有效抑制气泡而不影响分离柱效。色谱联用技术还有着很大的发展空间，新的色谱联用技术有待探索使用。

近年来，一些新型色谱联用技术不断出现并得以尝试应用。如色谱分离技术和元素特征检测技术的联用形成了 HPLC-ICP-MS。色谱联用技术已克服了传统色谱检测器信息量不够的缺点，提供了可靠、精确的相对分子质量及结构信息，并简化了试验步骤，节省了样品的准备时间和分析时间，有着广泛的应用前景，可以预见，各种新型色谱联用技术的广泛应用必将对现代研究起到重要的推动作用。

第二节　色谱技术在植物病原生物鉴定中的应用

一、色谱技术在植物病原细菌鉴定中的应用

植物检疫工作中，检疫性原核有害生物主要包括细菌、植原体、病毒、类病毒等。有研究成功建立了玉米细菌性枯萎病菌的 PCR-DHPLC 检测方法。根据细菌 ITS 序列的特异性，设计了对玉米细菌性枯萎病菌具有稳定性点突变的特异性引物及探针，并对不

同来源的 5 株玉米细菌性枯萎病菌及 18 种植物原性细菌的 DNA 进行了 PCR、实时荧光 PCR 及 PCR 结合变性高效液相色谱技术（PCR-DHPLC）检测。检测灵敏度均为菌液浓度 10 CFU/mL，PCR-DHPLC 技术具有检测成本较低、高通量、自动化程度高、污染风险小及鉴定结果准确等特点，能够满足快速、准确诊断玉米细菌性枯萎病菌的要求。

有研究利用双重 PCR-DHPLC 技术检测水稻细菌性谷枯病菌。根据水稻细菌性谷枯病菌 ITS 序列（internal transcribed spacer）和 gyrB 基因序列，设计两对特异性 PCR 检测引物，对水稻细菌性谷枯病菌株和非水稻细菌性谷枯病菌株分别进行 PCR-DHPLC 及双重 PCR-DHPLC 检测，同时进行检测灵敏度及阳性菌株的同源性分析。PCR-DHPLC 检测的特异性强，灵敏度为菌浓度 4×10^2 CFU/mL，7 株水稻细菌性谷枯病菌 PCR 产物同源性一致，能简便、灵敏、高特异性地对水稻细菌性谷枯病菌进行高通量的自动化检测。

关于原核有害生物相关的 DHPLC 检测技术报道主要集中在医学领域。2004 年，Bode E 等以保守基因 ITS（16S～23S intergenic spacer region）和功能基因 *gyr*A 为鉴定依据，在 42 种待测细菌中准确地检测出蜡样芽孢杆菌（*Bacillus cereus*）和苏云金芽孢杆菌（*B. thuringiensis*）。利用 DHPLC 对较广范围的细菌种类进行基因鉴定，几个属的 39 种细菌用来检验 DHPLC 的准确性和可靠性。大多数（36/39）种的细菌拥有可作为分子指纹图谱的特异表达曲线图，而且在 70 余种细菌样品中，鼠疫杆菌（*Yersinia pestis*）（10/70）和炭疽杆菌（*B. anthracis*）（12/74）样品都被准确地鉴定出来。DHPLC 的检测特异性为 100%，敏感度为 97.7%，predictive 值为 96.9%，可以用于细菌鉴定。Domann E 等进行了以 16S rRNA 基因的 V6 至 V8 区序列为靶序列，通过 DHPLC 区分致病菌多样性的研究。罗阳等对用变性高效液相色谱（DHPLC）技术筛查了 SARS 冠状病毒（SARS-CoV）S 蛋白的受体的正常无关个体中氨基肽酶 N 编码基因 ANPEP 的全部外显子及其两侧部分内含子序列，发现 SARS-CoV 感染和 SARS 发病的易感基因或抗病基因。

二、色谱技术在植物病原真菌鉴定中的应用

真核有害生物结构较原核生物更为复杂，基因组构成和基因功能分化更为精细，更多的致病基因和保守基因可作为生物基因型鉴定的依据，这些特点促成了 DHPLC 在真核生物的研究领域拥有更加宽广的用武之地，并发挥了更为强大的功能。Kota 等通过 DHPLC 进行了大麦（*Hordeum vulgare* L.）的基因结构及基因分型的研究工作。Wulfert M、蒋琼橙等认为人类线粒体 DNA（mtDNA）的 16024 nt～16365 nt、73 nt～340 nt 及 438 nt～574 nt 3 个区域为多态性高发区，这 3 个区域的高度多态性使得个体间具有高度的差异性，因而可以用作识别依据。他们通过 DHPLC 和 PCR 对人类线粒体的异质性进行技术检测。沈靖等采用 DHPLC 直接测序和 PCR-RFLP 方法发现与初步证实了中国人的 iNOs 基因 TsP 多态性。以上例子有力地证明了 DHPLC 在真核生物生命科学领域的实用性和通用性，昭示了这种检测技术在真核有害生物鉴定工作中的广泛应用前景。总体来说，植物病原真菌不仅种类多，而且近似种多，表现为检疫性病原之间易混淆、检疫性与非检疫性病原之间难区分、同种病原在不同寄主上表现的症状不同、不同

种病原在相同寄主上却可能表现相似的症状等具体形式。

三、新型变性高效液相色谱技术(DHPLC)在植物检疫领域的研究与应用

检疫性植物病原以其危害性大、破坏力强、症状复杂多变而成为一类重要的检疫对象。这些病原生物从致病性这一点讲是相同的,但致病机理及基因结构、调节控制等特点却大相径庭。变性高效液相色谱技术是利用异源双链和同源双链对介质有不同的亲和力及从介质中被洗脱下来的条件差别。通过分析是否有异源双链吸收峰,判断这两个样品是否相同即是否来自有待检测的植物病原基因组,最后通过标准曲线对未知模板进行定量分析鉴定待检植物病原的种类。山东出入境检验检疫局承担的国家质检总局科研项目"新型变性高效液相色谱技术(DHPLC)快速检测植物病原的研究"(2007IK237),首次利用 DHPLC 技术开展了豌豆细菌性疫病菌、番茄细菌性溃疡病菌、梨火疫病菌、木薯细菌性萎蔫病菌、玉米细菌性枯萎病菌、香石竹环斑病毒、番茄斑萎病毒、草莓潜隐环斑病毒等 8 种植物病原的研究工作,建立了 DHPLC 的检测方法,降低了检测结果的假阴性,提高了检测的灵敏度,该项目获国家质检总局科技兴检三等奖。DHPLC 技术目前已在转基因成分检测领域及水产品、肉制品、食品检测领域广泛应用,现已发布检验检疫行业标准 10 项。

目前,DHPLC 技术在医学、保健学、环保、生态学领域已得到广泛的应用,检测范围几乎涵盖从原核生物到真核生物、从微生物到植物动物、从低等生物到高等生物的各种生命形式。DHPLC 是一套经过反复摸索、改进、总结所得到的较为成熟稳定、准确快速的基因型检测分类鉴定技术,是一种能够满足植物检疫-工作需要、解决上述难题的行之有效的新型检测方法。

参 考 文 献

[1] 陈志伟,陈忠.超临界流体分离与 NMR 联用技术及其应用[J].光谱实验室,2001(18):2139-2144.

[2] 陈欢林,李静,柴红.金属螯合亲和膜吸附与纯化溶菌酶的研究(Ⅱ)[J].高等学校化学学报,1999,2(8):1322-1327.

[3] 盛龙生,苏焕华,郭丹滨.色谱质谱联用技术[M].北京:化学工业出版社,2006:25-27.

[4] 傅若农.色谱分析概论[M].2 版.北京:化学工业出版社,2005.

[5] 傅若农.毛细管气相色谱柱近年的发展[J].化学试剂,2009,31(3):183.

[6] 关亚风,王建伟,段春凤.微型气相色谱的研究进展[J].色谱,2009(5):592.

[7] 雷殿,吴杰,贾琼,等.固相微萃取—气相色谱联用技术在环境分析中的应用[J].分析科学学报,2008(24):595-598.

[8] 刘虎威.气相色谱方法及应用[M].2 版.北京:化学工业出版社,2007.

[9] 彭夫敏,王俊德,李海洋,等.快速气相色谱研究[J].化学进展,2006(7/8):974.

[10] 张根衍,潘桂湘.液质联用技术在乌头类生物碱定性定量研究中的应用[J].辽宁中医药大学学报,2010(12):26-29.

[11] 张华,王俊德,钟虹敏,等.反相高效液相色谱分离蛋白质的研究[J].色谱,1998,16(3):220-221.

[12] 赵晓峰,李云.基于色谱-质谱联用的新型有机污染物分析方法与技术[J].Chinese Journal of Chromatography,2010(28):435-441.

[13] 汪正范.色谱联用技术[M].北京:化学工业出版社,2007:145-152.

[14] 孙守成.气相色谱和高压液相色谱及其与质谱联用技术发展近况[J].现代仪器,2003,9(1):36-39.

[15] 孙彦.生物分离工程[M].北京:化学工业出版社,2004:193-226.

[16] 师贤,王俊德.生物大分子的液相色谱分离和制备[M].北京:科学出版社,1999.

[17] 魏桂林,刘学良,李京华,等.亲和膜用于去除医药及人血清白蛋白溶液中的内毒素[J].色谱,2002,20(2):80-85.

[18] 吴倩,梁琼麟,罗国安,等.六神丸可溶性砷形态的 HPLC-ICP-MS 研究[J].中国药科大学学报,2007,38(4):332-335.

[19] 熊宗贵.生物技术制药[M].北京:高等教育出版社,1999.

[20] 薛博,余艺华,孙彦.磁性介质及其在生物技术中的应用[J].化工进展,2000,19(1):18.

[21] 余艺华,白姝,孙彦.亲和膜色谱[J].离子交换与吸附,1998,14(5):466-473.

[22] 张新荔,朱剑强,井新利.利用裂解气相色谱分析丙烯酸树脂的组成[J].应用化工,2008,37(12):1508.

[23] 朱书奎,刑钧,吴采樱.全二维气相色谱的原理 方法及应用概述[J].分析科学学报,2005(3):332.

[24] DANIEL B W,DAVID D M,SHANNON J F. Rapid Profiling of Induced Proteins in Bacteria Using MALDI-TOF Mass Spectrometric Detection of Nonporous RP HPLC-Separated Whole Cell Lysates[J]. Analytical Chemistry,1999(71):3894-3900.

[25] DIMUTHU A J. JONATHAN S V. Hyphenation of capillary separmions with nuclear magnetic resonance spectroscopy I[J]. J Chromatogr A, 2003, 1000 (1-2): 819-840.

[26] ELIAS K. Affinity membranes:A 10-year review[J]. J Membrane Science, 2000,179(12):1-27.

[27] HANCU G,SIMON B,RUSU A,et al. Principles of Micellar Electrokinetic Capillary Chromatography Applied in Pharmaceutical Analysis[J]. Adv Pharm Bul1, 2013,3(1):1-8.

[28] HAGEDOM J,KASPER C,FMITAG R,et a1. Hish-perfomaneeflow-injection analysis of recombinant protein[J]. J Biotechnol,1999,69(1):1-7.

[29] H AROSTOVA,Z KUCENVA,et a1. Afinity chromatography of porcine pep-

sinon diffenttype ofinunobilized 3,5-diiodo-L-tymosine[J]. J ChromatographyA,2001 (911):211-316.

[30] LARRY RIGGS,CATHY SLOMA,et al. Autometed signature peptide approach for proteomics[J]. J CbomatogrA,2001(924):359-368.

[31] LINDON J C,NIEHOLSON JK,WILSON ID. The development and application of coupled HPLC-NMR spectroscopy[J]. Adv Chromatogr,1996(36):315-382.

[32] LIU Z,FENG S H,YIN J,et al. Experimental studies on afinity chromatography in an electric field[J]. J Chromatogr A,1999,852(1):319-324.

[33] NDUNGU JOHN M,GU XUYUAN,GROSS DUSTIN E. Synthesis of bicyclic dipeptide mimetics for the cholecystokinin and opioid receptors[J]. Tet-rahedron Letters,2004,45(21):4139-4142.

[34] NEHETE JY,BHAMBAR RS,NARKHEDE MR,et al. Naturalproteins: Sources,isolation,characterization and applications[J]. Pharmacogn Rev,2013,7(14): 107-116.

[35] PLATONOVA G A,PANKOVA G A,LLINA I Y,et al. Quantitative fast fractionation of a pool of polyclonal antibodies bimmunoafinity membrane chromatography[J]. J ChmmatogrA,1999,852(1):129-140.

[36] SEGER C. LC-DAD/MS/SPE-NMR combined techniqne for identification of the terpene glueosides isomers in the Harpagophytum procumbens DC [J]. Anal Chem,2005,77(3):878-895.

[37] SANTA T. Recent advances in analysis of glutathione in biological samples by high-performance liquid chromatography:a brief overview[J]. Drug Discov Ther,2013,7(5):172-177.

[38] ZENG X F,RUCKENSTEIN E. Macmporous chitin affinimembranes for wheat-germ-agglutinin purification from wheat-germ[J]. J MembrSci,1999,156(1): 97-103.

[39] ZENG X F,RUCKENSTEIN E. Trypsin purification bypaminobenzamidine immobilized on maeropomus chitosamembrane[J]. Ind Eng Chem Res,1998(37): 159-165.

第九章 基质辅助激光解吸离子-飞行时间质谱技术（MALDI-TOF MS）

第一节 质谱技术的产生和发展

1906 年，J.J.Thomson 发明了质谱。20 世纪 20 年代质谱逐渐被化学家以一种分析手段采用。20 世纪 40 年代，质谱广泛应用于有机化合物的结构鉴定，但此时该方法仅限于小分子和中等分子的研究，因为要将质谱应用于生物大分子需要将之制备成气相带电分子，然后在真空中物理分解成离子，但如何使蛋白分子经受住离子化过程转成气相带电的离子而又不丧失其结构形状是个难题。20 世纪 70 年代，解吸技术的出现成功地将蛋白分子转化成气相离子。尔后快原子轰击（Fast Atom Bombardment，FAB）与其紧密相关的溶液基质二次离子质谱法使得具有极性的、热不稳定的蛋白分子可经受住电离过程。但这些方法仅限于 10 ku 以下蛋白分子的研究。直到 20 世纪 80 年代，电喷雾电离（electrospray ionization，ESI）和基质辅助激光解吸电离（matrix-as-sisted laser desorption ionization，MALDI）等软电离技术的发明，能用于分析高极性、难挥发和热不稳定样品，使质谱的应用扩大到生物大分子的领域，有机质谱分析技术得到了飞速的发展。

质谱法是将样品离子化，变为气态离子混合物，并通过对样品离子质荷比（m/z）的分离、分析技术而实现样品定性和定量的一种方法。

质谱仪包括进样系统、离子源、质量分析器、离子检测器、控制电脑及数据分子系统组成。离子源和质量分析器是质谱仪的核心，其他部分一般是根据离子源和分析器相应地来配备。离子源多种多样：电子轰击源（electron bombardment，EB）、化学电离源（chemical ionization，CI）、真空火花源（spark source，SS）、激光表面解析源（1aser desorpfion，LD）、场解析（field ionization，FI）、快原子轰击源（fast atom Bombardment，FAB）、电喷雾电离（electro spray Ionization，ESI）、基质辅助激光解吸电离（matrix-assisted laser desorption ionization，MALDI）等。分析器类型，分为五大类：磁质谱、四极杆质谱（quadrupole）、飞行时间质谱（time of flight，TOF）、傅里叶变换离子回旋共振质谱（fourier tansformion cyclotron resonance，FTICR）以及离子阱质谱（ion trap，IT）。不同离子源和分析器进行组合，构成了质谱的家族。

一、同位素质谱技术

同位素质谱是一种开发和应用比较早的技术，被广泛地应用于各个领域。比如，在医学领域的应用方面，由于某些病原菌具有分解特定化合物的能力，该化合物又易于用同位素标示，人们就想到用同位素质谱的方法检测其代谢物中同位素的含量以达到检测该病原菌的目的，同时也为同位素质谱在医学领域的应用开辟了一条思路。

二、快原子轰击质谱技术

快原子轰击质谱技术是一种软电离技术，是用快速惰性原子射击存在于底物中的样品，使样品离子溅出进入分析器，这种软电离技术适于极性强、热不稳定的化合物的分析，特别适用于多肽和蛋白质等的分析研究。

三、电喷雾质谱技术

电喷雾质谱技术（electrospray ionizsation mass spectrometry, ESI-MS）的工作原理：利用位于一根毛细管和质谱进口间的电势差生成离子，在电场的作用下产生一喷雾形式存在的带电液滴。在迎面吹来的热气流的作用下，液滴表面溶剂蒸发，液滴变小，液滴的电荷密度骤增。当静电排斥力等于液滴的表面张力时，液滴便发生崩解，形成更小的液滴。如此形成的小液滴以类似的方式继续崩解，于是，液滴中的溶剂迅速蒸干，产生多电荷正离子，在质谱仪内被分析纪录。电喷雾电离的特征之一产生高电荷离子而不是碎片离子，使质量电荷比（m/z）降低到多数质量分析仪器都可以检测的范围，因而大大扩展了相对分子质量的分析范围，离子的真实分子质量也可以根据质荷比及电行数算出。针对电喷雾电离所产生的多电荷状态，Fenn 将多电荷状态理解为对分子质量进行多次独立的测量，并基于联立方程解的平均方法，获得相对分子质量的正确估量，解决了多电荷离子信息的问题，使蛋白分子质量测量精度获得极大的提高，并于 1988 年首次成功地测量了相对分子质量为 40 ku 的蛋白质分子，精确度达到 99.99%。

电喷雾通常应用于 FT-MS。Little 等利用 FF-MS，对一个 50 链寡聚糖核苷酸得到了优于 10 $\mu g/g$ 的质量测定准确度；对一个 100 链寡聚核苷酸，质量准确度优于 30 $\mu g/g$。测定的寡聚物的相对分子质量可用于顺序确证，也可与气相裂解结合来进行序列测定。Chen R 等用 FT-ICR-MS 来捕获和检测相对分子质量超过 10^8 u 的单个 DNA 离子。

ESI 的优缺点：解决了极性强、热不稳定的蛋白质与多肽分子的离子化和大分子质量、一级结构和共价修饰位点的测定问题，可用于研究 DNA 与药物、金属离子、蛋白质和抗原与抗体的相互作用。但是样品中的盐类对样品结果影响很大，而且单个分子带电荷不同可形成多种离子分子峰（重叠峰），所以对混合物的图谱解析比较困难。

四、基质辅助激光解吸电离技术

基质辅助激光解吸电离技术（MALDI）是用小分子有机物作为基质，样品与基质的分子数比例为 1:（100~50000），均匀混合后，在空气中自然干燥后送入离子源内。混合物在真空下受激光辐照，基质吸收激光能量，并转变为基质的电子激发能，瞬间使基质由固态转变为气态，形成基质离子。而中性样品与基质离子、质子及金属阳离子之间的碰撞过程中，发生了样品的离子化，从而产生质子化分子、阳离子化分子或多电荷离子或多聚体离子。MALDI 所产生的质谱图多为单电荷离子，因而质谱图中的离子与多肽和蛋白质的质量有一一对应关系。MALDI产生的离子常用飞行时间(time-of-flight,TOF)检测器来检测,理论上讲,只要飞行管的长度足够,TOF检测器可检测分子的质量数是没有上限的,因此基质辅助激光解吸电离飞行时间质谱(matrix assisted laser desorption/ionization time-of-flight mass spectrometry,MALDI-TOF MS)很适合对蛋白质、多肽、核酸和多糖等生物大分子的研究。

五、联用技术

色谱法(chromatography)是一种分离分析技术。它利用物质在两相中分配系数或吸附技术的微小差异,当两相作相对移动时,被测物质在两相之间进行反复多次分配或吸附,以达到有效分离、分析的目的。但这些具有高效分离能力的技术,在对分离后各组分的定性鉴定方面显得无能为力。而MS技术,对化合物分析有独到的鉴定能力,但对样品的纯度要求较高。因此,分离型技术与鉴定型技术的联用,一次性完成混合体系的分离、鉴定以至定量分析势在必行。

(一)气相色谱-质谱联用(GC/MS)

自1952年气相色谱(GC)问世以来,至今仍然是一种广泛使用的分离分析仪器。气相色谱仪对混合物的分离能力是独特的,在对容易气化的有机混合体系进行分析时,是任何其他分析仪器无法比拟的。

将两种仪器连接起来,利用气象色谱分离混合物,把分离开的样品组分再送入质谱计中定性。这样既发挥了各自的优势,也弥补了各自的不足。至今,气相色谱-质谱联用(GC/MS)已成为一种重要的分离分析手段。

GC/MS能对混合物进行直接定性分析。如致癌物的分析、工厂废水分析、农作物中农药残留量的分析、中草药成分分析、害虫性诱剂的分析和香料成分的分析等。李峰等用气相色/质谱法分析紫玉兰叶油的化学成分,分离出40多个峰,鉴定出32种化合物,主要是大根香叶烯、檀紫三烯、石竹烯、3,7-二甲基-1,3,7-辛三烯等。吴宇峰等采用DB-5 ms毛细管色谱柱对植物精油的成分进行分离,然后用气相色/质谱联机分析香薰植物精油中主要成分,鉴定出主要活性物质为单萜烯类、单萜醇类、多种醛类和酯类,其中有些物质是杀菌剂、抑菌剂。

(二)液相色谱/质谱联用(LC/MS)

液相色质谱联用(LC/MS)的研究起于20世纪70年代,但进展缓慢,直到20世纪80年代中,几种接口相继研制成功,并迅速商业化,才使得LC/MS步入实用性阶段。至今,LC/MS联用是质谱研究领域中最为活跃的分支之一。

在分析中,对于极性强、挥发度低、相对分子质量大及热不稳定的混合体系,GC/MS联用是不适用的,而绝大多数化合物具有上述特征,因此需要采用液相色谱进行分析。LC/MS联用仪现已在生物化学(如多肽、蛋白质、核酸结构分析)、环保、化工、中药研究等领域中得到了广泛的应用。

Burinsky等用HPLC-MS研究了新的双环氧/脂氧酶抑制剂tepoxalin(3-[5-(4-氯苯)-1-(4-甲氧基苯)-3-吡唑基]-N-羟基-N-丙酰胺)以及合成过程中的副产物和降解产物

的结构鉴定与解析。Spliid 等用 LC-APCI-MS 检测地下水中的极性农药。当进样 50 pg～300 pg 时,这种方法的检测限为 0.001 mg/mL～0.005 mg/mL。这种技术可应用于许多不同类型的农药,包括三嗪、苯脲除草剂、N-乙酰苯胺及有机含磷杀虫剂,作者分析了 12 种不同的农药和农药的降解产物等。张运涛等利用液-质谱联用技术(LC-ESI-MS)对啤酒酵母甘露聚糖乙酰解产物进行分析,结果表明,该甘露聚糖的侧链是由甘露糖、甘露二糖、甘露三糖和甘露四糖组成。将该方法用于低聚糖相对分子质量的测定,结果准确、可靠、快速。

(三)串联质谱

使用单一质谱时,由于生物样品的复杂性以及不同的离子化方式可能导致样品基质复杂或样品自身降解,造成谱图的复杂化,难以辨别信号和噪声。而串联质谱则可以提供一种更丰富的质谱解析方法,通常使用前级质谱从普通谱图中获取前体离子(母离子)信息,经过特定的裂解过程,由后级质谱对二次离子(子离子)进行鉴别。与 TOF-MS 相关的串联方式有很多,目前市场上常见的有 3 种:①与四极杆质谱串联(Q-TOF)。四极杆质谱具有离子导向作用,四极杆和 TOF 之间装上碰撞活化室后具有碰撞诱导解离(CID)功能,使四极杆质谱选取的母离子发生诱导裂解,产生碎片子离子,然后再进入 TOF-MS 进行质量分析。②与离子阱质谱串联(IT-TOF)。离子阱质谱最大优点是时间上的串联,具有选择和储存离子的作用,因此 IT-TOF 的联用往往不是进行结构解析,而是利用其富集和分离功能,来弥补 TOF-MS 不能在加速区存储离子的缺点。③与离子淌度质谱串联(IMS-TOF)。离子淌度质谱是利用离子的质荷比、三维构型和离子碰撞截面不同,导致离子在大气压下的均匀电场中以不同的速度运动,从而使离子在经过相同的飞行距离后实现彼此分离,该串联技术广泛应用于生物分子构象的高分辨测量、蛋白质折叠、生物分子排序的研究。另外,对于 HPLC 中具有相同保留时间的同分异构体也可以根据其在气相中的移动速度不同得以分离,一般情况下可以同时实现 20～30 种同分异构体的分离。

第二节　MALDI-TOF MS 的原理与特点

一、MALDI-TOF 质谱的构成及工作原理

MALDI 的原理是用激光照射样品与基质形成的共结晶薄膜,基质从激光中吸收能量传递给生物分子,而电离过程中将质子转移到生物分子或从生物分子得到质子,而使生物分子电离。TOF 的原理是离子在电场作用下加速飞过飞行管道,根据到达检测器的飞行时间不同而被检测,即测定离子的质荷比与离子的飞行时间成正比检测离子。基质辅助激光解吸电离飞行时间质谱(matrix assisted laser desorption/ionizatiotime-of-flight mass spectrometry,MALDI-TOF MS)鉴定微生物主要原理是通过检测获得微生物的蛋白质谱图,并将所得的谱图与数据库中的微生物参考谱图比对后得出鉴定结果。质谱仪的一般工作流程是将样品逐一通过进样系统、离子源、质量分析器、检测器及数据处理系

统最后得到检测结果的。对于 MALDI-TOF MS 来说,其离子源、质量分析器及需要基质成分的辅助是其有别于其他质谱的重要部分。

(一) 离子源

目前,可与 TOF-MS 相连接的离子电离源主要有电喷雾电离源(ESI)、大气压化学电离源(APCI)、基质辅助激光解吸电离源(MALDI)和大气压光电离源(APPI)等 4 种。其中 ESI 源的应用十分广泛,主要用于极性、难气化的成分在液相状态下电离;APCI 源主要用于中等极性、易挥发的小分子化合物在气相状态下电离;APPI 源主要用于芳烃、甾体等不易用 ESI、APCI 和 MALDI 源离子化的样品;MALDI 源主要用于多肽、核苷酸、蛋白质和高分子聚合物等生物大分子的电离。MALDI-TOF 质谱的离子源为被称作"软电离方式"的基质辅助激光解吸电离,其基本原理是将微量样品与小分子基质混合或分别点于靶板上,待溶剂挥发后样品与基质形成结晶,经脉冲激光作用后,基质吸收激光的能量跃迁到激发态,导致样品的电离。目前,细菌检测及鉴定时最常用的是脉冲紫外激光(UV 较为典型;N_2 激光,337 nm 波长,20 Hz 脉冲)。

(二) 质量分析器

长期以来,TOF MS 一直存在分辨率低的缺点,造成分辨率低的主要原因是离子进入飞行管前的时间分散、空间分散和能量分散,这样,即使是质量相同的离子,由于产生时间的先后、产生空间的前后和初始动能大小不同,到达检测器的时间也不相同,因而降低了分辨率。近些年来,通过采取激光脉冲电离方式、离子延迟引出技术和反射器技术,可以在很大程度上克服上述三个原因造成的分辨率下降问题。目前,TOF MS 大都装有反射器,使离子经过多电极组成的反射器后沿 V 型或 W 型路线飞行到达检测器,使得分辨率可达 20000 以上,最高检测相对分子质量可超过 300000,且具有很高的灵敏度。

MALDI-TOF MS 的质量分析器为飞行时间(time of flight,TOF)分析器。TOF 分析器的主要组成部分是一个离子漂移管,这种分析器的原理是经电离后产生的离子在加速电压的作用下得到动能,离子以一定的速度进入漂移区。离子在漂移区飞行时间、漂移区长度关系见式(9-1)、式(9-2):

$$\frac{1}{2}mv^2 = zU \rightarrow v = \sqrt{\frac{2zU}{m}} \tag{9-1}$$

$$T = \frac{L}{v} \rightarrow \frac{m}{z} = 2U\left(\frac{T}{L}\right)^2 \rightarrow T = L\sqrt{\frac{m}{2zU}} \tag{9-2}$$

式中:

m——离子的质量;

v——离子速度;

z——离子的电荷量;

U——离子加速电压;

T——离子在漂移区的飞行时间;

L——漂移区长度。

由此可见,在 L 和 U 等参数不变的情况下,离子由离子源到达接收器的飞行时间 T

与质荷比的平方根成正比。另外,此类分析器还具有诸多优点:①既不需要磁场,也不需要电场,只需要直线漂移空间;②扫描速度快;③不存在聚焦狭缝,因此灵敏度很高;④测量的质量范围仅决定于飞行时间,可达到几十万 μ 等。

(三)基质(Matrix)

基质在 MALDI-TOF MS 中起着至关重要的作用,其作用主要包括三个方面:①从激光光源吸收能量以防止被测大分子物质分解;②使被测物分子分离成单分子状态以防止它们聚集;③在被测物离子化过程中充当质子化试剂。作为基质必须满足一些共性:①在合适的溶剂中具有良好的溶解性;②对激光具有良好的吸收性,以使能量在基质中累积;③有合适的反应活性等。目前,常用的基质主要有:α-氰基-4-羟基肉桂酸(CHCA)、芥子酸(SA)、2,5-二羟基苯甲酸(DHB)、2,6-二羟基苯乙酮(DHAP)、3-羟基吡啶甲酸(3HPA)及 2-(4-羟基偶氮苯)苯甲酸(HABA)等较好水溶性、较小挥发性及一定化学惰性的有机芳香弱酸。基质的选择一般要根据实际情况,不同的分析物需要选择不同基质。通常,应用 MALDI-TOF 质谱对蛋白质分析时常采用 CHCA、SA 或 DHB 作为基质。

(四)检测器

目前,TOF MS 一般都选用微通道板(MCP)离子检测器作为标准配置检测器。MCP 由平行的圆筒型微通道组成,当离子进入微通道时产生二次电子,反射通过这些通道时,不断产生更多的电子,每一通道的放大倍数约为 10。MCP 具有响应速度快、灵敏度高和信噪比高以及检测面积大等特点。MCP 一般具有几年的使用寿命,影响其灵敏度和寿命的主要因素是真空度不够或样品受到污染。采用 MALDI-TOF 质谱分析样品时,一般用阳离子检测方式,因为阴离子检测效率相对较小,只有 DNA 和其他酸性化合物采用阴离子检测更有效。

(五)高真空系统

高真空度是质谱仪正常工作的前提。TOF MS 要保持在 10 mbar[1] 的高真空状态,一般采用两级抽气结构,前级用旋叶式机械泵预抽真空,后级用分子涡轮泵获得更高的真空。低真空测量用皮拉尼规(pirani gauge),高真空测量用潘宁规(penning gauge)。目前分子涡轮泵的降温大多采用风冷方式,省去了循环水器。系统维护方面,机械泵需要及时进行振气或更换泵油,而分子涡轮泵应具有断电保护功能和断电返油保护措施。

(六)信号记录与处理系统

TOF MS 信号记录与处理系统的功能是记录每种离子飞行的起始和终止时间,并根据其原理将时间信号还原为质量数,并以谱图的形式反映出来。20 世纪 60 年代,TOF MS 多用示波器记录信号,响应速度较慢,难以与快速扫描的四极杆质谱相比。到 20 世纪 70 年代相继出现了时间数字转换器(TDC)和模拟数字变换器(ADC)等并沿用至今,后来发展成为快速数字示波器。目前,市场上的 TOF-MS 大多采用 TDC,也有采

---

1) 10 mbar=100 Pa。

用 ADC 的。但 TDC 存在检测器饱和与死时间问题,使得多个离子同时到达但只记录先到达的离子,因此测定的质量偏低,需在一定范围内用数字方式校正。ADC 虽没有死时间校正问题,且动态范围较宽,但其缺点是数据量较大,对于小分子化合物而言分辨率要比 TDC 低很多。

二、MALDI-TOF MS 质谱技术的特点

(一) 飞行时间质谱的性能特点

飞行时间质谱具有以下 5 方面的性能特点:①质量范围宽。TOF MS 从理论上讲,没有质量分析的上限,只是由于高质量离子飞行速度慢,检测器对其响应不足及数据存储记忆有限等原因,使其实际分析相对分子质量范围受到限制,但仍可达 300000,远大于四极杆和离子阱等质谱仪。②分析速度快。TOF MS 作为脉冲型质量分析仪数据采集速度非常快,最高能达 4 G/s,近年来出现的超高效液相色谱技术(UPLC),使其与 TOF 相连后可使分析物的保留时间和色谱峰的宽度大为缩短,进一步提高了样品分析速度。③分辨率高。TOF MS 属于高分辨质谱,其分辨率可达 55000,因此,可测出相对分子质量小数点后第 4 位,可直接进行元素组成分析,算出分子式,而四极杆和离子阱等属于低分辨质谱,只能测出化合物的整数相对分子质量,无法进行元素组成分析。④质量准确度高。TOF MS 全扫描方式检测的离子质量准确度要比一般质谱高 100 倍以上,精确质量测定时其精度可达 5×10^{-6},甚至更低。而四极杆等质谱由于受到仪器精度的限制,只能达半数质量。⑤灵敏度高。TOF MS 的检测器可同时检测出全质量范围的离子,并且利用四极杆聚焦保证了最大的离子传输率,大大提高了其灵敏度。在 fmol 进样量下,选择离子扫描方式灵敏度要比四极杆等质谱低,但在全质量扫描方式下远高于四极杆等质谱仪。

(二) MALDI-TOF MS 在细菌鉴定方面的优越性

在细菌鉴定方面,MALDI-TOF MS 作为一种极具发展潜力的手段,由于其具有鉴定准确、快速、分辨率高、易实现自动化、高通量、对样品要求低甚至无需对待测菌株进行预先培养或分离即可直接进行检测及鉴定等优点,一直备受人们关注。利用 MALDI-TOF MS 可以在几分钟之内对已点样的样品做出鉴定结果,并且不同的靶板可以进行几十到几百个样品的同时点样。作为一种鉴定方法,MALDI-TOF MS 分析结果准确性的评估一直是研究的一大热点。MELLMANN 等以 16S rRNA 序列分析结果作为参照数据,对 80 株非发酵菌的 16S rRNA 序列分析鉴定,结果与这 80 株菌的 MALDI-TOF 质谱鉴定结果进行比较。结果表明,利用 16S rRNA 序列分析可以对 80 株菌中的 57 株鉴定到种的水平,11 株得到不明确的结果,10 株可鉴定到属的水平,2 株未被检出。利用 MALDI-TOF 质谱分析所得的结果则表明,78 株可用 16S rRNA 序列分析鉴定的菌株中 67 株可被准确鉴定,占总数的 85.9%。而对 11 株 16S rRNA 序列分析不能准确鉴定的菌株,利用 MALDI-TOF MS 分析则得到了准确的分类。以此证明,MALDI-TOF MS 分析不仅适于菌株间的测定,而且也适于同种不同菌株间的鉴定。另外,一些研究也表明,MALDI-TOF MS 分析可以有效地对被测菌株进行种及种以下水平的测定。因此,MALDI-

TOF MS 是一种极具发展潜力的细菌鉴定方法。

第三节 MALDI-TOF MS 的影响因素

一、基质及样品本身

当前,尽管已有许多研究人员对 MALDI-TOF MS 鉴定细菌的操作方法提出了不同的建议,但是应用已建立的方法仍然无法实现对不同细菌的鉴定,这可能是由于种属不同的细菌包含的蛋白质信息对各种细菌的鉴定意义不同,因而只有采取不同的处理方法才能获得更有鉴定意义的图谱。另外,由于 MALDI-TOF MS 的灵敏性极高,对同一种细菌样本的检测往往产生不同的质谱图谱而导致错误的鉴定结果。

经实验证明,MALDI-TOF MS 检测过程中的影响因素主要包括:基质的选择、基质溶剂的组成、样品的处理及样品的上样方式。以上这些影响因素虽已经过多年的研究,但至今仍不能建立一种具有良好图谱效果及重复性的通用实验方法。

近几年来,学者们尝试了多种点样方法对改善图谱重复性的作用效果,结果证明样品与基质共结晶越均匀,重复性越好。RALF DIECKMANN 等检验了 α-氰基-4-羟基肉桂酸(CHCA)、芥子酸及 2,5-二羟苯甲酸三种不同基质对沙门菌属的不同种及亚种的 MALDI-TOF 质谱分析效果,结果表明芥子酸对沙门菌属的鉴定结果更好。ETIENNE CaARBONNELLE 等将葡萄球菌单菌落溶于 100 μL 纯净水后,取 1 μL 混合液滴于靶板上,再取 1 μL 无水乙醇加入其中,空气中干燥后取 1 μL 基质溶液(2,5-二羟苯甲酸、50 mg/mL、30%乙腈、0.1%三氟乙酸)加于靶板上干燥,干燥后进行 MALDI-TOF 质谱分析。BARBUDDHE 等取李斯特菌菌株的单菌落于 300 μL 纯净水中混匀,再加 900 μL 无水乙醇混匀,混匀后于 10000 g 条件下,离心 2 min,弃上清。加 10 μL 甲酸(70%)与沉淀混匀,再加 10 μL 乙腈混匀,再次离心后取 1 μL 上清液点于靶板上室温干燥,干燥后在每个样品上覆盖 2 μL 基质溶液(α-氰基-4-羟基肉桂酸、50%乙腈、2.5%三氟乙酸),干燥后进行 MALDI-TOF 质谱分析。FRIEDRICHS 等取 1 mL 草绿色链球菌培养菌液于 7500 g 条件下离心 15 min,沉淀用去离子水洗 2 次,然后溶于 50 μL 三氟乙酸(80%)室温下浸泡 10 min,再加 150 μL 去离子水和 200 μL 乙腈,13000 r/min 离心 2 min 后,上清液被转移到 1.5 mL 离心管中真空干燥。获得的沉淀溶于 20 μL 基质溶剂(2.5%三氟乙酸、50%乙腈)中,取 1 μL 溶液点于靶板中干燥,干燥后取 1 μL 基质溶液(α-氰基-4-羟基肉桂酸、2.5%三氟乙酸、50%乙腈)覆盖于样品上并于空气中干燥,干燥后进行 MALDI-TOF 质谱分析。ELKE VANLAE. RE 等人取一环鼻疽蜗牛属混合菌于 0.5 mL 三氟乙酸(0.1%)中。从混合液中取 2 μL 混合液与 2 μL 基质溶液[α-氰基-4-羟基肉桂酸,2%三氟乙酸(0.1%)、49%乙腈、49%异丙醇],混合后取 1 μL 点于靶板上,空气中干燥后进行 MALDI-TOF 质谱分析。

除以上所提到的影响因素外,不同的培养基、培养时间及用菌量也可能对 MALDI-TOF 质谱的分析结果造成影响,对此研究者们一般采取利用同种培养基、相同培养时间及相同用菌量来克服这些因素对分析结果的影响。

二、数据处理及数据库

早期的质谱分析,主要是对细菌分析时产生的特异性图谱峰进行目测判定,带有较强的主观性,使得细菌的质谱鉴定结果常因操作人员的不同而得到不同的结果。因此,如何使质谱分析达到标准化已成为当前质谱研究的主要问题之一。目前,广大研究人员及一些质谱生产厂家已开发了多种用于图谱分析的软件,如 BioTyper、Mascope 等,尽管其中的大多数软件仍不能以图谱中信号强度作为细菌鉴定的指标,但通过大量的研究及数据库的建立,实验者已可以通过实验得到的图谱在标准数据库中搜索以找到最佳匹配的结果,从而实现鉴定。

MALDI-TOF 质谱技术迄今为止仍无法成为细菌鉴定的主要手段,其主要问题在于如何使鉴定结果具有良好的图谱效果及重复性。尽管众多研究人员提出了多种用于MALDI-TOF 质谱鉴定细菌的实验方法,但这些方法都不具有通用性,仅适用于较为有限的细菌。另外,这种方法的局限性还在于其对数据库中菌种信息量的依赖。因此,建立一种质谱效果好、重复性高的通用实验方法及建立包含各种特性细菌的质谱数据库、开发功能更强大的图谱分析软件已成为当前利用 MALDI-TOF 质谱鉴定细菌的重要前提。随着科技的不断进步,相信不久的将来,MALDI-TOF 质谱必将成为细菌鉴定领域的生力军。

第四节 MALDI-TOF MS 在细菌鉴定中的应用

一、质谱用于细菌检测及鉴定的发展历史

早在 1975 年,ANHALT 等基于不同种属的细菌具有特定质量图谱,利用质谱仪结合高温裂解技术(pyrolysis)第一次完成了细菌的鉴定,从此拉开了质谱鉴定细菌的"序幕"。随着热裂解质谱(pyrolysis,Py)、激光解吸电离(laser desorption ionization,LDI)、共振吸收(plasma desorption,PD)和快原子轰击(fast atom bombardment,FAB)质谱的发展,使得质谱在微生物鉴定中的应用日益广泛,但这些技术只能提供有限的微生物信息,且样品的准备过程较为复杂,仍不能达到理想的鉴定效果。直到 1988 年 TANAKA 和 HILLENKAMP 两个研究组分别提出基质辅助激光解吸电(MALDI-MS)后才使 LDI-MS 应用于生物大分子分析得到发展。随着基质辅助激光解吸电离(MALDI)技术的不断完善,质谱被应用于细菌检测及鉴定领域才逐渐走上了正轨。1996 年,HOL-LAND 等首次报道了细菌不经前处理直接进行质谱分析,可获得完整细胞的 MALDI-TOF 指纹图谱。随后,KRISHNAMURTHY 等国外学者陆续应用质谱成功对细菌进行种属水平鉴定。随着质谱技术的不断发展和完善,有关应用 MALDI-TOF MS 快速而正确鉴定临床细菌、真菌和酵母菌的研究日益增多。

目前,商品化的微生物鉴定质谱仪主要有 MALDI BioTyper(Bruker Dahonics),

SARAMIS（Shimadzu & Anagnostec）和 MALDI micro MX（Waters Corporation）、VITEK MS（bioMerieux）。其中，MALDI BioTyper 于 2011 年获得欧洲 CE 认证；VITEK MS 于 2011 年获得欧盟体外诊断认证和美国 FDA 准入，并于 2012 年 8 月通过 SFDA 批准，标志着 MALDI-TOF MS 将真正进入临床微生物诊断，彻底改变临床微生物实验室的面貌。

二、MALDI-TOF MS 技术对细菌鉴定的研究方向

当前，利用 MALDI-TOF MS 对细菌进行检测及鉴定，国外的研究较多而国内研究的较少。近年来，对其的研究主要集中于方法可行性的判定、如何建立一种质谱效果好、重复性高的通用实验方法及建立各种特性细菌的质谱图数据库。这些研究主要是从以下几个方面进行的：

（一）生物标记物（biomarker）的选择

利用 MALDI-TOF MS 对细菌进行检测及鉴定时，主要是根据其能够对细菌的多种生物标记物（biomarker）进行准确的分析，通过测定这些生物标记物的子量及结构等信息完成对细菌的鉴定。这些生物标记物主要包括蛋白质、核酸、脂类等成分。目前，利用蛋白质作为生物标记物的细菌鉴定已受到广泛的应用，主要是由于基于以下优势：①蛋白质在细菌体内的含量较高，约占细菌干重的 50%；②它们在细胞中大多具有高度的保守性，如核糖体蛋白、核酸连接蛋白等；③易于提取和分离，不需要扩增；④具有多样性和丰富性的特点，利用菌体内的多个蛋白质质量信息，可更为有效地鉴定细菌到属、种，甚至菌株的水平。CAMARA 等利用 MALDI-TOF MS 检测大肠埃希菌的菌体蛋白，成功地对野生型及抗氨苄西林大肠埃希菌进行了鉴定。WINTZINGERODE 等将经 PCR 扩增得到的博德特菌属不同菌株的 16S rRNA 特异性片段（包括 350 bp 和 1500 bp）用 MALDI-TOF MS 进行检测，检测结果与数据库中序列进行比较并建立系统进化树来对博德特菌鉴定。相对于蛋白质及核酸两类生物标记物而言，MALDI-TOFMS 用于细菌脂类分析的研究较少。ISHIDA 等以细胞膜磷脂作为生物标记物，利用 MALDI-TOF MS 对肠杆菌科的 4 个菌种进行了鉴定。

（二）全细胞分析方法的确定

MALDI-TOF MS 鉴定细菌所用的蛋白质主要来自全细胞表面蛋白、细胞裂解物及细菌浸液。多年以来，人们从能够获得更多可利用蛋白质的角度考虑，对菌体细胞前处理方法进行了很多研究，如 SMOLE 等对革兰阳性菌和革兰氏阴性菌进行 MALDI-TOF MS 分析时发现，由于革兰阳性菌和革兰氏阴性菌的细胞壁结构不同，当采用相同的处理方案时，得到的图谱产生了更少的质谱峰、更弱的峰强度及更小的质量范围。因此，对于革兰氏阳性菌进行分析时，必须先进行细胞壁的破坏才能得到信息量较多的谱图。尽管这一实验结论有一定的指导意义，但随着全细胞质谱鉴定方法的建立及发展，使 MALDI-TOF MS 能够获得更为全面的菌体蛋白质信息且样品处理过程更为简单，这令其成为目前 MALDI-TOF MS 鉴定细菌的首选方法。MRTA VARGHA 等利用机械破碎、酶解、乙醇处理及热处理等 4 种方法对革兰氏阳性菌杆菌属菌株细胞进行裂解，随后对裂

解物进行 MALDI-TOF MS 分析,将分析结果与未被处理的全细胞分析结果进行比较,比较结果表明,全菌分析能够产生更为有利于鉴定的质谱图谱。

三、MALDI-TOF MS 技术在临床微生物鉴定中的应用

基质辅助激光解吸电离飞行时间质谱(MALDI-TOF MS)以其操作简便、自动化、快速、高通量等优势受到青睐,成为了一种新的微生物鉴定方法。由于仪器昂贵,一次性投入成本高,MALDI-TOF MS 在国外临床微生物实验室的应用尚未普及,而在国内临床微生物检验中的应用刚刚起步。用于临床微生物鉴定的 MALDI-TOF MS 主要由进样系统、基质辅助激光解吸电离离子源、飞行时间质量分析器、传感器和电脑组成。MALDI-TOF MS 鉴定微生物的标志物主要是特异性保守核糖体蛋白。MALDI-TOF MS 基于微生物蛋白指纹图谱的特异性峰谱进行鉴定,只需将细菌涂布于靶板,加入基质溶液裂解,室温干燥后即上机检测,获取的质量图谱与数据库中的标准图谱进行自动对比分析,即可获得鉴定结果。鉴定结果全程自动判读、自动分析、自动报告、标本自动卸载,每分钟可完成 1 个~2 个菌株的鉴定,且检测成本低,仪器使用耗材只需样品板和质谱专用基质,无须其他任何附加试剂,对工作人员的技术要求不高。Bright 等人利用 212 种细菌建立一个较为完善的细菌质谱图搜索引擎与应用软件 MUSETM(Manchester metropolitan university search engine),在株种属水平上的准确率分别为 79%、84% 和 89%。近年来,张明新等复苏 560 株临床分离株,应用 MALDI-TOF MS 与 Vitek2 鉴定结果比较,G+细菌鉴定符合率为 94.6%,G-细菌鉴定符合率为 96.7%,酵母菌鉴定符合率为 95.0%,15 株鉴定结果不符的菌株经 16S rDNA 测序确认,结果与 MALDI-TOF MS 鉴定符合率更高。MALDI-TOF MS 以其固有的优势进入临床微生物诊断,将彻底改变微生物实验室的面貌。

(一) MALDI-TOF MS 在临床微生物实验室的应用

基于细菌生化特性的鉴定方法基本满足临床微生物实验室准确鉴定常见分离株的要求。然而,苛养菌、厌氧菌、丝状真菌等尚无快速且准确的鉴定方法。而 MALDI-TOF MS 的应用不仅缩短了菌株检测时间,同时提高了鉴定准确率。

众多研究显示,MALDI-TOF MS 能准确鉴定大部分革兰阳性菌和革兰阴性菌,包括肠杆菌科细菌、不发酵糖革兰阴性杆菌、葡萄球菌以及溶血链球菌等。与传统的商业鉴定系统相比,MALDI-TOF MS 除能鉴定金葡菌外,还能快速鉴定凝固酶阴性葡萄球菌。Lotz 等的研究显示,对菌株进行相应的标本前处理之后,MALDI-TOF MS 对于分枝杆菌鉴定的准确率可达 97%;其中 67% 可鉴定到种的水平,30% 可鉴定到复合体的水平。此外,MALDI-TOF MS 在少见菌的鉴定方面更有优势。

1. MALDI-TOF MS 对常规细菌的鉴定

临床细菌种类繁多,常见的且需鉴定到种水平的有葡萄球菌、链球菌、肠杆菌科细菌、肠球菌、嗜血杆菌等。Microflex LT(BioTyper)和 Vitek MS IVD(Vitek MS)两种质谱系统分别鉴定 986 株临床需鉴定到种水平的细菌,结果显示,BioTyper 与 Vitek MS 的鉴定准确率相当,分别为 97.2% 和 93.2%($P=0.608$),两者鉴定错误的细菌主要是沙雷

菌属细菌和嗜血菌属细菌以及肺炎链球菌。不同质谱系统对同一类型细菌的鉴定准确率不尽一致。

凝固酶阴性葡萄球菌(CNS)的检出率和多重耐药性呈逐年增高趋势,已成为医院感染的主要病原菌之一。CNS 为条件致病菌,感染后症状不典型,给临床诊断和治疗带来一定困难。因此,快速准确鉴定 CNS 尤为重要。MALDI-TOF MS 应用于细菌鉴定具有其他方法无法比拟的速度优势,其对 CNS 的鉴定准确率也优于其他常用方法。LOONEN 等比较了表型鉴定方法(ID 32 Staph 和 Vitek 2)、测序方法(16S sequencing 和 tuf sequencing)和 BioTyper 鉴定 142 株 CNS 的准确率,研究显示 BioTyper 的鉴定准确率最高,达 99.3%。

不动杆菌属已经成为院内感染的常见病原菌,且鲍曼不动杆菌耐药及多重耐药性严重,不同种之间不动杆菌感染治疗措施有所不同,目前临床上通过表型、生化反应鉴定得到的结果实际上是鲍曼不动杆菌群。Kishii K 等应用 MALDI-TOF MS 对 123 株临床分离的不动杆菌属进一步鉴定,能够确认到种的有 106 株(86.2%),其准确率达 84.0%,而 16 株(13.3%)只能鉴定到属。该研究还显示皮氏不动杆菌的感染率超过了鲍曼不动杆菌达到 34.1%。MALDI-TOF MS 对于常规方法无法准确区分的复合菌的鉴定是很有意义的,临床上很多复合菌如不动杆菌、阴沟肠杆菌等,分类广泛、亚群复杂,MALDI-TOF MS 能把复合菌内很多微生物鉴定到物种水平。

当然,MALDI-TOF MS 在细菌鉴定方面尚存在一些不足。如链球菌,许多研究报道 MALDI-TOF MS 对链球菌的鉴定正确率普遍比其他革兰阳性球菌低,尤其是亲缘关系比较相近的肺炎链球菌、缓症链球菌和副溶血链球菌等。71 株链球菌的 MALDI-TOF MS 鉴定结果显示,Vitek Ms 的种水平和属水平鉴定正确率分别为 87.3% 和 88.7%,而 BioTyper 分别为 64.8% 和 77.5%。为保证不漏检肺炎链球菌,BioTyper 常把草绿色链球菌和口腔链球菌错误鉴定为肺炎链球菌,相比之下,Vitek MS 鉴定肺炎链球菌的准确率与 BioTyper 相当,而鉴定草绿色链球菌的准确率更高。与 16S rDNA 测序方法相比,虽然 BioTyper 鉴定 56 株 α-溶血性链球菌的准确率只有 46%,然而,显著高于 BD Phoenix 和 API 20 s 的 35% 和 26%。提高 MALDI-TOF MS 鉴定链球菌的准确性可通过完善链球菌标准质谱图实现。

引起腹泻的肠道病原菌种类繁多,不同病原菌感染,治疗方案有所差异,所采取预防和控制暴发的措施也不同,因此快速正确鉴定肠道致病菌尤为重要,目前在这种细菌鉴定方面尚存在一些不足。如大肠埃希菌和志贺菌的遗传背景相近,蛋白质谱图很相似,因此两者无法通过 MALDI-TOF MS 分开,区分志贺菌和大肠杆菌需依赖其他鉴定方法。Microflex LT(BioTy-per)和 Vitek MS IVD(Vitek MS)两种质谱系统鉴定 53 株肠道病原菌的属水平鉴定准确率分别为 81.2% 和 84.9%,准确率偏低的原因主要是由于 7 株志贺菌均错误鉴定为大肠杆菌。目前,MALDI-TOF MS 尚不能用于鉴定志贺菌。对于伤寒沙门菌,BioTyper 仅鉴定到属水平,而 Vitek MS 可准确鉴定,Vitek MS 区分伤寒沙门菌和其他肠炎沙门菌的能力有待进一步评价。

2. MALDI-TOF MS 对难培养微生物(苛养菌、微需氧菌、厌氧菌等)的鉴定

难培养微生物的鉴定一直是临床微生物工作者面临最棘手的问题。由于其生长慢、

生化反应不活跃,自动化鉴定仪及 API 鉴定条都很难鉴定。MALDI-TOF MS 弥补了微需氧菌及厌氧菌等难鉴定、培养要求苛刻的病原体的生化鉴定方面的不足。近年来,已利用 MALDI-TOF MS 实现了对流感嗜血杆菌、幽门螺杆菌及厌氧菌等微生物的鉴定,大大降低了这类难培养微生物鉴定的漏检率并缩短所需时,最大限度地满足了临床的需求。

嗜血杆菌的鉴定一直是临床微生物实验室的难题,临床实验室鉴定主要依赖手工方法,MALDI-TOF MS 的应用使嗜血杆菌鉴定变得更加简便且快速。BioTyper 和 Vitek MS 对流感嗜血杆菌的鉴定正确率均达 100％,然而,两者对副流感嗜血杆菌的鉴定均不理想,2 株菌株均鉴定错误或失败。实验室常规用于鉴别流感嗜血杆菌和溶血性嗜血杆菌的方法并不可靠,溶血性嗜血杆菌常常被鉴定为未分型流感嗜血杆菌,应用 BioTyper 可准确鉴定流感嗜血杆菌和溶血性嗜血杆菌,鉴定正确率为 99.6％。

非发酵革兰阴性杆菌常分离于囊性纤维化患者的呼吸道,具有重要的临床意义。然而,此类细菌的生化反应不活泼,应用常规生化方法很难对其进行准确鉴定。MARKO 等比较了 BioTyper 和 Vitek MS 鉴定 200 株非发酵革兰阴性杆菌的正确率,两者的种水平鉴定准确率相当,分别为 72.5％和 80.0％($P=0.099$)。

厌氧菌对培养环境要求特殊,临床鉴定方法有限,MALDI-TOF MS 用于厌氧菌鉴定具有很大的技术优势,目前已经可以对普雷沃菌属、梭杆菌属、梭菌属、拟杆菌属细菌和革兰阳性厌氧球菌等进行鉴定。但是,也有许多研究报道厌氧菌的质谱鉴定结果并不理想。应用 Bio Typer 和 Vitek MS 鉴定厌氧菌显示,MALDI BioTyper 的种水平和属水平鉴定准确率相差较大,分别为 61.6％和 83.5％,而 Vitek MS 的种水平和属水平鉴定准确率相当,分别为 75.3％和 78％。DUBOIS 等的研究也表明,应用 Vitek MS 鉴定厌氧菌的种水平和属水平鉴定准确率相当,均为 83％。个别厌氧菌株鉴定失败的主要原因是数据库中缺乏相应菌株的标准图谱。

3. MALDI-TOF MS 对结核及非典型分枝杆菌的检测

结核及非典型分枝杆菌的营养要求高、生长缓慢,只能通过传统的抗酸染色、罗氏培养基培养、PCR 方法进行鉴定,费时、成本高、操作要求高及传染性强。MALDI-TOF MS 可以通过快速和准确地获取其特异的蛋白质或全菌质谱图,通过与数据库的比对快速准确得出结果,从而为分枝杆菌的种属鉴定提供了一种快速、简便的方法。

4. MALDI-TOF MS 对细菌毒力因子的鉴定

在细菌毒力研究方面,MALDI-TOF MS 对杀白细胞素(Panton Valentine leukoci-din,PVL)阳性的金黄色葡萄球菌检测的灵敏度为 100％,特异性为 90.6％,能在 4448 质荷比质谱峰处检测到特异峰,该方法可快速完成金黄色葡萄球菌 PVL 的毒力鉴定。MALDI-TOF MS 在真菌毒力方面也有很好的应用,黄曲霉产毒株和非产毒株的质谱图存在显著的差别,根据质谱峰的不同,产毒黄曲霉菌株和非产毒黄曲霉菌株得以鉴别。

(二) MALDI-TOF MS 直接从临床标本中检测微生物的应用

MALDI-TOF MS 不仅可快速准确地鉴定纯菌落,还可直接从临床标本中检测微生物,从而大大缩短检测时间。应用 MALDI-TOF MS 可直接进行微生物鉴定的标本包

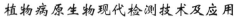

括:阳性血培养瓶、尿液、脑脊液、胸腹水和滑膜液等,其中研究最多的是阳性血培养瓶和尿标本。与鉴定纯菌落相比,直接从标本中检测微生物需对标本进行预处理。对临床大多数的标本,如鼻咽分泌物、咽拭子、尿液及血液等进行微生物过夜分离培养,将其菌落进行 MALDI-TOF MS,一个样本的分析时间只需几秒钟,并高通量检测,整个鉴定周转时间显著缩短。

血流感染常引起较高的病死率,而血培养是检测血流感染非常重要的方法。血流感染时血液中菌量很低,常小于 1 CFU/mL~10 CFU/mL。血标本接种到含肉汤的血培养瓶后需在自动化仪器中孵育。孵育过程中菌量可达到 10^6 CFU/mL~10^8 CFU/mL。肠杆菌科细菌、铜绿假单胞菌和厌氧革兰阳性球菌达到 10^7 CFU/mL 可以检测到,这样的细菌浓度对于 MALDI-TOF MS 的鉴定是足够的。对于直接从阳性血培养瓶检测细菌,不同文献报道应用 MALDI-TOF MS 鉴定细菌的种水平正确率为 31.8%~95% 不等,主要取决于细菌种类、含量和样品预处理方法。MALDI-TOF MS 对血培养瓶中不同细菌鉴定正确率的表现一般是:革兰阳性细菌比革兰阴性细菌低;荚膜细菌如肺炎链球菌、流感嗜血杆菌和肺炎克雷伯菌比其他无荚膜细菌低;细菌量太少或混合感染时,鉴定正确率降低;培养物其他成分(包括患者血液中和培养基中的蛋白成分)严重影响鉴定结果。因此,在鉴定之前需要对标本进行前处理,也就是进行蛋白质提取步骤。阳性血培养瓶经简单预处理后进行 MALDI-TOF MS 鉴定,阴性杆菌和阳性球菌的鉴定正确率分别 90% 和 73%。MALDI-TOF MS 鉴定酵母菌阳性血培养的结果更加准确,正确率可达 100%。Ferreira 等首先通过差速离心过程来去掉血细胞、红细胞裂解,然后再经过洗涤步骤去掉多余的非细菌成分。这个方案使得鉴定时间缩短在 1 h 内,不再需要等到长出纯菌落后进行生化试验。最近对于检测阳性血培养瓶的结果显示,大于 80% 血培养瓶可得到正确的鉴定结果。另外,由于标本的前处理较为复杂,最近 Bruker 公司推出了一种阳性血培养标本前处理试剂盒 Sepsityper,经过处理后的标本使用 MALDI-TOF MS 检测阳性率较高,但目前价格较昂贵。

MALDI-TOF MS 在直接检测尿液中的病原菌也有重要应用。引起尿道感染的常见细菌有肠杆菌科细菌、肠球菌、葡萄球菌等,不经尿培养直接检测尿道病原菌,可为患者的及时诊断和治疗提供重要依据。怀疑尿道感染的尿标本经离心后取沉淀进行病原菌 MALDI-TOF MS 检测,种属水平鉴定正确率分别为 91.8% 和 92.7%,其中大肠埃希菌鉴定正确率最高,为 97.6%。临床常规对尿中的细菌进行鉴定至少需要 1 d。Ferreira 等选取尿液中细菌大于 10^5 CFU/mL 的标本进行研究,结果显示尿标本经过差速离心法处理后,可将 91.8% 的菌株鉴定到种。有学者选取尿中菌量 10^2 CFU/mL~10^5 CFU/mL 的标本进行研究,结果显示 MALDI-TOF MS 可正确鉴定出尿标本中细菌数 10^3 CFU/mL 以上的标本,并可检测混合感染的标本。当然,由于标本的前处理步骤较为复杂,有学者提出使用 MALDI-TOF MS 诊断早期尿路感染的价值并不高,常规的检测方法即可鉴定出大部分菌种。

(三)微生物亚种水平和分型鉴定

1. 微生物亚种水平应用

使用常规鉴定到种的标本处理步骤是不能用 MALDI-TOF MS 对微生物进行亚种

水平的鉴定,而需要结合不同的标本准备和分析程序。目前 Dieckmann 等已经成功将沙门菌分为 126 个亚种,主要是通过优化标本处理程序,得到了 300 多个大小在 2 ku～35 ku 的蛋白质峰。此外,来自细菌的大量蛋白质峰简单聚类不能进行亚种水平的区分,需要利用 Teramoto 提出的一种新的系统发育分类法。利用这种方法,对恶臭假单胞菌的不同生物群的分类与使用 gyrB 进行分类的结果是一致的。

2. 多血清型细菌鉴定领域的应用

同一种细菌常常有多种血清型,而不同血清型的细菌,其生理生化特性可能存在明显的差异,尤其在对人类和动物的致病性方面可能完全不同。因此,如何对同一种细菌进行快速分型,是细菌鉴定的另一项重要课题。如传统的细菌培养和生化鉴定方法无法对沙门氏菌、大肠埃希氏菌、霍乱弧菌和副溶血性弧菌等多种与人类健康密切相关的多血清型病原菌进行分类,需要进一步采用血清学或噬菌体试验等技术。目前,应用 MALDI-TOF MS 技术对这些多血清型细菌进行鉴定和分类得到了初步应用,尤其在沙门氏菌分型中表现出较好的分型能力。

沙门氏菌是严重危害动物和人类健康的传染病病原。利用优化的 MALDI-TOF MS 试验条件对来自病人粪便的 88 株沙门氏菌进行检测和分型,并与血清学分型、耐药分型和 PFGE 分型结果进行比较。在反映亲缘关系的差异水平值为 100 时,88 株沙门氏菌被分为 15 个 MALDI-TOF MS 型别。MALDI-TOF MS 分型结合耐药表型分型,可以将 88 株沙门菌分成 44 个亚型;MALDI-TOF MS 分型结合血清学分型,可以将 88 株菌分成 46 个亚型;MALDI-TOF MS 分型结合 PFGE 分型,可以将 88 株菌分成 64 个亚型。对辽宁省食源性疾病监测检出的 24 株沙门氏菌和 2 株沙门氏菌标准菌株进行鉴定,并对其中 4 种血清型的 16 株沙门氏菌进行种水平的鉴定。结果分别在属和种的水平上准确鉴定了沙门氏菌株,并且在种的鉴定水平上与血清分型结果具有极大相关性,可以区分属于 4 个种的 4 株沙门氏菌的蛋白峰之间的微小差异。而且,对相同血清型的 4 株肠炎沙门菌的聚类分析及主成分分析显示出其同源程度的差异。因此,MALDI-TOF MS 技术在沙门氏菌血清分型中表现出较好的分型能力,在属水平上鉴定沙门氏菌具有很高的准确性,在种水平上的鉴定也有着很好的应用前景。

虽然 MALDI-TOF MS 在沙门氏菌的血清分型中具有一定的分型能力,但其分型结果与传统的血清分型结果还存在明显的差异,可能因为 MALDI-TOF MS 主要依据细菌蛋白质组进行分类,而细菌的血清型并不完全取决于其蛋白组成。我们应用 MALDI-TOF MS 技术对不同血清型的霍乱弧菌、沙门氏菌和大肠杆菌进行检测和分型也出现一些不理想的结果;一些同种、不同血清型的细菌的蛋白质谱图十分相似,很难区分。目前,国内外在这方面的研究报告还很少,尚无法判定 MALDI-TOF MS 真正的血清分型能力。

(四) MALDI-TOF MS 在临床微生物实验室应用的挑战与展望

1. 挑战

影响 MALDI-TOF MS 鉴定结果的因素有很多:

① 难定量、仪器成本高、对抗生素耐药性和耐药机制的检测能力有限,无法鉴定混合

菌,而且对于报告的结果缺乏统一的验证和解释。

② 灵敏度还不高。对一些进化过程中比较接近、遗传背景非常相似、蛋白表达相似的细菌的辨别有较大困难。比如,无法区分志贺菌和或 0157 大肠埃希菌与普通的大肠埃希菌,以及不能鉴别肺炎链球菌和轻型链球菌/口腔链球菌。

③ 所参考的数据库的问题。如对不常见病原体缺乏相应的数据库,数据库中参考谱图少或无,如数据库中没有非艰难梭菌厌氧菌的谱图,用来准确鉴别两个关系较近的菌种肺炎链球菌和副溶血链球菌的谱图不足,丝状真菌的参考谱图不足;数据库的不一致,如将疮疱丙酸杆菌鉴定为短优杆菌;数据库中的参考谱图错误;数据库中谱图的相似性,如参考数据库中草绿色链球菌和肺炎链球菌的谱图不完整。

④ 蛋白质信号不足。酵母需要使用蛋白分析法来进行准确的鉴定;细胞壁结构较难裂解,样本较少,如肺炎链球菌、流感嗜血杆菌中的大部分菌株以及肺炎克雷伯菌因有荚膜而影响了有效的裂解;放线菌属、孪生菌属细菌以及奴卡菌属细菌通常会显示较弱的信号。

⑤ 微生物在不同环境条件下蛋白表达不同,所以 MALDI-TOF MS 必须要进行前处理程序的标化和评价,保证技术的重复性。MALDI-TOF MS 直接用于阳性血培养瓶中的病原体鉴定,需将病原体从血培养环境和宿主血液中分离出来以及富集病原体,以排除或降低干扰并优化鉴定结果。针对不同的培养基和不同的前处理对鉴定结果的影响,美国威斯康星医学院的学者研究了不同的培养基和是否进行前处理对假单胞菌、葡萄球菌和肠杆菌科细菌鉴定的影响,结果发现使用不同培养基能影响 MALDI-TOF MS 对细菌的鉴定。对于肠杆菌科细菌而言,血培养基中的信号高于麦康凯培养基中的信号。有相关报道指出,培养基中的成分如高盐、染料等物质可能对质谱分析造成影响,但产生这种现象的确切原因仍不清楚。全菌分析法鉴定细菌是可行的,若鉴定失败,可用蛋白分析法重复,余下仍鉴定不出的菌株再使用常规方法,这样可以节省分析时间,提高鉴定效率。

2. 展望

除了用于微生物种属水平鉴定,MALDI-TOF MS 有望对微生物进行分型和亚种水平鉴定,对临床和流行病学研究具有重大意义。沙门菌、志贺菌和大肠杆菌血清分型操作繁琐,且试剂盒昂贵,进行血清分型需要大量的人力和物力。利用 MALDI-TOF MS 的优势对细菌初步分型后再进行血清学确证,不仅可节省检测时间,也避免了不必要的试剂消耗。当然,要实现 MALDI-TOF MS 直接对微生物进行分型或亚种水平鉴定面临着许多挑战。与种属水平鉴定相比,进行分型或亚种水平鉴定需要识别更多的具有重现性的质谱峰和更复杂的样品制备过程和图像分析方法,各种检测参数的控制更加严格。

MALDI-TOF MS 不仅可直接从液体标本鉴定细菌和真菌,也可联合选择性增菌肉汤直接检测粪便中的沙门菌,大大缩短了粪便中沙门菌的检测时间,有利于沙门菌感染的早期治疗和传染控制。因此,针对不同的腹泻病原菌检测,选择特异的增菌肉汤增菌培养后也可直接进行 MALDI-TOF MS 检测。直接从临床标本中检测细菌和真菌虽然可大大地提高微生物检测的时效性,但标本中的杂菌、检测菌的含量、标本中其他复杂成分,以及其他操作上或检测参数上很细微的变化均可影响检测结果。因此,有待研究和开发更加有效的标本预处理方法、更加严格的检测过程控制和更高分辨率的图像处理技术,以实现临床微生物实验室应用 MALDI-TOF MS 直接检测标本中的细菌和真菌。

与常规的鉴定方法相比,MAIDI-TOF MS 最突出的优势是快速和低成本。首先就时间而言,不论是手工时间还是仪器自动检测的时间,MALDI-TOF MS 都优于常规的检测方法。如对于细菌而言,全菌分析法检测时间为 6 min~8.5 min,而常规检测方法则需要 5 h~48 h。若使用蛋白分析法,每株菌的蛋白质提取步骤要耗时 6 min,但是成批检测时平均时间会更短。其次就成本而言,MALDI-TOF MS 鉴定的费用大概是常规鉴定方法的 17%~32%,但这并不包括仪器的成本以及仪器维护等费用。

MALDI-TOF MS 技术在微生物的鉴定方面已经表现出高稳定性、高特异性、高敏感性和高通量的特点,可以代替传统的生化和分子生物学鉴别方法。尤其在快速和高通量检测方面,MALDI-TOF MS 可以直接检测一些未经纯培养的来自医院的临床病人样品,相对于传统细菌检验方法具有明显的优势,在急性病例或特殊病原菌导致的传染病检测方面展示了良好的应用前景。MALDI-TOF MS 数据库可以不断补充和完善,实验室还可以建立自己的数据库。国外在应用 MALDI-TOF MS 技术检测和鉴定微生物方面已经取得很好的进展,布鲁克公司独家创建了各种已知微生物的标准指纹图谱数据库,从而可以对未知微生物进行鉴定。MALDI Biotyper 高通量微生物鉴定系统已经在德国食品与健康国家实验室、美国农业部农业研究服务中心食品微生物学部及其他欧美政府部门和大学、医院、研究所等单位进行评估和应用,具有快速简便的工作流程和强大可靠的数据处理能力。

国内由于该技术的研究和应用还刚刚起步,尚未建立各种细菌菌株的质谱图数据库。目前,数据库中的谱图绝大多数都是国外菌株的资料,对沙门氏菌等多血清型的病原菌鉴定资料还很不完善,而且不同国家和地区的菌株可能存在明显的地理差异。MALDI-TOF MS 对未知细菌的分形鉴定必须建立在含有足够已知菌株的谱库中进行检索,才可实现最匹配且最真实可靠的菌株鉴定结果。因此,需要采用国内分离的菌株尽快建立适合我国各种细菌检测和鉴定的谱图数据库,并不断增加数据库的菌株种类和数量,才能保证该技术应用的准确性。另外,该技术对不同菌株的检测灵敏度和准确性、多血清型细菌的分型鉴别准确性以及样品处理、质谱图采集和分析等,还有许多问题需要研究和改进。在试验方法的标准化方面也需要深入探讨。今后,随着该技术的不断完善和提高,有望成为临床诊断、环境监测、微生物分类研究以及食品加工质量控制的重要方法。尤其适用于食物中毒以及进出境食品和动物产品检验所要求的快速诊断、快速验放的需求总之,MALDI-TOF MS 是快速、操作简单、准确鉴定病原体的新型技术。该方法的使用可以优化实验室检测流程,节省检验时间和成本,将为临床诊治提供很大的帮助,有非常好的应用前景。随着研究的深入,其应用范围会更加广泛。在未来的数年内,MALDI-TOF MS 将会出现在临床大多数的实验室。

四、MALDI-TOF MS 技术在植物细菌鉴定方面的应用

在植物细菌的鉴定方面,MALDI-TOF MS 技术同样取得了良好的进展。欧文氏菌属(*Erwinia*)细菌导致植物严重病害,如枯萎症的病原。应用 MALDI-TOF MS 方法鉴

定欧文氏菌属细菌,按照试验程序建立了包含不同属的 2800 株菌的质谱图数据库,可以有效鉴定多种生态地区来源的枯萎症的病原。该方法还可用于许多植物细菌属的鉴定。由于国内外对植物细菌的研究相对较少,目前 MALDI-TOF MS 的应用报告还很少。

五、MALDI-TOF MS 技术在植物检疫领域的研究与应用

基质辅助激光解析电离飞行时间质谱(MALDI-TOF MS)是在 20 世纪 80 年代由德国科学家 karas 和 Hillenkamp 发现的质谱电离方式,该技术已广泛用于生物制剂、食物中毒和血液中细菌和病毒的检测。具有快速、准确、灵敏度高、高通量以及自动化程度高等特点,一个样品从获得单克隆开始,到样品处理,谱图采集到识别可以在几分钟内完成,操作简单、快速,通量高。深圳局 2009 年承担了国家质检总局科研项目"进口种苗检疫性炭疽菌和轮枝菌基质辅助激光时间飞行质谱检测技术研究"(2009IK261),该项目针对草莓炭疽果腐病菌(*Colletotrichum acutatum*)、咖啡浆果炭疽病菌(*C. coffeanum*)、大丽轮枝菌(*Verticillium albo-atrum*)、黑白轮枝菌(*V. dahliae*)进行研究,建立了 4 种检疫性植物病原真菌的 MALDI-TOF MS 技术检测方法,搭建了基于蛋白质检测的植物真菌病害检测新平台,该研究是 MALDI-TOF MS 技术在植物病原真菌检测上的首次应用。

参 考 文 献

[1] 陈东科,孙长贵.实用临床微生物检验与图谱[M].北京:人民卫生出版社,2011.

[2] 陈主初,肖志强.疾病蛋白质组学[M].北京:化学工业出版社,2006.

[3] 何美玉.现代有机与生物质谱.北京:北京大学出版,2002.

[4] 罗治文.质谱技术研究进展.国外医学生物医学工程分册,2005,28(3):134-137.

[5] 杨芃原,钱小红,等.生物质谱技术与方法.北京:科学出版社,2003.

[6] 赵玉芬.生物有机质谱[M].郑州:郑州大学出版社,2005.

[7] 朱明华.仪器分析[M].4 版.北京:高等教育出版社,2008.

[8] 罗国安等.质谱在肽和蛋白分析中的应用[J].药学学报,2000,35(4):316-320.

[9] 范铁男.MALDI-TOF 质谱在细菌检测及鉴定中的研究进展[J].中国微生态学杂志,2010,22(3):282-284.

[10] 李峰,田来进,等.紫玉兰叶油化学成分中气相色谱/质谱法分析[J].分析化学研究简报,2000,28(7):829-832.

[11] 吴宇峰,李利荣,等.香薰植物精油主要成分的气相色谱/质谱分析[J].中国卫生检验杂志,2007,17(1):77-78.

[12] 张运涛,等.液-质谱联用技术分析甘露寡糖.色谱,2002,20(4):364-366.

[13] 张永乐,娄国强.生物质谱分析的研究进展及临床应用[J].生物医学工程学进展,2009,30(2):103-106.

[14] 张雅琪,刘建学,罗登林,等.食品中金黄色葡萄球菌检测方法的研究进展[J].农产品加工学刊,2009,184(9):84-86.

[15] 孙雷,刘琪,王树槐.液相色谱-串联质谱技术进展及在兽药行业上的应用[J].

中国兽药杂志,2007,41(9):34-37.

[16] 许国旺,路鑫,杨胜利.代谢组学研究进展[J].中国医学科学院学报,2007,29(6):701-711.

[17] 刘维薇,吕元.蛋白质飞行时间质谱技术及其临床应用进展[J].中华检验医学杂志,2005,28(5):556-558.

[18] 梁亮,农生洲.PDF-基质辅助激光解析电离飞行时间质谱仪应用于鲍曼不动杆菌检测的研究进展[J].国际检验医学杂志,2013,34(5):578-580.

[19] 张明新,朱敏,王玫,等.应用基质辅助激光解析电离飞行时间质谱鉴定常见细菌和酵母菌[J].中华检验医学杂志,2011,34(11):988-992.

[20] 罗永慧,吴昌志,舒向荣.血培养阳性标本直接细菌鉴定和药敏试验的评价[J].实验与检验医学,2013,31(5):450-451.

[21] 马庆伟,程肖蕊.MALDI-TOF MS 引领分子诊断新时代.生物技术世界,2006(5):66-68.

[22] 杨捷琳,魏黎明,顾鸣,等.食源性李斯特菌蛋白质双向电泳图谱及稳定生长期细菌蛋白质分析[J].中国卫生检验杂志,2009,19(3):491.

[23] 赵贵明,杨海荣,赵勇胜,等.MALDI Biotyper 与 API20E 对克罗诺杆菌(阪崎肠杆菌)的鉴定结果比较[J].中国卫生检验杂志,2010,20(3):464-466.

[24] 赵贵明,杨海荣,赵勇胜.MALDI-TOF 质谱技术对克罗诺杆菌的鉴定与分型.微生物学通报,2010,37(8):1165-1175.

[25] 杨捷琳,魏黎明,顾鸣.阪崎肠杆菌蛋白质组学研究及特征蛋白的质谱分析.复旦学报,2008,47(5):620.

[26] 王晔茹,崔生辉,李凤琴.基质辅助激光解析电离飞行时间质谱在沙门菌检测和鉴定分型中的应用研究[J].卫生研究,2008,37(6):685-690.

[27] 吕佳,卢行安,刘淑艳,等.MALDI-TOF MS 鉴定 2008 年辽宁省食源性疾病监测系统检出的沙门菌的初步研究[J].中国食品卫生杂志,2011(1):61-69.

[28] ALANIO A,BERETTI JL,DAUPHIN B,et a1. Matrix-assisted laser desorption ionization time of-flight mass spectrometry for fast and accurate identification of clinically relevant Aspergillus species[J]. Clin Microbiol Infect,2011,17(5):750-755.

[29] ANDERSON NW,BUCHAN BW,RIEBE KM,et a1. Effects of solid-medium type on routine identification of bacterial isolates by use of matrix assisted laser desorption ionization-time of flight mass spectrometry[J]. J Clin Microbiol,2012,50(3):1008-1013.

[30] BARBUDDHE SB,MAIER T,SCHWARZ G,et al. Rapid identification and typing of Listeria species by matrix-assisted laser desorption/ionization-time of flight mass spectrometry. Appl Environ Microbiol,2008,74(11):5402-5407.

[31] Bessède E,ANGLA-GRE M,DELAGARDE Y,et al. Matrix-assisted laster desorption/ionization BIOTYPER:experience in the routine of a Universityhospital[J]. Clin Microbio and Infect,2011(17):533-538.

[32] BITTAR F,OUCHENANE Z,SMATI F,et al. MALDI-TOF MS for rapid detection of staphylococcal Panton-Valentine leukocidin[J]. Int J Antimicrob Agents, 2009,34(5):467-470.

[33] BIZZINI A,DURUSSEL C,BILLE J,et al. Performance of matrix assisted laser desorption ionization-time of flight mass spectrometry for identification of bacterial strains routinely isolated in a clinical microbiology laboratory[J]. J Clin Microbiol,2010, 48(5):1549-1554.

[34] BURINSKY D J,ARMSTRONG B L,OYLER A R,et al. Characterization of tepcxaline and its related compounds by high-performance liquid chromatography/mass spectrometry[J]. J-Pharm-Sci,1996(85):159.

[35] BRIGHT JJ,CLAYDON MA,SOUFIAN M,et al. Rapid typing of bacteria using matrix-assisted laser desorption ionisation time-of-flight mass spectrometry and pattern recognition software[J]. J Microbiol Methods,2002,48(2-3):127-138.

[36] CAL JC,Hu YY,ZHANG R,et al. Detection of OmpK36 porin loss in *Klebsiella* spp. by matrix-Assaisted laser desorption ionization-time of flight mass spectrometry[J]. J Clin Microbiol,2012,50(6):2179-2182.

[37] CDQUHOUN DR,SCHWAB,COLE RN,et al. Detection of noroviruscapsid protein in authentic standards and in stool extracts by matrix-matrix-assisted laser desorption ionization and nanospray mass spectrometry[J]. Appl Environ Microbiol,2006, 72(4):2749-2755.

[38] CROXATTO A,PROD HORN G,GREUB G. Applications of MALDI-TOF mass spectrometry in clinical diagnostic microbiology[J]. FEMS Microbiol Rev,2012, 36(2):380-407.

[39] CHERKAOUI A,HIBBS J,EMONET S,et al. Comparison of two matrix-assisted laser desorption ionization-time of flight mass spectrometry methods with conventional phenotypic identification for routine identification of bacteria to the species levelE [J]. J Clin Microbiol,2010,48(4):1169-1175.

[40] DIECKMANN R,M ALORNY B. Rapid screening of epidemiologically important Salmonella enterica subsp. enterica serovars by whole-cell matrix-assisted laser desorption ionization-time of flight mass spectrometry[J]. Appl Environ Microbiol,2011, 77(12):4136-4146.

[41] DU Z,YANG R,GUO Z. Identification of Staphylococcus aureus and determination of its methieillin resistance by matrix assisted laser deserption/ionization time-of-flight mass spectrometry[J]. Anal Chem,2002,74(21):5487-5491.

[42] EMONET S,SHAH H N,CHERKAOUI A,et al. Application and use of various mass spectrometry methods in clinical microbiology[J]. Clin Microbiol Infect, 2010,16(11):1604-1613.

[43] ERHARD M,HIPLER UC,BURMESTER A,et al. Identification of dermato-

phyte species causing onychom-ycosis and tinea pedis by MALDI-TOF mass spectrometry[J]. Exp Dermatol,2008,17(4):356-361.

[44] FERREIRA L,SANCHEZ-JUANES F,MUFIOZ-BELLIDO JL,et al. Rapid method for direct identification of bacteria in urine and blood culture samples by matrix-assisted laser desorption ionization time-of-flight mass spectrometry:intact cell vs. extraction method[J]. Clin Microbiol Infect,2011,17(7):1007-1012.

[45] FERREIRA I,SFINCHEZ-JUANES F,PORRAS-GUERRA I,et al. Microorganisms direct identification from blood culture by matrix-assisted laser desorption/ionization time of flight mass spectrometry[J]. Clin Microbiol Infect,2011,17(4):546-551.

[46] FERREIRA L,SANCHEZ-JUANES F,GONZALEZ-AVILA M,et al. Direct identification of urinary tract pathogens from urine samples by matrix-assisted laser desorption ionization time of flight mass spectrometry[J]. J Clin Microbiol,2010,48(6):2110-2115.

[47] FENSELAU C,DEMIREV PA. Characterization of intact microorganisms by MALDI mass spectrometry[J]. Mass Spectrom Rev,2001,20(4):157-171.

[48] FOURNIER R,WALLET F,GRANDBASTIEN B,et al. Chemical extraction versus direct smear for MALDI-TOF mass spectrometry identification of anaerobic bacteria[J]. Anaerobe,2012,18(3):294-297.

[49] GROSSE-HERRENTHEY A,MAIER T,GESSLER F,et al. Challenging the problem of clostridial identification with matrix-assisted laser desorption and ionization-time-of-flight mass spectrometry (MALDI-TOF MS)[J]. Anaerobe,2008,14(4):242-249.

[50] HELLER DN,MURPHY CM,COTTER RJ,et al. Constant neutral loss scanning for the characterization of bacterial phospholipids desorbed by fast atom bombardment[J]. Anal Chem,1988,60(24):2787-2791.

[51] HETTICK JM,GREEN BJ,BUSKIRK AD,et al. Discrimination of Penicillium isolates by matrix-assisted laser desorption/ionization time-of-flight mass spectrometry fingerprinting[J]. Rapid Commun Mass Spectrom,2008,22(16):2555-2560.

[52] HETTICK JM,GREEN BJ,BUSKIRK AD,et al. Discrimination of Aspergillus isolates at the species and strain level by matrix-assisted laser desorption/ionization time of flight mass spectrometry fingerprinting[J]. Anal Biochem,2008,380(2):276-281.

[53] HRABFIK J,W ALKOVFI R,STUDENTOVFI V,et al. Carbapenemase activity detection by matrix-assisted laser desorption ionization-time of flight mass spectrometry[J]. J Clin Microbiol,2011,49(9):3222-3227.

[54] LLINA EN,BOROVSKAYA AD,MALAKHOVA MM,et al. Direct bacterial profiling by matrix-assisted laser desorption ionization time-of-flight mass spectrometry for identification of pathogenic Neisseria[J]. J Mol Diag,2009,11(1):75-86.

[55] LLIAN EN,BOROVSKAYA AD,SEREBRYAKOVA MV,et al. Application of matrix-assisted laser desorption/ionization time-Of-flight mass spectrometry for the study of Helicobacter pylori[J]. Rapid Commun Mass Spectrom,2010,24(3):328-334.

[56] IKRYANNIKOVA LN,SHITIKOV EA,ZHIVANKOVA EN,et al. A MAJ-DI-TOF MS-based minisequencing method for rapid detection of TEM-type extended-spectrum beta-lactamases in clinical strains of Enterobacteriaceae[J]. J Microbiol Methods,2008,75(3):385-391.

[57] JOHANNA EC,FAITH AH. Discrimination between wild type and ampieillin resistant Escherichia coli by matrix-assisted laser desorption/ionization time-of-flight mass spectrometry[J]. Anal&Bioanal Chem,2007,389(5):1558-1565.

[58] LARTIGUE MF,Héry-ARNAUD G,HAGUENOER E,et al. Identification of Streptococcus agalactiae isolates from various phylogenetic lineages by matrix-assisted laser desorption ionization-time of flight mass spectrometry. J Clin Microbiol,2009,47(7):2284-2287.

[59] LI TY,LIU BH,CHEN YC. Characterization of Aspergillus spores by matrix-assisted laser desorption/ionazation time-of-flight mass spectrometry[J]. Rapid Commun Mass Spectrom,2000,14(24):2393-2400.

[60] LIU H,DU Z,WANG J,et al. Universal sample preparation method for characterization of bacteria by matrix-assisted laser desorption ionization-time of flight mass spectrometry[J]. Appl Environ Microbiol,2007,73(6):1899-1907.

[61] LOTZ A,FERRONI A,BERETTI JL,et al. Rapid identification of mycobacterial whole cells in solid and liquid culture media by matrix-assisted laser desorption ionization-time of flight mass spectrometry[J]. J Clin Microbiol,2010,48(12):4481-4486.

[62] MARTINY D,BUSSON L,W GBO I,et al. Comparison of the Microflex LT and Vitek MS systems for routine identification of bacteria by matrix-assisted laser desorption ionization-time of flight mass spectrometry[J]. J Clin Microbiol,2012,50(4):1313-1325.

[63] MARINACH C,ALANIO A'PALOUS M,et al. MALDI-TOF MS-based drug susceptibility testing of pathogens:the example of Candida albicans and fluconazok[J]. Proteomics,2009,9(20):4627-4631.

[64] MARKLEIN G,JOSTEN M,KLANKE U,et al. Matrix-assisted laser desorption ionization-time of flight mass spectrometry for fast and reliable identification of clinical yeast isolates[J]. J Clin Microbiol,2009,47(9):2912-2917.

[65] MELLMANN A,CLOUD J,MAIER T,et al. Evaluation of matrix-assisted laser desorption ionization-time-of-flight mass spectrometry in comparison to 16S rRNA gene sequencing for species identification of nonfermenting bacteria[J]. J Clin Microbiol,2008(46):1946-1954.

［66］MELLMANN A，BIMET F，BIZET C，et al. High interlaboratory reproducibility of matrix-assisted laser desorption ionization-time of flight mass spectrometry-based species identification of nonfermenting bacteria. J Clin Microbio，2009，47（11）：3732-3734.

［67］MURRAY PR. Matrix-assisted laser desorption ionization time-of-flight mass spectrometry：usefulness for taxonomy and epidemiology［J］. J Clin Microbiol Infect，2010，16（11）：1626-1630.

［68］MC TAGGART LR，Eel E，Richardson SE，et al. Rapid identification of *Cryptococcus neoformans and Cryptococcus gattii* by matrix-assisted laser desorption ionization-time of flight mass spectrometry［J］. J Clin Microbiol，2011，49（8）：3050-3053.

［69］NAGY E，MAIER T，URBAN E. Species identification of clinical isolates of Bacteroides by atrix-assisted laser-desorption/ionization time-offlight mass spectrometry. Clin Microbiol & Infect，2009，15（8）：796-801.

［70］PARKER CE，PAPAC DI，TOMER KB. Monitoring cleavage of fusion proteins by matrix-assisted laser desorption ionization/mass spectrometry：recombinant HIV-1 ⅢB p26［J］. Anal Biochem，1996，239（1）：25-34.

［71］QUIIES-MELERO I，GARCIA RODRIGUEZ J，et al. Evaluation of matrix-assisted laser desorption/ionisation time-of-flight（MALDI-TOF）mass spectrometry for identification of Candida parapsilosis，*C. orthopsilosis* and *C. metapsilosis*［J］. Eur J Clin Microbiol Infect Dis，2012，31（1）：67-71.

［72］ROMERO-GOMEZ MP，MINGORANCE J. The effect of the blood culture bottle type in the rate of direct identification from positive cultures by matrix-assisted laser desorption/ionization time-of-flight（MALDI-TOF）mass spectrometry［J］. J Infect，2011，62（3）：251-253.

［73］STEVENSON L，DRAKE S，MURRAY P. Rapid identification of bacteria in positive blood culture broths by matrix-assisted laser desorption/ionization-time of flight mass spectrometry［J］. J Clin Microbiol，2010，48（2）：444-447.

［74］SPMD NH，KOPPEN B. Determination of polar pesticdes in ground water using liquid chromatography-mass spectrometry with atmospheic pressure chemical ionization［J］. J-Chromatogr-A，1996（736）：105.

［75］SENG P，DRANCOURT M，GOURIET F，et al. Ongoing revolution in bacteriology：routine identification of bacteria by matrix-assisted laser desorption ionization time-of-flight mass spectrometry［J］. Clin Infect Dis，2009，49（4）：51-543.

［76］SPARBIER K，SCHUBERT S，W ELLER U，et al. Matrix-assisted laser desorption ionization-time of flight mass spectrometry based functional assay for rapid detection of resistance against β-lactam antibiotics［J］. J Clin Microbiol，2012，50（3）：927-937.

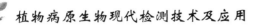

[77] STEVENSON LG, DRAKE SK, MURRAY PR. Rapid identification of bacteria in positive blood culture broths by matrix-assisted laser desorption/ionization-time of flight mass spectrometry[J]. J Clin Microbiol, 2010, 48(2): 444-447.

[78] VAN VEEN SQ, CLAAS EC, Kuijper EJ. High-throughput identification of bacteria and yeast by matrix assisted laser desorption ionization-time of flight mass spectrometry in conventional medical microbiology laboratories[J]. J Clin Microbiol, 2010, 48 (3): 900-907.

[79] WANG J, CHEN WF, LI QX. Rapid identification and classification of Mycobacterium spp. using whole-cell protein barcodes with matrixassisted laser desorption ionization time of flight mass spectrometry in comparison with multigene phylogenetic analysis[J]. Anal Chim Acta, 2012, 716: 133-137.

[80] WELHAM KJ, DOMIN MA, Scannell DE, et al. The characterization of micro-organisms by matrix-assisted laser desorption/ionization time-of-flight mass spectrometry[J]. Rapid Commun Mass Spectrom, 1998, 12(4): 176-180.

[81] YAB Y, HE Y, MAIER T, et al. Improved identification of yeast species directly from positive blood culture media by combining Sepsityper specimen processing and Microflex analysis with the matrix-assisted laser desorption ionization Biotyper system[J]. J Clin Mierobiol, 2011, 49(7): 2528-2532.

第十章 光谱技术

第一节 光谱技术的原理

一、光谱技术的概念

光谱学是光学的一个分支学科,它主要研究各种物质的光谱的产生及其同物质之间的相互作用。光谱是电磁辐射按照波长的有序排列,根据实验条件的不同,各个辐射波长都具有各自的特征强度。光谱技术的最大特色之一是对测试对象不接触且无损伤,20世纪初的物理学革命,是从光谱的实验现象引发的。运用光谱分析的方法研究的物质成分及其组成已十分广泛,如在生物化学、天文学、光电子学、环保、卫生医药等领域内的基础科学和应用科学的研究中已得到普遍应用。分子光谱技术包括核近红外光谱技术(NIR)、拉曼光谱技术、腔衰荡光谱技术、紫外光谱技术、原子荧光光谱技术、激光诱导击穿光谱技术等。

二、近红外光谱技术

近红外光是电磁波的一种,它的波长较长,范围为 780 nm～2526 nm,是认识最早的非可见光区域。习惯上又将近红外光划分为近红外短波(780 nm～1100 nm)和长波(1100 nm～2526 nm)两个区域。其最早被应用可追溯到 1939 年,在 20 世纪 80 年代后期迅速发展起来,成为一种高新检测技术,在欧美国家已经成为农产品分析的重要手段。现代近红外光谱技术是光谱测量技术与化学计量学学科的有机结合,被誉为分析的"巨人"。量测信号的数字化和分析过程的绿色化又使该技术具有典型的时代特征。由于现代科技的不断发展、技术的不断完善,使得新型近红外光谱仪器得到更新,越来越广泛地应用到农业等各个领域。

(一) 近红外光谱技术的特点

近红外光谱技术之所以成为一种快速、高效适合过程在线分析的有利工具,其主要特点如下:①分析速度快。光谱的测量过程可在 1 min 内完成(多通道仪器可在 1 s 之内完成),通过建立的校正模型可迅速测定出样品的组成或性质。②分析效率高。通过一次光谱的测量和已建立的相应的校正模型,可同时对样品的多个组成或性质进行测定。在工业分析中,可实现由单项目操作向车间化多指标同时分析的飞跃,这一点对多指标监控的生产过程分析非常重要,在不增加分析人员的情况下可以保证分析频次和分析质

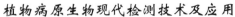

量,从而保证生产装置的平稳运行。③分析成本低。近红外光谱在分析过程中不消耗样品,自身除消耗电外几乎无其他消耗,测试费用低,仪器操作方便,对操作者要求不高。④测试重现性好。由于光谱测量的稳定性,测试结果很少受人为因素的影响,与标准或参考方法相比,近红外光谱一般显示出更好的重现性。⑤样品测量勿需预处理,光谱测量方便。由于近红外光较强的穿透能力和散射效应,根据样品物态和透光能力的强弱可选用透射或漫反射测谱方式。通过相应的测样器件可以直接测量液体、固体、半固体和胶状类等不同物态的样品。⑥便于实现在线分析。近红外光在光纤中传输特性好,通过光纤可以使仪器远离采样现场,将测量的光谱信号实时传输给仪器,调用建立的校正模型计算后可直接显示出生产装置中样品的组成或性质结果。另外,通过光纤也可测量恶劣环境中的样品。⑦典型的无损分析技术。光谱测量过程中不消耗样品,从外观到内在都不对样品产生影响。鉴于这一特点,该技术在活体分析和医药临床领域正得到越来越多的应用。⑧对环境无污染,运用绿色分析技术对样品进行处理及分析测试。⑨现代近红外光谱分析也有其固有的弱点:一是测试灵敏度相对较低,这主要是因为近红外光谱作为分子振动的非谐振吸收跃迁几率较低,一般近红外倍频和合频的谱带强度是其基频吸收的 10 分之一到 10000 分之一,就对组分的分析而言,其含量一般应大于 0.1%;二是一种间接分析技术,方法所依赖的模型必须事先用标准方法或参考方法对一定范围内的样品测定出组成或性质数据,因此模型的建立需要一定的化学计量学知识、费用和时间。另外分析结果的准确性与模型建立的质量和模型的合理使用有很大关系。

(二) 近红外光谱技术的发展历程

近红外光谱技术的发展大致分为 5 个阶段,20 世纪 50 年代以前人们对近红外光谱已有初步的认识,但由于缺乏仪器基础,尚未得到实际应用;进入 20 世纪 50 年代,随着商品化仪器的出现及 Norris 等所做的大量工作,近红外光谱技术在农副产品分析中得到广泛应用;到 20 世纪 60 年代中期,随着各种新的分析技术的出现加之经典近红外光谱分析暴露的灵敏度低、抗干扰性差等弱点,使近红外光谱技术进入一个沉默的时期,除在农副产品分析中开展一些工作外,新的应用领域几乎没有拓展,Wetzel 称之为"光谱技术中的沉睡者";20 世纪 80 年代以后,随着计算机技术的迅速发展,带动了分析仪器的数字化和化学计量学学科的发展,化学计量学方法在解决光谱信息的提取及背景干扰方面取得良好效果,加之近红外光谱在测样技术上所独有的特点,使近红外光谱在各领域中的应用研究陆续开展,数字化光谱仪器与化学计量学方法的结合形成了现代近红外光谱技术,这个阶段堪称是一个分析巨人由苏醒到成长的时期;进入 20 世纪 90 年代,近红外光谱在工业领域中的应用全面展开,由于近红外光在常规光纤中良好的传输特性,使近红外光谱在线分析领域得到很好应用,并取得极好的社会和经济效益,从此近红外光谱步入一个快速发展的时期。

(三) 近红外光谱的产生及测定过程

近红外光谱的产生,主要是由于分子振动的非谐振性,使分子振动从基态向高能级的跃迁成为可能。在近红外光谱范围内,测量的主要是含氢基团 X—H(X＝C、N、O、S 等)振动的倍频及合频吸收。

与其他常规分析技术不同,现代近红外光谱是一种间接分析技术,是通过校正模型的建立实现对未知样本的定性或定量分析。图 10-1 给出了近红外光谱分析模型建立及应用的框图,其分析方法的建立主要通过以下几个步骤完成:一是选择有代表性的校正集样本并测量其近红外光谱;二是采用标准或认可的参考方法测定所关心的组成或性质数据;三是根据测量的光谱和基础数据通过合理的化学计量学方法建立校正模型,在光谱与基础数据关联前,为消除各种因素对光谱的干扰,需要采用合适的方法对光谱进行预处理;四是未知样本组成性质的测定,在对未知样本测定时,根据测定的光谱和校正模型适用性判据,要确定建立的校正模型是否适合对未知样本进行测定,如适合,则测定的结果符合模型允许的误差要求,否则只能提供参考性数据。

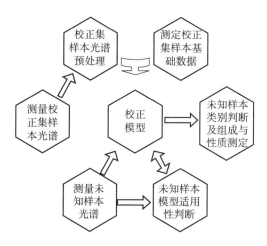

图 10-1　近红外光谱模型建立及应用框图

(四) 近红外光谱仪器发展概况

现代近红外光谱仪器从分光系统可分为固定波长滤光片、光栅色散、快速傅里叶变换和声光可调滤光器(AOTF)四种类型。光栅色散型仪器根据使用检测器的差异又分为扫描式和固定光路两种。在各种类型仪器中,滤光片型主要作专用分析仪器,如粮食水分测定仪、油品专用分析仪等。为提高测定结果的准确性,现在的滤光片型仪器往往装有多个滤光片供用户选择。光栅扫描式是最常用的仪器类型,采用全息光栅分光、PDs或其他光敏元件作检测器,具有较高的信噪比。由于仪器中的可动部件(如光栅轴)在连续高强度的运行中可能存在磨损问题,从而影响光谱采集的可靠性,不太适合于在线分析。傅里叶变换近红外光谱仪是目前近红外光谱仪器的主导产品,具有较高的分辨率和扫描速度,这类仪器的弱点同样是干涉仪中存在移动性部件,且需要较严格的工作环境。FT-NIR 仪器对干涉仪部分作了改进,采用两个双折射棱镜使两束光出现相差,实现光的干涉,近似地消除了对移动部件的需要。与普通的 FT-NIR 仪器相比,减少了对振动、温度和湿度的敏感性。AOTF 是 20 世纪 90 年代初出现的一类新型分光器,采用双折射晶体,通过改变射频频率来调节扫描的波长,整个仪器系统无移动部件,扫描速度快,具有较好的仪器稳定性,特别适合用于在线分析。但目前这类仪器的分辨率相对较低,AOTF 的价格较高。随着多通道检测器件生产技术的日趋成熟,采用固定光路、光栅分光、多通道检测器构成的 NIR 仪器,以其性能稳定、扫描速度快、分辨率高、性能价格比好等特点正越来越引起重视。在与固定光路相匹配的多通道检测器中,常用的有二极管阵列(photo diode-array,PDA)和电荷耦合器件(charge coupied devices,CCD)两种类型,Lysaght 采用 PDA 作检测器成功地研制了用于近红外短波区域的光谱仪。CCD 作为一种多通道、高灵敏度的光敏器件以其良好的性能价格比已在许多领域得到应用。用于近红外短波区域的 CCD 芯片制造技术已比较成熟,近红外长波区域用 CCD 器件的产品也已出现,研制 CCD 近红外光谱仪器的技术基础已经具备。

我国 NIR 仪器的研制起步较晚,20 世纪 90 年代中期,有的厂家在生产傅里叶变换红外光谱仪器的基础上,开发生产了傅里叶变换近红外光谱仪器,由于缺乏相匹配的光谱定量分析软件,仪器的使用和推广受到很大限制。石油化工科学研究院在充分调研的基础上提出了采用固定光路、CCD 器件作检测器的技术路线,研制出样机并形成自己的专利技术。鉴于固定光路、多通道检测器仪器的特点,在光路结构设计、材料选择和波长定标校正方面做了大量工作,目前该仪器已实现商品化。图 10-2 为仪器的结构示意图,仪器的主要性能指标如下:

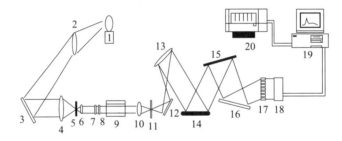

1—光源;2、4、6、10、13—透镜;3、12、16—反射镜;5—光阑;7—光闸;8—滤光片;

9—样品池;11—狭缝;14—光栅;15—球面镜;17—CCD;18—A/D 板;19—计算机;20—打印机。

图 10-2 近红外光谱结构示意图

测谱范围:700 nm~1100 nm。

光谱分辨率:优于 1.5 nm。

杂散光:小于 0.1% T。

波长准确性:0.2 nm。

波长重复性:0.05 nm(10 次测量)。

光谱重复性:优于 0.0006 AU(10 次测量)。

在研制新型近红外光谱仪器,提高仪器性能的同时,为适合各类样品的分析,近红外光谱测样器件的研制也越来越引起人们的重视。在各类测样器件中,最引人注目的是各种光纤测样器件的开发。通过光纤测样器件,一方面可以方便测样过程,另一方面可以利用光纤的远距离传输特性,将近红外光谱技术用于在线分析。

(五)近红外光谱中的化学计量学方法

光谱化学计量学软件是现代近红外光谱分析技术的一个重要组成部分,将稳定、可靠的近红外光谱分析仪器与功能全面的化学计量学软件相结合也是现代近红外光谱技术的一个明显标志。因此,光谱化学计量学方法研究在现代近红外光谱技术的发展中占有非常重要的地位。从另外一个方面讲,现代近红外光谱技术的发展也带动和促进了化学计量学学科的发展。

近红外光谱中化学计量学方法的研究主要涉及 3 个方面的内容:一是光谱预处理方法的研究,针对特定的样品体系,通过对光谱的适当处理,减弱各种非目标因素对光谱的影响,净化谱图信息,为校正模型的建立和未知样品组成或性质的预测奠定基础;二是近红外光谱定性和定量校正方法的研究,建立稳定、可靠的定性或定量分析模型;三是校正模型传递技术的研究,也称近红外光谱仪器的标准化,将在一台仪器上建立的定性或定量校正模型可靠地移植到其他相同或类似的仪器上使用,从而减少建模所需的时间和费用。

(六) 近红外光谱中谱图预处理的方法研究

仪器采集的原始光谱中除包含与样品组成有关的信息外,同时也包含来自各方面因素所产生的噪声信号。这些噪声信号会对谱图信息产生干扰,从而影响校正模型的建立和对未知样品组成或性质的预测。因此,谱图的预处理主要解决光谱噪声的滤除、数据的筛选、光谱范围的优化及消除其他因素对谱图信息的影响,为下步校正模型的建立和未知样品的准确预测打下基础。

谱图的预处理研究包括两个方面的内容:一是噪声和其他谱图不规则影响因素的滤除,如消除随机噪声、样品背景干扰、测样器件引起光谱差异等因素对校正结果产生的影响;二是谱图信息的优化,即在上述基础上对反映样品信息突出的光谱区域进行选择,筛选出最有效的光谱区域,提高运算效率。

1. 噪声及其他干扰因素的消除

平滑处理:在光谱信号处理中,平滑是滤除噪声最常用的方法。关于随机噪声大小对近红外光谱校正模型的影响,Mc Ciure 等做了较细致的研究,认为随光谱信号中叠加噪声水平的增加,模型精度变差,因此,要获得良好的模型精度,滤除光谱信号中的噪声是非常必要的。有关平滑处理的数学方法很多,如傅里叶变换、奇异值分解及一些其他方法。这些方法在解决不同类型的噪声、改善信噪比方面都各有特点,但最常用和有效的方法还是卷积平滑方法。平滑处理一般涉及处理窗口的大小,窗口的尺寸应根据光谱数据采集密度的具体情况确定,窗口数据点过少,达不到理想的滤噪效果,窗口过大,则可能丢失有用的光谱信息。因此,合理的平滑方式必须根据仪器和光谱数据采集的具体情况确定。

基线校正:由于仪器、样品背景或其他因素影响,近红外光谱分析中经常出现谱图的偏移或漂移现象,如不加处理,同样会影响校正模型建立的质量和未知样品预测结果的准确性。基线校正最常用的解决办法是对光谱进行一阶微分或二阶微分处理,前者主要解决基线的偏移,后者则解决基线的漂移。另外,Barnes 还提出"消除趋势"法解决漫反射分析中出现的基线漂移问题。在近红外光谱分析时,样品的均匀性、粒径大小和光程长短也经常影响光谱的形状;光谱的标准归一化处理(SNV)是解决测量光程变化较理想的方法,而多元散射校正技术(MSC)则在解决样品的粒径不均匀或测样容器不一致对光谱的影响上有良好的效果。在实际工作中,基线校正方法的选择要根据样品的具体情况确定。

2. 谱图信息的选择

一般认为,除在多元线性回归中需对样品吸收的峰位进行认真选择外,采用主成分回归(PCR)和偏最小二乘(PLS)等适合全谱解析的因子分析技术勿需对波长范围进行选择。但实验结果证明,在建模之前,对建模的光谱信息进行选择,对减少噪声信号的影响,提高运算效率和模型的稳定性都是有益的。

(七) 近红外光谱定性和定量校正方法研究

可靠的定性和定量校正模型的建立是对未知样品的类别、组成或性质作出准确预测的前提。因此,定性和定量校正方法的研究一直是近红外光谱计量学方法研究中的一个核心问题。

1. 定性判别

由于近红外光谱是含氢基团伸缩振动的倍频及合频吸收,谱带较宽,特征性不强。因此,近红外光谱很少用于化合物基团的识别及结构鉴定。近红外光谱中定性分析一般是用于确定分析样品在已知类别中的位置。通过定性分析也可以将样品集划为子集,提高定量校正模型的预测精度。判别分析是最常用的定性识别方法,其基本思路是同类样品在不同的波长下具有相近的光谱吸收,这种光谱间的比较可以是原始光谱,也可以是经处理后的光谱。主成分分析(PCA)是常用的判别分析方法。通过主成分分析,将多波长下的光谱数据压缩到有限的几个因子空间内,再通过样品在各因子空间的得分确定所属的类别,但 PCA 对样本与校正集间的确切位置缺乏定量的解释。近红外光谱定性分析中另一种常用的方法是用 Mahaianobis 距离或 Normaiized 距离,其核心是通过多波长下的光谱数据,定量描述出测量样本离校正集样本的位置,因而在光谱匹配、异常点检测和模型外推方面都很有用。但应用该方法时,波长位置的选择非常重要,波长点过少,光谱得不到合理描述,波长点过多,计算量很大。为此,将先对样品集通过主成分分析进行降维处理,然后再用得到的光谱因子得分计算 Mahaianobis 距离的方法,这样既利用了 PCA 降维处理不丢失信息的特点,又可利用 Mahaianobis 距离便于建立定量域值的优点。除以上方法外,模式识别和人工神经网络在光谱的定性判别中正得到越来越多的应用,如金同铭等利用近红外光谱通过模式识别判别蚕茧的性别,Feidhoff 则采用人工神经网络进行回收垃圾的分拣识别。

2. 定量校正方法

近红外光谱测量时一般不需对样品进行预处理,但测定的光谱可能受到各方面因素影响。利用单一波长下获得的光谱数据很难获得准确的定量分析结果。因此,现代近红外光谱数据的量测都是在多波长下进行。各种多元校正技术的采用,正是现代近红外光谱分析与经典近红外光谱分析的本质区别之一。早在 1968 年,Norris 等就利用 3 个波长下的光谱数据、采用多元线性回归建立校正曲线,测量肉中的脂肪和水分,在一定上减少了背景干扰问题。20 世纪 80 年代中后期,随着计算机技术的迅速发展,分析仪器进入信号数字化的新时代,如何利用全谱信息,提高分析结果的准确性,成为光谱化学计量学研究的新热点。各种多元校正技术如逐步多元线性回归(SMLR)、主成分回归(PCR)、偏最小二乘回归(PLS)、人工神经网(ANN)和拓扑(TP)等方法陆续在近红外光谱分析中得到应用,并取得良好的应用效果。

在采用的各种计量学方法中,MLR、SMLR、PCR 和 PLS 在处理线性相关问题上得到较好的结果,而 ANN 和 TP 在处理定量模型的非线性问题上具有一定的优势,特别是 TP 方法,已成为一些仪器公司计量学软件中的基本算法,并在工业领域得到应用。在化学计量学研究中,提出了稳健偏最小二乘回归(RPLS)和新的 ANN 方法用于近红外光谱分析,前者在解决特异点干扰中取得良好效果,后者则在解决一些非线校正问题时取得良好效果。在涉及具体的应用对象时,最好对定量校正方法进行比较,以确定合理的方法。

(八) 近红外光谱中的模型传递技术

所谓模型传递就是将在一台仪器上建立的校正模型通过适当的光谱处理在其他类似的仪器上也可以使用。近红外光谱作为一种通过建立校正模型对未知样品进行分析的技术,多用于大批量的样品分析及各种工业过程的控制分析或在线分析。一个较完整的、适用性强的校正模型的建立往往要花费大量的人力、物力和财力。为节省建模费用,在行业分析中,实现模型库共享,进而实现校正模型的可移植转换就非常有意义。

在进行大量化学计量学基础研究的基础上,石油化工科学研究院研制了"光谱分析化学计量学软件",该软件采用中文界面,在中文 Windows 95/98 系统中运行,采用开放式平台设计,软件由校正建模、常规分析和实时分析三部分构成。与国外同类软件相比,该软件在光谱优选、模型的适用性判断、模型智能化选择和产品模捆绑技术上具有独到的特色。

三、拉曼光谱技术

拉曼光谱是一种散射光谱,它是 1928 年由印度物理学家 C V Raman 发现的。拉曼散射是光通过介质时由于入射光与分子运动相互作用而引起的频率发生变化的散射,拉曼光谱常用来表征分子的结构特征,也被称为分子的"指纹谱"。拉曼光谱是由分子的极化率的变化造成的,而红外光谱则是由分子电偶极矩的变化造成的。分子振动时,其电偶极矩的变化与极化率的变化是不完全相同的,因此分子的红外光谱与拉曼光谱也不完全相同,在光谱分析工作中两者可以相互补充。当一束频率为 v_0 的单色光入射到散射系统(如透明介质)时,会引起向四面八方辐射的微弱的散射光。在散射光谱中,不仅能观察到有与入射频率 v_0 相同的成分,而且还有对称分布在 v_0 两侧的成对光谱线:$v = v_0 \pm v_R$,这个对称分布于 v_0 两侧的成对光谱线($v = v_0 \pm v_R$)就是拉曼散射谱线,这个效应称为拉曼散射效应。通常称频率 $v = v_0 - v_R$ 的线为斯托克斯线,频率 $v = v_0 + v_R$ 的线为反斯托克斯线。瑞利散射总是与拉曼散射同时出现,而且强度比拉曼散射大约高 3 个数量级。用它作为散射谱的参考位置可以方便地确定频率移动量 v_R。v_R 称为拉曼频率,它是由散射系统的性质决定的,与入射光频率 v_0 无关,仅取决于样品分子本身固有的振动和转动能级的结构,选用不同频率的激发光都可以观察到相同的 v_R 值。拉曼光谱作为一种鉴定物质结构的分析测试手段而被广泛应用,尤其是在20世纪60年代后,由于激光光源的引入、微弱信号检测技术的提高和计算机的应用,使拉曼光谱分析在许多应用领域取得了很大的发展。随着近场光学技术的发展,人们将拉曼光谱与近场光学技术相结合,不仅获得了物质的近场拉曼光谱,而且也大大提高了拉曼光谱的空间分辨率,同时还能获得物质的超衍射分辨微观形貌像。由于近场拉曼光谱和形貌像两者相对应,所以更便于在纳米尺度下对物质的特征光谱进行指认。在某些情况下,有可能观测到与远场光谱特征不同的近场拉曼光谱,从而为物质纳米尺度特性的研究提供了更多的信息。

(一)拉曼光谱效应主要特征

①自然界当中每一种物质或者是分子都会具有属于自己的拉曼光谱特性。这种拉曼光谱特性可以表示为该种物质的表征。②一种物质的拉曼光谱频率特征与入射光频率之间并没有明显的关联,因为拉曼散射属于瞬时的。当入射光消失的时候,拉曼散射也会消失。③拉曼光谱本身的线宽会很窄,基本上出现的形式是双数出现,也就是以正负频率出现的。相对于入射光线较短的波长被称为反斯托克斯线,较长的一边则被称为斯托克斯线。④拉曼光谱频率位移发生时,其数值往往浮动在0～400个波束之间。⑤通常情况下,拉曼频率位移应当属于分析结构的内部震动或者是转动的频率。而有些时候,这种频率位移则又与红外吸收光谱之间产生位移上的重叠,前提是波束范围相同。

(二)近场拉曼光谱和近场拉曼光谱仪

拉曼光谱在鉴定物质结构方面有突出的优点,而近场光学显微镜SNOM在空间分辨率和纳米尺度观察方面具有独特优势。人们考虑将SNOM技术应用于拉曼光谱的研究,以获得样品在近场条件下的近场拉曼光谱,将拉曼光谱研究扩展到了纳米领域。

近场拉曼光谱具有如下优点:①SNOM带来更高的空间分辨率以及较低的背景散射(瑞利散射减小),使得获取高于远场光谱理论极限的纳米空间尺寸的局域拉曼光谱成为可能;②可以在获得样品的拉曼光谱的同时得到近场形貌图,两者结合更易于对近场拉曼光谱进行指认;③探针的金属尖端局域增强了隐失场,同时当隐失场在纳米尺度衰减时,产生强的电场梯度效应,这个电场梯度效应与样品的拉曼光谱发生作用,产生了梯度场拉曼效应(gradient-field Raman,GFR);④GFR效应使近场拉曼光谱中出现了远场拉曼不可能出现的一些振动模式,更多的振动模式使近场拉曼光谱的拉曼选择定则与远场拉曼光谱有所不同;⑤由于探针表面金属膜引起样品拉曼信号的近场表面增强,使有可能观测到与远场特征光谱不同的近场拉曼光谱,从而可对材料的研究提供更多的信息;⑥以纳米间距对样品进行逐点扫描可以得到近场拉曼谱像,近场拉曼谱像的最大优点是具有超衍射的空间分辨率。随着孔径探针制备技术的提高和无孔径探针的使用,空间分辨率从最初的250 nm发展到30 nm。近场拉曼谱像、近场拉曼光谱和近场形貌像三者的结合更易于对纳米局域空间的样品光谱进行测量和指认。

要对近场拉曼光谱信号进行研究,首要的是建立测量仪器,即近场拉曼光谱仪。拉曼散射的效率非常低,它的散射截面(约 10^{-30} cm^2)比荧光染料分子散射截面(约 10^{-16} cm^2)小14个数量级。而近场拉曼光谱的强度比远场拉曼光谱更弱。因此,解决极弱近场拉曼光谱信号的探测是设计和制作近场拉曼光谱仪的核心问题。同时,为了提高探测灵敏度,提高光谱信噪比也是一个很重要的方面。近场拉曼光谱仪的改装主要是由购买近场光学显微镜,并配以光谱仪组建而成,也有在光谱仪的基础上,利用原子力显微镜或扫描隧道显微镜改造成近场拉曼光谱仪的。

多数实验室中的近场拉曼光谱仪都是在孔径 SNOM 的基础上改装而成的。孔径探针大多是顶端开有一个 50 nm～200 nm 小孔的光纤探针,将探针维持在离样品表面数十纳米的距离,激光经小孔照明样品。拉曼信号由远场物镜或由光纤探针接收。SNOM 工作在照明方式时,光纤探针的光通量很低,影响了入射到样品上的光强度(典型值为 100 nW)。如果提高入射光纤的光强度,则由于光纤导热性能差,所以会烧坏光纤孔径;而扩大探针孔径,分辨率又会降低。因此对于光纤探针来说,探针孔径和光通量是一对矛盾。虽然探针制备技术有了很大地提高,对于孔径小于 200 nm 的探针来说,光通量依旧很低。再加上本身拉曼散射的效率很低,用孔径探针拉曼光谱仪获得一张近场拉曼光谱一般需要几分钟的时间,获得一张近场拉曼谱像的时间更长。因此,为了方便探测,一般都在光纤探针上镀一层金属膜,增强拉曼信号。

无孔径探针是用极小的金属尖端代替光纤探针。使用合适的金属尖端,能够使尖端附近的样品的拉曼信号增强几个数量级。增强效应的产生可能是由以下几个原因形成的:金属尖端极小的不规则引起的尖端附近场增强;由入射光激发产生的表面等离子;或者是由于针尖和样品相互作用引起的样品极化增强。对于给定的金属针尖来说,所能引起的增强大小取决于入射光的偏振方向、入射角和波长。

近场拉曼光谱仪的照明方式有透射照明和反射照明两种。透射照明时,为了增强近场,需要用金属膜做样品基底或将样品生长在金属表面,而且要求是透明的、薄的样品。无孔径探针的反射照明原则上可以使用任何样品,不需要对样品特殊制备。

(三)近场拉曼光谱探测技术的发展

近场拉曼光谱的信号极弱,探测较难。在近场光学显微镜被发明之后,近场拉曼光谱探测有了很大地改观。在空间分辨率上从 100 nm 发展到几十纳米甚至几纳米;应用范围也越来越宽,利用近场拉曼光谱可以对化学和生物分子、纳米材料等进行特性研究。近场拉曼光谱探测技术主要有常规近场光谱探测方法和近场增强拉曼光谱探测方法两种。

1. 常规近场光谱探测方法

在早期的近场拉曼光谱探测中,大多是常规探测方法,没有使用任何近场增强技术。第一张近场拉曼光谱图是由 D P Tsai 等在 1994 年获得的。他们利用 SNOM 和常规拉曼光谱仪组合成一台近场拉曼光谱仪,光源为 Kr(氪)离子激光器的 530.8 nm 线通过无距离测控装置的一根光纤探针后,照明金刚石样品,近场拉曼散射光由 SPEXl877 三单色仪单色后由液氮制冷的 CCD 接收,经信号处理后,分别获得了工作在照明/收集模式下的锥形和扁平形光纤探针的金刚石膜反射近场拉曼光谱。这个实验是光纤探针没有镀膜,无法形成场增强,光谱信号弱;工作在照明做集模式,虽然实验装置简单,但是极大影响了信噪比;探针与样品间距估计约为 100 nm,测控精度不高;系统也没有成像能力,不能同时获得样品的近场像。1995 年,CL Jahncke 等在 SNOM 的基础上,结合一个工作在计数模式下的制冷光电倍增管和一台 SPEX C-T 双单色仪来探测拉曼信号。
514.5 nm 的氩离子激发光由一块干涉滤光片去除等离子线,经菲涅耳棱镜改变偏振态
后耦合入 SNOM 锥形光纤探针,SNOM 用切变力反馈控制将样品和探针的间距维持在
几纳米。用此装置进行近场扫描样品,得到了 KTP 晶体在近场下和远场下的不同拉曼
谱图(见图 10-3),第一次得到了近场下的局域拉曼谱像,耗时 10 h,分辨率为 250 nm。
由图 10-3 可以看到,近场与远场有两个很明显的不同:①近场下的瑞利背景散射大大
减少。因为瑞利散射是由样品的不均匀引起的,近场探针照明与远场相比,对应的样品
体积更小,因此瑞利背景散射减小。②在 700 cm⁻¹ 附近,远场谱和近场谱具有不同的特
征。图 10-3 中,远场 a)线和 b)线在 700 cm⁻¹ 处只有一个尖峰,而近场 c)线在
700 cm⁻¹ 处有两三个尖峰。金属探针近场接触样品引起表面增强效应,使得表面灵敏度
更高,探测到了新的振动模式。

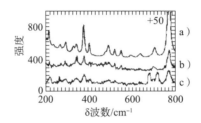

a) 远场显微拉曼光谱;b) 样品和探针不在近场距离;c) 样品和探针在近场距离

图 10-3　KTP 晶体在远场下和近场下的拉曼光谱比较

通过上述分析可以看到,用常规非增强方法探测近场拉曼光谱仍存在许多缺点。除
了特殊样品外,一般样品的光谱信号弱,取样时间过长,而且谱图的信噪比也较差,不利
于对研究物质的细化分析。因此,现在大多采用近场增强的方法来探测近场拉曼光谱。

2. 近场增强拉曼光谱探测方法

目前采用的近场增强方法有共振拉曼散射方法和表面增强拉曼散射方法。

(1) 共振拉曼散射(resonance Raman scattering-RRS)

在正常拉曼光谱实验中,使用的入射激发线波长远离被测分子的电子吸收光谱带。
当改变激发线的波长使之接近或落在分子的电子吸收光谱带内时,分子的某些拉曼谱带
的强度将大大增强,这种现象叫做共振拉曼效应(resonance Raman effect),它是电子态
跃迁与振动态相耦合作用的结果。一般共振拉曼散射强度可比正常拉曼散射的强度增
加 $10^4 \sim 10^6$。1995 年,D A Smith 等在 Renishaw 显微拉曼光谱仪基础上,结合自制的近
场光学显微镜组建成了一台近场共振拉曼光谱仪。增强的机理是,用与样品聚丁二炔的
电子跃迁产生共振的 633 nm 线做激发光,同时采用较精确的切变力反馈方法监控光纤
探针的移动,可以接近样品十几纳米。通过 100 nm 亚波长小孔近场扫描样品,横向得到
了聚丁二炔纳米颗粒在不同位置时的近场共振拉曼光谱,扫描时间为 30 s,大大缩短了
时间。同时,近场拉曼光谱仪的横向和纵向分辨率分别达到了 10 nm 和 3 nm。

共振拉曼散射方法对拉曼增强是一种有效的手段,但并不是在所有的情况下都能得
到共振拉曼散射。如果被测物质在近红外、可见或紫外光区没有电子吸收带,也就无法

达到共振条件；某些物质在这些光谱区虽然有电子吸收带，但在激光激发下具有强烈的荧光发射，形成了对拉曼散射的干扰，甚至出现对拉曼谱产生湮灭的现象；某些物质在激光照射下还会出现光化反应。由于这些因素，这些物质就不能采用共振拉曼散射的方法来研究。

（2）表面增强拉曼散射（surface enhanced raman scattering-SERS）

SERS 技术是基于拉曼散射效应，结合表面增强机理发展而成的一种具有高灵敏度的分析技术，是传统拉曼光谱技术的重要发展，它不仅能提供被检测物详细的结构信息，同时对其检测限可能达到单分子的水平，以高出常规拉曼技术数个数量级的灵敏度，实现对痕量物质的检测。实验表明，当纳米颗粒在一定尺寸形状条件下，将其作为表面增强拉曼的基底，可使与之吸附的目标分子的拉曼散射信号得到极大的增强，因此，将通过纳米颗粒修饰过的固态基底或者纳米颗粒溶胶用于实现表面增强拉曼散射效应，可使其检测灵敏度提高 4 个～10 个数量级。除了在物质分子结构分析方面，表面增强拉曼散射在痕量化学物快速检测的应用也越来越显示出巨大的潜力。该技术具有简单、快速、准确、灵敏度高、线性好等特点，可提供快速、准确、高灵敏的分析方法。同时，由于检测方法简便快速，检测费用低，检测系统便携，该技术不仅便于在普通实验室推广和应用，也适合进行现场的快速检测。

自 20 世纪 70 年代末观测并认识到拉曼散射现象以来，对其机理的研究不断深入，形成了以电磁增强和化学增强为主的两大理论体系，而对拉曼散射增强活性基底的合成制备更是过去三十多年的研究热点，通过物理、材料及化学领域研究人员的不懈努力，使得表面拉曼散射增强因子从最初的 $10^3 \sim 10^5$ 提高到 $10^{14} \sim 10^{15}$，实现对单细胞、单分子的检测。有关拉曼散射增强机理及纳米活性基底的综述文献目前已有很多，如 Kneipp 等在 2006 年对有关 SERS 物理和化学增强机理进行了较为全面的总结。而对 SERS 活性基底的研究进展，也从不同角度出发进行了综述报道，如 Lin 等对 SERS 基底的制备及不同制备方法的优劣势进行了分析，Fan 等对已有不同类型 SERS 基底、制备合成技术及应用等作了综述。尽管在过去几十年里对拉曼散射机理及形形色色的活性基底合成做了大量的工作，而相应技术及基底的应用一直处于严重滞后状态，SERS 技术在化工、催化、环境、医学、生命、刑侦以及考古等领域的应用研究尚处于起步阶段，但是已有的研究显示出 SERS 在各个领域的广阔应用前景。

SERS 主要特点是：①与吸附金属种类有关。目前发现有表面增强效应的金属有金、银等，其中以银的增强效应最为显著。②与吸附金属表面的粗糙度有关。当金属表面具有微观（原子尺度）或介观（纳米尺度）结构时才有表面增强效应。实验发现，当银的表面粗糙度为 100 nm、铜的表面粗糙度为 50 nm 时，增强效应较大。③表现为宽频带的共振关系。与此相关，拉曼选择定则加宽。实验发现，某些只有红外活性的介质，才能测量到增强的拉曼散射信号。④与分子的振动模式有关。振动模式不同，增强因子也不同。此外，如果在分子的吸收带内激发，引起表面增强共振拉曼散射，则会有更大的增强因子，最大增强因子可达 10^{15}。

目前表面增强拉曼散射的理论还不完善。一般认为，有两个效应对增强起主要作用：①金属纳米结构的局域光强增强引起的电磁场增强；②吸附分子与金属纳米结构接触表现出"新拉曼过程"引起的散射截面增强,称之为化学或电子增强。通常的增强是两者结合作用的结果。在孤立银胶粒或者扁球形金颗粒上的电磁场增强最大可达 $10^6\sim 10^7$,而化学增强对增强因子一般可起的作用为 $10^1\sim 10^2$。常用的金属衬底为银和金纳米颗粒。

四、腔衰荡光谱技术

腔衰荡光谱(cavity ring-down spectros-copy,CRDS)技术是近 20 年发展起来的一种新型吸收光谱检测技术,具有极高的灵敏度和分辨率,且不受光源光强波动的影响,适用于微弱吸收光谱的测量,因而得到了广泛的关注和研究。自 1984 年 Anderson 等人首次运用腔衰荡光谱技术成功测量低损耗高反射膜的反射率后,国内外研究者进一步发展了腔衰荡光谱技术,将其应用于原子、分子、团簇等吸收光谱的测量、分子反应动力学的研究、大气环境监测等领域,并获得了良好的研究成果。

最初,CRDS 建立在两个高反射镜形成的光学谐振腔之上,通过测量谐振腔内的光强衰减速率来获得腔内的损耗信息。由于必须保证谐振腔的高反射低损耗特性,即要求对两个反射镜进行高反射率涂覆并保证腔镜精确对准,CRDS 在某些特定环境条件下的应用发展受到限制。2001 年之后相继出现了光纤环衰荡腔、在光纤两端进行高反射率涂覆的光纤衰荡腔及光纤布喇格光栅对衰荡腔,这些光纤型衰荡腔不仅改善了上述传统衰荡腔的局限性,而且各具有独特的优越性,已用于各种气体液体的吸收探测、传感领域。特别是在生物化学领域,通常需要在线监测混合物分离过程,其特点是被测物体积小、浓度稀,一般检测方法很难同时达到高灵敏度、简单方便的检测。而采用光纤腔衰荡光谱技术(fiber cavity ring down spectroscopy,FCRDS),由于光在衰荡腔内循环振荡几十次,探测灵敏度极高,解决了用普通吸收光谱方法检测微小体积样品时灵敏度不够高,或用荧光法检测时有些被检测物不能自然发射荧光等局限。且光纤易与光电器件连接,简化系统装置的同时增强了实用性。故 FCRDS 是一种简便、超高灵敏度的吸收光谱检测技术,已被研究者广泛应用于液相色谱、毛细管电泳分离中微流体的在线检测。

图 10-4 所示为传统腔衰荡光谱技术的原理示意图。激光器发出的脉冲光照射由两个高反射镜 M 组成的稳定光学谐振腔,由于高反射镜的高反射率特性,只有一小部分光被耦合进光腔,并在两镜之间往返振荡,腔内的光在每次反射过程中都会因为高反射镜的透射或腔内介质的吸收而减弱。在高反射镜 M 后设置高灵敏度的光探测器,检测每次反射时透射出高反射镜 M 的光,所记录的透射光强随时间的关系可用下式进行模拟:

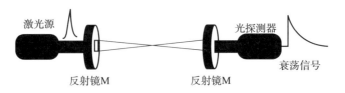

图 10-4　腔衰荡光谱原理示意图

$$\frac{\mathrm{d}I}{\mathrm{d}t} = -\frac{IAc}{nL} \qquad\qquad (10-1)$$

式中：

I——t 时刻的光强；

n——腔内介质的折射率；

L——光腔腔长；

c——真空中的光速；

A——腔内总的传输损耗，包括腔内的吸收损耗和腔镜上的不完全反射损耗及衍射损耗。

由式（10-1）得到光强随时间按指数形式衰荡，见式（10-2）：

$$I = I_0 \exp\left(-\frac{cA}{nL}t\right) \qquad\qquad (10-2)$$

定义透射光强衰减到初始光强的 $1/\mathrm{e}$ 所需的时间为衰荡时间，令其为 τ，它代表了光强的衰减速率，由式（10-3）给出：

$$\tau = \frac{nL}{cA} \qquad\qquad (10-3)$$

由式（10-3）可见，衰荡时间只与腔本身的物理参数 n、L、c 和 A 有关，与入射光强无关，腔内引入外加损耗如吸收体或弯曲等时，腔内光强的衰荡时间变小，因此通过测量引入外加损耗前后的衰荡时间，我们就可以精确测得光在腔内的损耗，进而得到引起损耗的相关信息，实现相关量的高灵敏度检测。FCRDS 在衰荡腔的构成形式上与传统 CRDS 不同，原理一致。

五、紫外光谱技术

具有光学活性的化合物，在紫外-可见光区（200 nm～800 nm）范围内，吸收一定波长的光子后，其价电子在分子的电子能级之间跃迁，由此而产生的分子吸收光谱被称为紫外-可见吸收光谱，简称紫外光谱。紫外光谱与电子跃迁有关，在分子中用分子轨道来描述其中电子的状态，分子轨道可以看作是由对应的原子轨道以线性组合而成的，组成分子的两个原子其原子轨道线性组合就形成了两个不同的分子轨道。其中轨道能量低的为成键分子轨道，是由两原子轨道相加而形成的；另一轨道能量高的为反键分子轨道，是由两原子轨道相减而成的。组成键的两个电子均在能量低的成键分子轨道中，一个自旋向上，一个自旋向下，此状态为分子的基态。但当成键的两个电子分别处在成键分子轨道和反键分子轨道时，分子便处在高能态。当分子受到紫外光的照射，并且紫外光的能量恰好等于分子基态与高能态能量的差额时，就会发生能量转移，从而使电子发生跃迁。当电子从基态向激发态某一震动能级跃迁时，通常我们由基态平衡位置向激发态作垂线。若与某一震动能级的波函数最大处相交，即说明在这个能级电子跃迁的概率最大。当电子能级改变时，振动能级和转动能级会有变化，即电子光谱中不但包括电子跃迁产生的谱线，也有振动谱线和转动谱线。由于溶液中分子间的相互作用，使不同振动-电子跃迁引起的精细结构平滑化，所以得到的紫外光谱是一个很宽的峰。

六、原子荧光光谱技术

原子荧光光谱分析技术是 20 世纪 80 年代在我国迅速发展起来的,我国科技工作者经过不断努力,使得我国的蒸汽发生-原子荧光光谱仪的制造技术和应用水平一直处于国际领先地位。原子荧光光谱仪价格较便宜,且样品的前处理简单,检测速度较快,检出限低,稳定性较好。作为分析实验室的常规分析仪器,原子荧光光谱仪在我国基本得到普及,并且是一些元素的标准分析方法,在金属材料、地质、水质、环境、食品、饲料、石油、化工、生物、医药等不同领域得到广泛的应用。

七、激光诱导击穿光谱技术

激光诱导击穿光谱技术(LIBS)是一种基于原子发射光谱和激光等离子体发射光谱的元素分析技术。利用高能量密度的脉冲激光诱导击穿材料表面,使材料表面的微量样品发生电离,产生激光诱导等离子体,在等离子体发射光谱中包含携带着丰富的样品元素信息的线状光谱和背景信息的连续光谱,根据反映元素信息的线状光谱便可对样品中所含元素进行定性和定量分析。LIBS 探测物质成分仅需激光到样品表面的光学过程,该技术相对于其他光学检测方法如激光光谱技术(激光拉曼光谱技术、激光吸收光谱技术等)而言方法简单,并且可实现多元素实时在线分析。为了将 LIBS 技术进一步向实用化方向推进,提高 LIBS 探测的可靠性、经济性和准确性,目前研究重点集中在对收集光谱信号的优化上,如增强光谱线信号强度、提高信噪比、降低基体效应、提高探测限等方面。随之出现了多种激光诱导击穿光谱的激发及探测新技术,其中具有代表性的有:飞秒激光诱导击穿光谱(fs-LIBS)、飞秒成丝激光诱导击穿光谱和双脉冲激光诱导击穿光谱等 LIBS 激发新技术,以及时间分辨激光诱导击穿光谱、偏振分辨激光诱导击穿光谱(PRuBS)等 LIBS 光谱探测新技术。

第二节　光谱技术在植物病原生物鉴定中的应用

一、光谱技术在植物病原细菌鉴定中的应用研究

菜豆细菌性晕疫病与豌豆细菌性疫病是由丁香假单胞杆菌属(*Pseudomonas syringae*)细菌引起的 2 种重要豆科作物细菌性病害,徐晓鸥等首次使用红外光谱技术对此 2 种病原菌进行了检测和鉴定。结果显示,两菌光谱有明显差异,光谱结果特异性强,在 3000 cm^{-1}～4000 cm^{-1} 内,分别具有特异性峰位,可作为生物标记供 2 种菌的鉴定使用。该方法检测周期较短,仅为 2 h 左右,检测步骤简洁,样品前处理便捷,具有较好的应用前景。

二、光谱技术在植物病原真菌鉴定中的应用研究

李小龙等为实现对受到小麦条锈病菌侵染而尚未表现明显症状的小麦叶片进行早

期检测,利用近红外光谱技术结合定性偏最小二乘法建立小麦条锈病潜育期叶片定性识别模型,获取健康叶片 30 片、条锈病潜育期叶片 330 片(每天取 30 片,共 11 天)和发病叶片 30 片,扫描获得其近红外光谱曲线。采用内部交叉验证法建模,研究了不同谱区、建模比(建模集∶检验集)、光谱预处理方法和主成分数对建模识别效果的影响。在 5400 cm^{-1}～6600 cm^{-1} 和 7600 cm^{-1}～8900 cm^{-1} 组合谱区内,建模比为 4∶1。预处理方法为"散射校正"和主成分数为 14 时,所建模型识别效果较理想,建模集的识别准确率、错误率和混淆率分别为 95.51、1.28 和 3.21,检验集的识别准确率、错误率和混淆率分别为 100.00%、0.00% 和 0.00%。结果表明,利用近红外光谱技术可在接种 1 天后(即提前 11 天)识别出健康小麦叶片和受到条锈病菌侵染的小麦叶片,并且可以识别不同潜育期天数的叶片。因此,利用近红外光谱技术对条锈病菌潜伏侵染检测是可行的,为该病早期诊断提供了一种新途径。

李小龙等利用近红外光谱技术结合定性偏最小二乘法(DPLS)和定量偏最小二乘法(QPLS)分别实现了小麦条锈病菌和叶锈病菌的定性识别和定量测定,获取两种锈菌单一夏孢子样品各 50 个以及条锈病菌纯度为 2.5%～100% 的混合样品 120 个。采集样品光谱后,将两类样品均按 2∶1 的比例分为建模集和检验集,在 4000 cm^{-1}～10000 cm^{-1} 内采用内部交叉验证法建模。散射校正预处理方法下,主成分数为 3 时,定性识别模型的建模集和检验集识别准确率均为 100.00%。"极差归一＋散射校正"预处理方法下,主成分数为 6 时,定量测定模型建模集的决定系数(R^2)、校正标准差(SEC)、平均相对误差(AARD)分别为 99.36%、2.31%、8.94%,检验集的 R^2、预测标准差(SEP)、AARD 分别为 99.37%、2.29%、5.40%。结果表明,利用该方法对这两种锈菌定性和定量分析是可行的,为植物病原菌的定性识别和定量分析提供了一种基于近红外光谱技术的新方法。

冯雷等为进行植物病害防治,提高大豆豆荚的商品性,减少损失,运用快速有效的法进行大豆豆荚炭疽病的早期检测。应用可见-近红外光谱技术结合连续投影算法(SPA)和最小二乘支持向量机(LS-SVM),实现了大豆豆荚炭疽病的早期快速无损检测。对 194 个大豆豆荚样本进行光谱扫描,通过不同预处理方法比较,建立大豆豆荚炭疽病早期无损鉴别的最优偏最小二乘法(PLS)模型。同时应用主成分分析(PCA)和连续投影算法(SPA)分别了提取最佳主成分和有效波长,并将其作为 LS-SVM 的输入变量,建立 PCA-LS-SVM 和 SPA-LS-SVM 模型,以样本鉴别的准确率作为模型评价指标。结果显示,PCA-LS-SVM 和 SPA-LS-SVM 模型都获得了满意的准确率,且 SPA-LS-SVM 模型的准确率最高,为 95.45%。研究表明,SPA 能够有效地进行波长选择,进而使 LS-SVM 模型获得较高的鉴别率,说明应用可见-近红外光谱技术鉴别大豆豆荚炭疽病是可行的。这为进一步应用光谱技术进行大豆生长对逆境胁迫的反应提供了新的方法,为实现大豆病害的田间实时在线检测提供了参考。

三、光谱技术在植物病毒鉴定中的应用研究

何余勇等采用摩擦接种方法对烟苗接种 TMV 病毒诱发病毒病,利用近红外光谱对健株和痛株内在化学成分(还原糖、钾、氯、总氮、总糖和总烟碱)进行了定性和定量分析。结果表明,接种 TMV10d 后,健株与病株在化学成分上差异较大,特别是在有机物含量

上各个调查时期的处理均高于对照。可将有机物如还原糖、总糖和总烟碱等含量作为病毒检测的主要指标,并辅以无机成分含量作参考。

参 考 文 献

[1] 陈巧玲,周卫东,应朝福,等.土壤中 Ba 和 Mn 的激光诱导击穿光谱定量检测[J].光电工程,2009,36(12):33-36.

[2] 冯雷,陈双双,冯斌,等.基于光谱技术的大豆豆荚炭疽病早期鉴别方法[J].农业工程学报,2012(1):139-144.

[3] 冯尚源,潘建基,伍严安,等.基于 SERS 技术结合多变量统计分析胃癌患者血浆拉曼光谱.中国科学:生命科学,2011,41(7):550-557.

[4] 黄基松,陈巧玲,周卫东.激光诱导击穿光谱技术分析土壤中的 Cr 和 Sr[J].光谱学与光谱分析,2009,(11):3126-3129.

[5] 吕璞,龚继来,王喜洋,等.表面增强拉曼散射技术鉴别大肠杆菌和志贺氏菌的研究[J].中国环境科学,2011,31(9):1523-1527.

[6] 孔汶汶,刘飞,方慧,等.除草剂胁迫下大麦叶片丙二醛含量的光谱快速检测方法[J].农业工程学报,2012(2):139.

[7] 林北森,杨金广,韦学平,等.广西百色烟草主要病毒病种类鉴定[J].安徽农业科学,2011(22):13419-13421.

[8] 李小龙,马占鸿,赵龙莲,等.基于近红外光谱技术的小麦条锈病和叶锈病的早期诊断[J].光谱学与光谱分析,2013(10):2661-2665.

[9] 孙对兄,苏茂根,董晨钟,等.基于激光诱导击穿光谱技术的铝合金成分定量分析[J].物理学报,2010(7):4571-4576.

[10] 吴迪,冯雷,张传清,等.基于可见/近红外光谱技术的茄子叶片灰霉病早期检测研究[J].红外与毫米波学报,2007,26(4):269.

[11] 徐晓鸥,吴志毅,陈曦,等.2 种豆类植物病原细菌的红外光谱检测与鉴定[J].浙江农业科学,2014,(2):233-235.

[12] 张道兵,刘波,王宏琦.基于平行活动围道模型的高分辨率遥感影像城区主干道路段提取[J].光子学报,2007.

[13] ALASTAIR SMITH D, WEBSTER S, AYAD M, et al. Development of a scanning near-field optical probe for localised Raman spectroscopy[J]. Ultramicroscopy, 1995(61):247-252.

[14] ANZANO J, BONILLA B, MONTULL-IBOR B, et al. Rapid characterization of analgesic pills by laser-induced breakdown spectroscopy(LIBS)[J]. Medicinal Chemistry Research, 2009,18(8):656-664.

[15] DENG AH, SUN ZP, ZHANG GQ, et al. Rapid discrimination of newly isolated Bacillales with industrial applications using Raman spectroscopy[J]. Laser Physics Letters, 2012,9(9):636.

[16] EMORY S R,NIE S. Near-Field Surface-Enhanced Raman Spectroscopy on Single Silver Nanoparticles[J]. Analytical Chemistry,1997(14):2631-2635.

[17] ESSINGTON M E,MELNICHENKO G V,STEWART M A,et al. Soil Metals Analysis Using Laser-Induced Breakdown Spectroscopy(LIBS)[J]. Soil Science Society of America Journal,2009(5):1469-1478.

[18] FERREIRA EC,ANZANO JM,MILORI DM,et al. Multiple response optimization of laser-induced breakdown spectroscopy parameters for multi-element analysis of soil samples [J]. Applie Spectroscopy,2009,63(9):1081-1088.

[19] FUTAMATA M,BRUCKBAUER A. ATR-sNOM-Raman spectroscopy[J]. Chem Phy Lett,2001(341):425-430.

[20] G. GUCCIARDI P,TRUSSO S,VASI C,et al. Near-field Raman imaging of morphological and chemical defects in organic crystals with subdiffraction resolution [J]. Journal of Microscopy,2003(209):228-235.

[21] HAYNES CL,MCFARLAND AD,DUYNE RPV. Surface-Enhanced Raman Spectroscopy[J]. Analytical Chemistry,2005,77(17):338-346.

[22] HARTSCHUH A,ANDERSON N,NOVOTNY L. Near-field Raman spectroscopy using a sharp metal tip[J]. Journal of Microscopy,2003(210):234-240.

[23] K. K,H. K,I. I,et al. Surface-enhanced Raman scattering and biophysics[J]. Journal of Physics:Condensed Matter,2002,(18):R597-R624.

[24] KNAUER M,LVLEVA NP,LIU X,et al. Surface-enhanced Raman scattering-based label-free microarray readout for the detection of microorganisms[J]. Analytical Chemistry,2010,82(7):2766-2772.

[25] KNEIPP K,HAKA AS,KNEIPP H,et al. Surface-Enhanced Raman Spectroscopy in Single Living Cells Using Gold Nanoparticles[J]. Applied Spectroscopy,2002,56(2):150-154.

[26] KNEIPP K,WANG Y,KNEIPP H,et al. Single Molecule Detection Using Surface-Enhanced Raman Scattering(SERS)[J]. Phys. Rev. Lett,1996(9):1667-1670.

[27] LIM D,JEON K,HWANG J,KIM H et al. Highly uniform and reproducible surface-enhanced Raman scattering from DNA-tailorable nanoparticles with 1-nm interior gap[J]. Nature nanotechnology,2011,6(7):452-460.

[28] LIU T,TSAI K,WANG H,et al. Functionalized arrays of Raman-enhancing nanoparticles for capture and culture-free analysis of bacteria in human blood[J]. Nature communications,2011(2):538.

[29] NINA L. LANZA,ROGER C. WIENS,SAMUEI M. CLEGG,et al. Calibrating the ChemCam laser-induced breakdown spectroscopy instrument for carbonate minerals on Mars[J]. Applied Optics,2010,49(13):211-217.

[30] NOFIHIKO HAYAZAWA,YASUSHIi INOUYE,SATOSHI KAWATA. Near-field Rmnan scattering enhanced by a metallized tip[J]. Chem Phy Lett,2001

(335):369-374.

[31] OUYANG B,L. JONES R. Understanding the sensitivity of cavity-enhanced absorption spectroscopy:pathlength enhancement versus noise suppression[J]. Applied Physics B,2012,109(4):581-591.

[32] Stöckle R M,DECKERT V,FOKAS C,et al. Sub-wavelength Raman spectroscopy on isolated silver islands[J]. Vibrational Spectroscopy,2000(22):39-48.

[33] SUN W X,SHEN Z X. A practical nanoscopic Raman imping technique realized by near-field enhancement[J]. Mater Phys Mech,2001(4):17-21.

[34] TSAI D P,OTHONOS A,MOSKOVITS M,et al. Raman spectroscopy using a fiber optic probe with subwavelength aperture[J]. Applied Physics Letters,1994,64 (14):1768-1770.

[35] VARGIS E,KANTER EM,MAJUMDER SK,et al. Effect of normal variations on disease classification of Raman spectra from cervical tissue[J]. Analyst,2011, 136(14):2981-2987.

[36] WALTER A,MARZ A,SCHUMACHER W,et al. Towards a fast,high specific and reliable discrimination of bacteria on strain level by means of SERS in a microfluidic device[J]. Lab on a Chip,2011,11(6):1013-1021.

[37] WANG C,DR. Y S,DR. S K,et al. Low-Surface-Free-Energy Materials Based on Polybenzoxazines[J]. Angewandte Chemie International Edition,2006,45 (14): 2248-2251.

[38] WEBSTER S,SMITH D A,BATCHELDER D N. Raman microscopy using a scanning near-field optical probe[J]. Vibrational Spectroscopy,1998(18):51-59.

[39] WU H,VOLPONI JV,OLIVER AE,et al. In vivo lipidomics using single-cell Raman spectroscopy[J]. Proceedings of the National Academy of Sciences,2011,108 (9):3809-3814.

[40] XU W,LING X,XIAO J,et al. Surface enhanced Raman spectroscopy on a flat graphene surface[J]. Proceedings of the National Academy of Sciences,2012,109(24): 9281-9286.

[41] YANG J Q. Study on micmsatellite distribution in complete genomes of tobacco vein clearing virus[J]. Agricultural Science&.Technology,2010,11(7):132-135.

第十一章 菌体脂肪酸分析技术

第一节 菌体脂肪酸分析技术的原理

细菌细胞中的成分主要有脂肪酸、糖、中性脂、糖脂、磷脂、羧酸、柠檬酸循环及有机化合物、蛋白质、氨基酸和核酸等。由于不同细菌的细胞中所含的脂肪酸有所不同,因而可作为其特征来进行鉴定。利用气相色谱分析细菌中的脂肪酸成分已经成为一个很成熟的微生物化学分析手段,也是气相色谱方法在微生物学研究中应用最为成功和广泛的领域。

一、脂肪酸的特点与分类

脂肪酸(fatty acid),是指一端含有一个羧基的长的脂肪族碳氢链,是有机物,直链饱和脂肪酸的通式是 $C_nH_{(2n+1)}COOH$,低级的脂肪酸是无色液体,有刺激性气味,高级的脂肪酸是蜡状固体,无可明显嗅到的气味。脂肪酸是最简单的一种脂,它是许多更复杂的脂的组成成分。脂肪酸在有充足氧供给的情况下,可氧化分解为 CO_2 和 H_2O,释放大量能量,因此脂肪酸是机体主要能量来源之一。

脂肪酸是由碳、氢、氧三种元素组成的一类化合物,是中性脂肪、磷脂和糖脂的主要成分。脂肪酸根据碳链长度的不同又可将其分为:短链脂肪酸(short chain fatty acids,SCFA),其碳链上的碳原子数小于6,也称作挥发性脂肪酸(volatile fatty acids,VFA);中链脂肪酸(midchain fatty acids,MCFA),指碳链上碳原子数为 6~12 的脂肪酸,主要成分是辛酸(C_8)和癸酸(C_{10});长链脂肪酸(long chain fatty acids,LCFA),其碳链上碳原子数大于12。一般食物所含的大多是长链脂肪酸。脂肪酸根据碳氢链饱和与不饱和的不同可分为三类,即:饱和脂肪酸(saturated fatty acids,SFA),碳氢上没有不饱和键;单不饱和脂肪酸(monounsaturated fatty acids,MUFA),其碳氢链有一个不饱和键;多不饱和脂肪(polyunsaturated fatty acids,PUFA),其碳氢链有两个或两个以上不饱和键。富含单不饱和脂肪酸和多不饱和脂肪酸组成的脂肪在室温下呈液态,大多为植物油,如花生油、玉米油、豆油、坚果油(即阿甘油)、菜籽油等。以饱和脂肪酸为主组成的脂肪在室温下呈固态,多为动物脂肪,如牛油、羊油、猪油等。但也有例外,如深海鱼油虽然是动物脂肪,但它富含多不饱和脂肪酸,如二十碳五烯酸(EPA)和二十二碳六烯酸(DHA),因而在室温下呈液态。

脂肪酸具有长烃链的羧酸,通常以酯的形式为各种脂质的组分,以游离形式存在的脂肪酸在自然界很罕见。大多数脂肪酸含偶数碳原子,因为它们通常从 2 碳单位生物合成。高等动、植物最丰富的脂肪酸含 16 个或 18 个碳原子,如棕榈酸(软脂酸)、油酸、亚油酸和硬脂酸。动植物脂质的脂肪酸中超过半数为含双键的不饱和脂肪酸,并且常是多双键不饱和脂肪酸。细菌脂肪酸很少有双键但常被羟化,或含有支链,或含有环丙烷的环状结构。某些植物油和蜡含有不常见的脂肪酸。不饱和脂肪酸必有 1 个双键在 C_9 和 C_{10} 之间(从羧基碳原子数起)。脂肪酸的双键几乎总是顺式几何构型,这使不饱和脂肪酸的烃链有约 30° 的弯曲,干扰它们堆积时有效地填满空间,结果降低了范德华相互反应力,使脂肪酸的熔点随其不饱和度增加而降低。脂质的流动性随其脂肪酸成分的不饱和度相应增加,这个现象对膜的性质有重要影响。饱和脂肪酸是非常柔韧的分子,理论上围绕每个 C-C 键都能相对自由地旋转,因而有的构像范围很广。但是,其充分伸展的构象具有的能量最小,也最稳定,因为这种构象在毗邻的亚甲基间的位阻最小。和大多数物质一样,饱和脂肪酸的熔点随分子重量的增加而增加。

约有 40 多种不同的脂肪酸,它们是脂类的关键成分。许多脂类的物理特性取决于脂肪酸的饱和程度和碳链的长度,其中能为人体吸收、利用的只有偶数碳原子的脂肪酸。脂肪酸可按其结构不同进行分类,也可从营养学角度,按其对人体营养价值进行分类。按碳链长度不同分类,它可被分成短链(含 2 个～4 个碳原子)脂肪酸、中链(含 6 个～12 个碳原子)脂肪酸和长链(含 14 个以上碳原子)脂肪酸三类。人体内主要含有长链脂肪酸组成的脂类。

肝和肌肉是进行脂肪酸氧化最活跃的组织,其最主要的氧化形式是 β-氧化。此过程可分为活化、转移、β-氧化共三个阶段。

脂肪酸活化和葡萄糖一样,脂肪酸参加代谢前也先要活化。其活化形式是硫酯——脂肪酰 CoA,催化脂肪酸活化的酶是脂酰 CoA 合成酶(acyl CoA synthetase)。活化后生成的脂酰 CoA 极性增强,易溶于水;分子中有高能键,性质活泼;是酶的特异底物,与酶的亲和力大,因此更容易参加反应。脂酰 CoA 合成酶又称硫激酶,分布在胞浆中、线粒体膜和内质网膜上。胞浆中的硫激酶催化中短链脂肪酸活化;内质网膜上的酶活化长链脂肪酸,生成脂酰 CoA,然后进入内质网用于甘油三酯合成;而线粒体膜上的酶活化的长链脂酰 CoA,进入线粒体进入 β-氧化。脂酰 CoA 进入线粒体催化脂肪酸 β-氧化的酶系在线粒体基质中,但长链脂酰 CoA 不能自由通过线粒体内膜,要进入线粒体基质就需要载体转运,这一载体就是肉毒碱(carnitine),即 3-羟-4-三甲氨基丁酸。长链脂肪酰 CoA 和肉毒碱反应,生成辅酶 A 和脂酰肉毒碱,脂肪酰基与肉毒碱的 3-羟基通过酯键相连接。催化此反应的酶为肉毒碱脂酰转移酶(carnitine acyl transferase)。线粒体内膜的内外两侧均有此酶,系同工酶,分别称为肉毒碱脂酰转移酶 Ⅰ 和肉毒碱脂酰转移酶 Ⅱ。酶 Ⅰ 使胞浆的脂酰 CoA 转化为辅酶 A 和脂肪酰肉毒碱,后者进入线粒体内膜。位于线粒体内膜内侧的酶 Ⅱ 又使脂肪酰肉毒碱转化成肉毒碱和脂酰 CoA,肉毒碱重新发挥其载体功能,脂酰 CoA 则进入线粒体基质,成为脂肪酸 β-氧化酶系的底物。长链脂酰 CoA 进入线粒体的速度受到肉毒碱脂酰转移酶 Ⅰ 和酶 Ⅱ 的调节,酶 Ⅰ 受丙二酰 CoA 抑制,酶 Ⅱ 受胰岛素抑制。丙二酰 CoA 是合成脂肪酸的原料,胰岛素通过诱导乙酰 CoA 羧化酶的合成使丙二酰 CoA 浓度增加,进而抑制酶 Ⅰ。可以看出,胰岛素对肉毒碱脂酰转移酶 Ⅰ 和酶 Ⅱ

有间接或直接抑制作用。饥饿或禁食时胰岛素分泌减少,肉毒碱脂酰转移酶Ⅰ和酶Ⅱ活性增高,转移的长链脂肪酸进入线粒体氧化供能。脂酰 CoA 在线粒体基质中进入 β 氧化要经过四步反应,即脱氢、加水、再脱氢和硫解,生成一分子乙酰 CoA 和一个少两个碳的新的脂酰 CoA。第一步脱氢(dehydrogenation)反应由脂酰 CoA 脱氢酶活化,辅基为 FAD,脂酰 CoA 在 α 和 β 碳原子上各脱去一个氢原子生成具有反式双键的 α,β-烯脂肪酰辅酶 A;第二步加水(hydration)反应由烯酰 CoA 水合酶催化,生成具有 L-构型的 β-羟脂酰 CoA;第三步脱氢反应是在 β-羟脂肪酰 CoA 脱饴酶(辅酶为 NAD+)催化下,β-羟脂酰 CoA 脱氢生成 β-酮脂酰 CoA;第四步硫解(thiolysis)反应由 β-酮硫解酶催化,β-酮酯酰 CoA 在 α 和 β 碳原子之间断链,加上一分子辅酶 A 生成乙酰 CoA 和一个少两个碳原子的脂酰 CoA。上述四步反应与 TCA 循环中由琥珀酸经延胡索酸、苹果酸生成草酰乙酸的过程相似,只是 β-氧化的第四步反应是硫解,而草酰乙酸的下一步反应是与乙酰 CoA 缩合生成柠檬酸。长链脂酰 CoA 经上面一次循环,碳链减少两个碳原子,生成一分子乙酰 CoA,多次重复上面的循环,就会逐步生成乙酰 CoA。

从上述可以看出,脂肪酸的 β-氧化过程具有以下特点:首先要将脂肪酸活化生成脂酰 CoA,这是一个耗能过程;中、短链脂肪酸不需载体可直接进入线粒体,而长链脂酰 CoA 需要肉毒碱转运;β-氧化反应在线粒体内进行,因此没有线粒体的红细胞不能氧化脂肪酸供能;β-氧化过程中有 $FADH_2$ 和 $NADH^+ H^+$ 生成,这些氢要经呼吸链传递给氧生成水,需要氧参加,乙酰 CoA 的氧化也需要氧,因此,β-氧化是绝对需氧的过程。

二、菌体脂肪酸可用于细菌鉴定的原因

在细菌细胞中,单糖及其衍生物不仅参与基础能量代谢,而且参与组装生物大分子及超分子亚单位,也是细胞内活性大分子(如核酸、糖蛋白和脂多糖等)及细胞外支持物(如肽聚糖、纤维素等)的基本结构单元之一。对细菌细胞中的单糖种类和含量进行分析,可以提供有意义的分类学信息。例如在革兰氏阳性菌和革兰氏阴性菌中,肽聚糖的含量有较大差异,而且不同细菌中,肽聚糖中单糖的种类和比例构成有所不同;此外抗原侧链中的单糖种类和连接方式也反映出种间的差异。因此,对于细菌的全细胞单糖成分进行分析也成为微生物化学分类的一个指标,但由于细菌中单糖的种类不如脂肪酸多,故而其提供的信息也不如脂肪酸分析丰富。

脂肪酸是微生物细胞组分中一种含量较高的、稳定的重要成分,组成含量相对稳定,不受生化反应变异及质粒丢失等因素的影响,它和细菌的遗传变异、毒力、耐药性等有极为密切的关系,可作为菌种鉴定与分类的良好依据。脂肪酸主要存在于细胞膜等生物质膜脂双层以及游离的糖脂、磷脂、脂蛋白等生物大分子之中。细菌根据其种类的不同以及生长环境的差异,菌体中所含有的脂肪酸成分,包括脂肪酸的种类和含量都会有较大的区别。依据这种区别,人们可以对未知菌株进行鉴定,对临床分离菌株进行亲缘关系分析等。1963 年,美国科学家 Able 首次将气相色谱技术应用于细菌脂肪酸成分分析,创建了一个全新的细菌化学分类方法,目前细菌脂肪酸成分分析已经成为微生物化学分类的重要手段。

三、菌体脂肪酸分析的优势

已有的研究结果表明,各种细菌中存在着300多种脂肪酸衍生物。每种脂肪酸在某一细菌中存在与否,以及其含量的多少都可以用于分类鉴定,可见这类化合物中蕴藏了多么丰富的分类学信息。从理论上讲,这300多种脂肪酸及其相关化合物至少可以构成2^{300}种不同的组合,当然这实际上是不可能的,因为脂肪酸在不同的种群中并不是完全随机分布的。尽管如此,由于脂肪酸组成不仅是"有"或"无",还有每种单一组分的相对定量信息,而且脂肪酸成分相对比较稳定,在某些方面具有传统生化反应鉴定不可比拟的优越性。

利用脂肪酸鉴定细菌的适用范围很广,可以用于所有可培养的细菌,而且不必预先区分革兰氏染色阴性或者阳性,也不必确定其发酵类型,用相同的步骤提取和分析脂肪酸成分,借助参考菌株数据库,可以迅速将待检菌株鉴定到种的水平,简化了鉴定程序,加快了鉴定速度。

脂肪酸分析结合一些统计方法如聚类分析、主成分分析,可以实现对菌株进行"追踪",即完成分型工作。例如医院感染中感染源的确定,发酵工业生产中污染源的确定等。

四、菌体脂肪酸分析的基本操作

脂质分析方法是一种较常用的微生物定量结构分析方法。脂质是细胞膜上的独特组分,微生物的类型不同,脂质成分也有所不同,每种微生物都具有一种可以识别的脂质模式,它也是群落结构的信号分子,环境样品中的脂质模式可以用来分析群落多样性和群落组成。脂质分析有两种方法:一种用甲醇将脂肪酸酯化后抽提,即脂肪酸甲基酯(FAMEs)方法;另外一种方法是用固相抽提的方法抽提化合物中的磷脂,形成磷脂脂肪酸甲基酯(PLFA)。脂质分析方法都是快速、高效的分析方法,不会像传统方法那样低估微生物多样性,对群落之间的相似和差异分析有帮助。

1. 细菌细胞成分分析

利用气相色谱分析细菌细胞成分中脂肪酸的具体方法是:将在培养基中培养的细菌分离后,经洗涤再将菌体在酸性或碱性溶液中水解;水解物在盐酸催化下加甲醇与之反应,生成脂肪酸甲酯(或用干细胞和甲基化试剂密封于安瓿内),在100℃下加热3 h,继用乙醚于40℃~60℃下提取甲酯,蒸发浓缩后,取一定量注入气相色谱仪。气相色谱柱为涂有10% Carbowax 200 M 的 Celite(100目~200目),采用氢火焰离子化检测器(FID),可用棕榈酸甲酯作内标。

脂肪酸仅是细菌细胞中的一个组成部分,为了较全面的分析细菌细胞中的成分,可按下法进行全面分析:

① 经洗涤的湿重 10 mg~50 mg 微生物细胞,混悬于 2 mL 生理盐水中,在 4℃下用匀浆器或超声波击碎器研匀。

② 细菌细胞中加 1 mL 10%冷三氯乙酸,4℃~6℃冷却 15 min,离心,上清液可用气

相色谱测游离和不稳定的磷酸盐,含有总糖者经衍生化后测定糖。

③ 上述沉淀中加 2 mL 乙醇-乙醚(50∶50),在 50℃下保持 15 min,离心后,上清液可经衍生化后可测类脂化合物。

④ 上述残渣中加 1 mL 5％三氯乙酸,在 100℃水浴 30 min 后离心,上清液冷冻干燥并衍生化后可测 DNA、RNA 中的嘌呤、嘧啶、核苷、核苷酸。

⑤ 上述残渣经酸或碱衍生化后可用于测定氨基酸。

2. 细菌在体外培养物中代谢物的分析

细菌在培养物中的特征代谢产物,可以代表被检细菌的属或种的特征。因而可以通过对代谢产物的分析鉴别微生物。

(1)需氧菌的鉴定和识别,可以通过分析各种需氧菌培养物中的有机酸。其样品制备如下:

① 细菌培养物 2 mL,用 2.5 mol/L H_2SO_4 酸化(pH 1.0)混匀,加等体积乙醚-乙酸乙酯(50∶50),在涡流混合器上提取 2 min,4000 r/min 离心 5 min,保留上部乙醚层。

② 上层(水层)用 2.5 mol/L H_2SO_4 酸化,加 2 mL 三氯甲烷(60℃下)提取 1 min～2 min,离心,去上层。

③ 下层与①中的乙醚层合并,在 N_2 气流下浓缩至 0.1 mL。

④ 加 10 μg 己二酸为内标,加 20 μg 盐酸甲氧基胺,在 0.2 mL 吡啶中溶解混合物。

⑤ 加 0.2 mL 双-三甲基硅烷乙酰胺和 0.05 mL 三甲基氯硅烷(TMCS),制备三甲基硅烷酯衍生物,60℃保温 30 min,离心,弃残渣。

⑥ 上清液转至四氟乙烯管中,拧紧瓶盖,4℃保存,取 1.5 μL 进行气相色谱分析。

⑦ 色谱条件为:固定液可用 3％ SE-30 或 15％ FFAP 柱,检测器为 FID。采用程序升温,即初始温度 80℃维持 4 min,之后以每分钟 5℃升温至 180℃,维持 4 min。可用以分析肺炎链球菌、金黄色葡萄球菌、化脓性链球菌(A 组)、粪链球菌(D 组)、奇异变形杆菌、铜绿假单胞菌、鼠伤寒沙门菌、大肠杆菌以及大肠杆菌 K_{12} 株等。

(2)厌氧菌的鉴定。许多厌氧菌的最终鉴定需用气相色谱法分析其最后产物,这不仅对于革兰氏阳性球菌和某些梭菌的鉴定是必要的,且对于需根据最后产物中的脂肪酸来确定的革兰氏阳性无芽孢杆菌属而言,也极为重要。如乳酸杆菌主要产乳酸;双歧杆菌主要产乙酸和乳酸;丙酸杆菌蛛网菌主要产丙酸;放线菌主要产乳酸和琥珀酸。

① 样品的制备。将培养物 4 mL 用 50％硫酸酸化至 pH 2 左右,塞紧塞子后,于室温下放置 30 min,4000 r/min 离心 2 min～3 min。上清液供气相色谱分析挥发性脂肪酸和低级醇类。如系非挥发性脂肪酸或代谢物,应衍生化后,方能进行气相色谱分析。

② 检测。对挥发性酸可用 FID 检测器,色谱柱涂渍 6％FFAP 的 PoraPak Q(80 目～100 目)。由于甲酯在该检测器中不出峰,应改用 TCD 检测器,而且需单独用乙醚提取才能检出。

五、气相色谱法在菌体脂肪酸分析中的应用

色谱方法是现代分析化学中的重要分离手段没,所有色谱体系中都包含两大部分,

即流动相和固定相。以液体为流动相的叫液相色谱(liquid chromatography,LC),以气体为流动相者称为气相色谱(gas chromatography,GC)。这两种色谱方法相比,气相色谱的样品处理方法和灵敏度更适合细菌样品,气相色谱在细菌学中应用更为广泛。气相色谱技术应用于细菌脂肪酸成分分析是现代细菌鉴定新技术。

1. 气相色谱方法的原理

在气相色谱中,被分析的样品(但一组分或多种组分组成的混合物)在高温情况下受热气化后,随气体流动相流入色谱柱,色谱行为特征不同的化学组分可以在色谱柱中得到分离。气相色谱法分为两种:气-固色谱和气-液色谱。气-固色谱中,色谱柱内固定相为多孔、大表面积的固体吸附剂,它对混合物实现分离的原理是吸附和解吸附。当待测组分由流动相(载气)携带进入色谱柱后,立即被吸附剂所吸附,由于载气连续不断地流过吸附剂,吸附的组分又被洗脱下来;当解吸附的组分随着载气继续前进时,又被前面的固体吸附剂再一次吸附,随着载气的流动,待测组分在色谱柱的吸附剂表面进行反复多次的吸附和解吸附过程。由于待测物质中各组分的性质不同,它们在吸附剂上的吸附和解吸附的行为也有所不同。比较难被吸附的组分先解吸附,较快地移向前面,而容易被吸附的组分后解吸附,在色谱柱中向前移动得比较慢;经过一定的时间后,各组分就能得到彼此分离而先后流出色谱柱,某一组分流出色谱柱的时间被称为保留时间。气-固色谱一般是将固定相填充在色谱柱中,是早期常用的气相色谱方法。目前,它已渐渐被柱效更高的毛细管气-液色谱所取代。

气-液色谱中,固定相是涂抹在化学惰性载体表面的高沸点液态有机化合物。气-液色谱中的分离原理与气-固色谱有一定的相似之处,它是基于待分离组分在固定相中的溶解和挥发过程。当混合样品随载气进入色谱柱后,其中的待测组分立即溶解到固定相中。由于载气的流动,溶解在固定相中的组分又挥发到载气中继续前进,随后又溶解到前面的固定相中。这样在色谱柱中,各组分经历了反复的溶解和挥发过程,组分之间由于在固定相中的溶解能力不同。使得其流出色谱柱的时间也不同。溶解性好的组分在色谱柱中保留时间较长,较晚流出色谱柱。而溶解度小的样品则以较短的保留时间流出色谱柱,从而实现了混合样品的分离。

2. 气相色谱存在的问题

需要强调的是,气相色谱本身只能是一个分离手段,它所能获得的信息指示样品流出色谱柱的保留时间,研究人员必须使用适当的检测器,结合保留时间,进行各组分的定性和定量分析。常用的检测器有氢火焰离子化检测器、热导检测器、电子捕获检测器、火焰光度检测器和质朴检测器等。

气相色谱方法的另一个显著不足是:它只适用于在400℃下能够气化而不被破坏的分子,即一些小分子的化合物,一些不适于直接利用气相色谱分析的物质可以经过适当方法(例如酯化),转变为低沸点的衍生物进行分析,另外一些无法衍生化的物质则不能利用气相色谱方法进行分析。

第二节 菌体脂肪酸分析技术在植物病原生物鉴定中的应用

Able 于 1963 年率先将气相色谱应用于肠杆菌的全细胞脂肪酸成分分析。GC-MS 联用分析系统是将质谱仪优异的鉴别能力和气相色谱仪的分离能力相结合,能快速、灵敏、精确地检出细菌细胞内的脂肪酸,是一种重要的化学分类途径。虽然国外应用 GC-MS 分析细菌的脂肪酸组成,来进行细菌的分类和鉴定的研究和报道比较多,但我们国内在这方面的报道特别是对食源性致病菌的报道还很少。对植物病原细菌的鉴定更微乎其微,本节将对菌体脂肪酸分析技术在植物病原细菌鉴定中的应用展开讨论。

脂肪酸分析结合一些统计方法如聚类分析、主成分分析,可以实现对菌株进行"追踪",即完成分型工作,例如医院感染中感染源的确定,发酵工业生产中污染源的确定等。

美国 MIDI 公司对于细菌脂肪酸分析进行了深入的研究,通过对培养条件、提取方法和色谱条件进行标准化,建立了包括 2000 多种细菌的脂肪酸组成标准库,利用软件可以对未知菌进行鉴定,目前这一系列已经商品化,即 Sherlock 微生物鉴定系统。

一、菌体脂肪酸分析技术在植物病原生物鉴定中的应用实例

1. 青枯雷尔氏菌

细菌性青枯病是一种由青枯雷尔氏菌(*Ralstonia solanacearum*)引起的毁灭性土传病害。青枯雷尔氏菌可危害 44 个科 300 多种植物,造成农林业生产巨大经济损失,是国内多省区内许多作物上发生的毁灭性病害。青枯雷尔氏菌在寄主范围、地理分布、致病特征、流行特征、种下分化等方面存在较大的差异,具有明显的多态性。青枯雷尔氏菌的种下分化复杂,前人从生理小种(race)、生化型(biovar)、血清型(serotype)、溶源型(lysotype)、基因型(genetype)等方面对种下分化进行研究。生理小种依据青枯雷尔氏菌在鉴别寄主上的致病性进行分类,但是姚革等应用该方法分析了四川省青枯雷尔氏菌的菌系及其分布,结果表明,同一生理小种中存在着不同的致病类型菌株。按对 3 种双糖和 3 种六碳醇的利用情况,将青枯雷尔氏菌分为不同的生化型。这种分类主要体现在青枯雷尔氏菌的地理分布和种群进化上。王国平等分析了湖南省烟草青枯雷尔氏菌的生化型,认为青枯雷尔氏菌致病力的强弱与生化型没有直接的相关性。用血清型、溶源型、基因型分析,操作复杂,仍不能解决致病力分化问题。

脂肪酸是生物体内不可缺少的能量和营养物质,是生物体的基本结构成分之一,在细胞中绝大部分脂肪酸以结合形式存在,构成具有重要生理功能的脂类。它是构成生物膜的重要物质,是有机体代谢所需燃料的贮存形式,作为细胞表面物质,与细胞识别、种族特异性和细胞免疫等有密切关系。脂肪酸和细菌的遗传变异、毒力、耐药性等有极为密切的关系。细菌的细胞结构中普遍含有的脂肪酸成分与细菌的 DNA 具有高度的同源性,各种细菌具有其特征性的细胞脂肪酸指纹图谱。目前,国内外已有把脂肪酸用于细菌鉴定的报道。由于青枯雷尔氏菌存在着复杂的种下分化,研究其脂肪酸的多态性并分析它与青枯雷尔氏菌现有种下分化方法的关系将具有重要的意义。因此,可以分析青枯

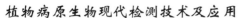

雷尔氏菌脂肪酸的多态性分布;对青枯雷尔氏菌的脂肪酸进行聚类分析;并分析青枯雷尔氏菌脂肪酸与其生理小种、生化型和致病性之间的关系。通过气相色谱技术快速、灵敏、准确地检出青枯雷尔氏菌细胞内的脂肪酸,分析其脂肪酸分布的多态性,初步探讨将脂肪酸应用于青枯雷尔氏菌种下分化的可行性。

气相色谱技术是一种分离效能高、分析速度快、灵敏性及特异性高的分离分析方法,应用气相色谱技术和 Sherlock MIS 数据分析系统分析青枯雷尔氏菌脂肪酸可通过单次试验将青枯雷尔氏菌鉴定到种。该方法采用的是高精密的分析仪器,分析对象是可随生长环境发生变化的细胞脂肪酸成分,因此分析过程的条件选择和质量控制则显得非常重要,必须对培养基成分、细菌培养条件、细菌纯化、菌龄、色谱条件等试验条件进行标准化,否则会严重影响方法的准确度和重复性。该技术已广泛应用于细菌鉴定和微生物多样性研究中,但是对于同一种细菌脂肪酸多态性的分析尚未见报道。青枯雷尔氏菌是一个比较复杂的细菌,适应性强,寄主范围很广,可侵害 44 个科的 300 多种植物,在寄主范围、地理分布、致病特征、流行特征、种下分化等方面存在较大的差异,具有明显的多态性。青枯雷尔氏菌脂肪酸的气相色谱显示青枯雷尔氏菌脂肪酸分布也存在着明显的多态性:同一寄主分离的青枯雷尔氏菌脂肪酸分布存在着明显的差异,不同寄主分离的青枯雷尔氏菌脂肪酸也存在着明显的不同。青枯雷尔氏菌脂肪酸的种类和主要脂肪酸的含量存在明显的差异,进一步表现了青枯雷尔氏菌的高度复杂性。青枯雷尔氏菌种下分化复杂,过去 40 年,生理小种和生化型的划分,提供了识别青枯雷尔氏菌的种下分化的主要方法。其他的用于种下分化的方法还有血清型、溶源型、致病型、基因型等。根据青枯雷尔氏菌对鉴别寄主的反应不同,可以进行生理小种的划分;按对 3 种双糖(麦芽糖、乳糖和纤维二糖)和 3 种六碳醇(甘露醇、山梨醇和甜醇)的利用情况,可将青枯雷尔氏菌分为不同的生化型;根据青枯雷尔氏菌弱化指数的不同,可以分成不同的致病性菌株。本试验证实了青枯雷尔氏菌脂肪酸的多态性,因此可以对青枯雷尔氏菌脂肪酸多态性进行聚类分析,分析青枯雷尔氏菌脂肪酸多态性与上述 3 种种下分化方法之间的关系。应用 LGS 软件对所检测的 40 株青枯雷尔氏菌脂肪酸进行聚类分析,取欧式距离为 6 时,可以分成 3 类,即 Group Ⅰ、Group Ⅱ和 Group Ⅲ。表明气相色谱技术、MIS 数据分析系统以及 LGS 软件三者的结合,对青枯雷尔氏菌按脂肪酸多态性进行分类得以实现。如果知道青枯雷尔氏菌菌株的脂肪酸色谱图,根据青枯雷尔氏菌脂肪酸色谱图 3 类之间的区别,可以确定它属于哪一个类群:若青枯雷尔氏菌菌株脂肪酸在 C16:1ω7c/C15:0 ISO 2OH 和 C16:0 之间有一小的色谱峰,则说明它属于 Group Ⅰ,否则属于 Group Ⅱ或 Group Ⅲ;如果是后者,再根据它的 C16:1ω7c/C15:0 ISO 2OH 和 C16:0 两者百分含量的高低进行判断,如果前者低于后者,则它属于 Group Ⅲ,否则属于 Group Ⅱ。由于该技术的快速性、准确性,并可通过计算机的运用使分类达到数据化、自动化,因此作为一种重要的化学分类依据应用在微生物的种下分类研究上是可行的。青枯雷尔氏菌在自然状态下,由于菌株的混杂,致病力分化严重,青枯雷尔氏菌致病性有明显的强弱之分,强致病性菌株可引起作物发病,甚至死亡,弱致病性菌株对作物并没有危害。因此,如果青枯雷尔氏菌的种下分化能与其致病性存在着一定的相关性,这对进一步研究青枯雷尔氏菌的致弱及其防治具有重要的意义。但是以往的种下分化方法并没有对致病力的分化起到划分作用。如林美琛在进行致病力测定时，发现同一生理小种对番茄的致病力表现不同；生化型则是根据青枯雷尔氏菌对糖和醇的利用情况进行划分，与其致病力的强弱没有直接的相关性。这些分类对研究青枯雷尔氏菌的防治造成了一定的不便。本研究表明，福建省的青枯雷尔氏菌生理小种 1 存在着不同的脂肪酸类群，其脂肪酸多态性与其生化型之间没有特定的相关性，而与其致病性之间存在着对应关系，这对于研究青枯病的防治具有重要的意义。根据脂肪酸可以区分青枯雷尔氏菌致病性的不同，但是脂肪酸是不是青枯雷尔氏菌的致病因子之一，有待进一步研究。综上所述，脂肪酸有望成为青枯雷尔氏菌小种鉴定的新指标，细菌脂肪酸作为化学分类法的依据，在细菌种下分类上将具有广阔的应用前景。

2. 放线菌

脂肪酸是放线菌细胞中脂类和脂多糖的主要组分，已经鉴定出脂肪酸有 300 多种不同的化学结构，脂肪酸的链长、双键位置和数量及取代基团具有分类学意义，是一项重要的分类特征。脂肪酸分析具有快速、方便，自动化程度高等优点，适用于大量菌株的快速分析。脂肪酸组分一般较为复杂，分别归属 3 种类型：直链饱和与不饱和、分枝和复杂形式的脂肪酸。脂肪酸分析应在标准化的条件下进行，因为不同组分的相对含量因菌龄和培养条件的不同而异。在高度标准化的培养条件下，细胞的脂肪酸甲基酯（fatty acid methyl esters，FAMEs）组分是一较稳定的分类学特征 floJ。脂肪酸定性分析结果限于属和属以上的分类；脂肪酸定量分析结果可为种和亚种分类提供有用的基本资料。脂肪酸的组分测定可以使用玻璃毛细管柱（glass capillary column）气相色谱，或气-质联用色谱（gas-mass pectrometer）。

在放线菌多相分类方法中，DNA 同源性分析是建立新种的重要标准，但对大量菌株进行 DNA，DNA 杂交显然是不切实际的。随着核酸测序技术的发展，16S rRNA 基因序列越来越多地被用于放线菌的系统进化研究，但 16S rRNA 基因测序较慢且成本较高，所以，建立快速方便、又较准确的分类方法和系统显得十分必要。由于 16S rRNA 基因只是放线菌 DNA 信息中的一小部分，它们反映的菌株间的关系可能会有偏差；且保守性很强，有时不能提供足够的分辨率区分亲缘关系较近的种或相关属，在这种情况下就必须运用其他多种分类方法和手段来确定菌株的分类地位。

脂肪酸定量分析结果可为放线菌种和亚种分类提供有用的基本资料。该法能在种及菌株水平上反映出放线菌的基因型、系统发育和分类关系，且在一定程度上与 16S rRNA 基因序列比较结果相一致，采用 sherolock 全自动细菌鉴定系统，用气相色谱法测定放线菌细胞中的脂肪酸，具有操作简便、快速、灵敏度高、准确度高、重复性好等特点，尤其为解决具有相似形态特征的诺卡氏菌型放线菌的分类问题，提供了明确的化学指标。因此可作为一种快速鉴定方法，适用于分析大量的菌株或分离株，通过与数据库中的菌体脂肪酸图谱相比较，采用 MIDI（microbialIdentification system）软件分析系统，进行聚类分析，将为进一步的分类鉴定提供明确的方向和理论指导。也应当指出，与 16S rRNA 基因数据库相比，脂肪酸数据库更新速度太慢，急待完善。采用此方法快速鉴别时应在培养条件和实验方法标准化的条件下进行脂肪酸定量分析。

3. 香蕉枯萎病

香蕉枯萎病又名香蕉黄叶病、巴拿马病,是由尖孢镰刀菌侵染引起维管束坏死的一种毁灭性香蕉真菌病害,为典型的土传病害,其病原为尖孢镰刀菌古巴专化型 *Fusariumoxyspommf. sp. cubens*。该病有香蕉"不治之症"之称,是世界范围内香蕉产区的重要病害之一,严重威胁着全球香蕉种植业的发展。刘炳钻等通过建立香蕉枯萎病风险分析指标体系,分析认为香蕉枯萎病在中国的风险等级为高度危险,是我国外来生物的检疫对象,并利用 CLIMEX 软件预测出香蕉枯萎病在中国的很多省份都适合生长。随着香蕉枯萎病的蔓延,香蕉的产量逐年下降,化学农药的防治效果不理想,这就迫切需要研发一种微生物制剂来防治枯萎病,减少香蕉的损产。许多微生物都会分泌一些物质抑制其他生物的生长,利用微生物分泌的物质来防治植物病害,是世界各国生物研究人员关注的热点。尽管香蕉枯萎病受到了世界各国的关注,但是对这种病的防治效果并不理想。而且如果一直大量使用化学农药,不仅成本高,也会造成严重的环境污染,对香蕉的品质也会造成一定的负面影响。利用微生物及其代谢产物、植物提取物等生物农药进行防治,使用对人体和生态环境无害的生防菌剂替代化学农药已成为世界范围内的研究发展方向。国内外有关生物防治香蕉枯萎病的研究也已稳步开展,近几年来有很多关于香蕉枯萎病生物防治的报道。例如,陈弟等研究发现枯草芽胞杆菌 B215 对香蕉枯萎病有很强的拮抗作用。荧光假单孢杆菌(*Pseudomonas fluorescens*)对香蕉枯萎病病原菌具有很高的抑制活性,能定殖于香蕉根系中。程亮等和黄小光等从香蕉土壤中分离出对香蕉枯萎病菌有明显抑制作用的假单胞杆菌。黄素芳等研究了从土壤中分离得到的一株短芽胞杆菌胞外物质对香蕉枯萎病病原的抑制作用稳定性。孙正祥等从采集的香蕉根际土壤中分离出对香蕉枯萎病菌 4 号小种具有强抑制作用的枯草芽胞杆菌 S-1,并找出该菌株理想的培养条件。余超等研究发现从香蕉体内分离到的 1 株铜绿假单胞菌对香蕉枯萎病有一定的防治效果,并能在促进香蕉的生长。本课题组从土壤中分离到了 300 余株芽胞杆菌,通过平板对峙生长法筛选出 4 株对香蕉枯萎病病原菌 370 菌株具有明显抑制作用的芽胞杆菌,通过 16S rRNA 序列、生物学特性分析,判定这 4 株生防芽胞杆菌为多粘类芽胞杆菌。此外,还研究了这 4 株多粘类芽胞杆菌的脂肪酸特性,并从不同菌量、温度、pH 值及紫外线照射时间等方面研究了其对香蕉枯萎病原菌 370 抑制作用的稳定性,以期为开发防治香蕉枯萎病的微生物制剂提供依据。

二、植物病原生物脂肪酸分析技术展望

不同的植物病原生物都会有自己特有的脂肪酸图谱,所以利用脂肪酸来分析植物病原生物将成为植物病原生物分析研究的又一发展方向。可以通过进一步完善不同种类植物病原生物的脂肪酸图谱库,来实现实验结果图谱的比对和判读,从而使实验结果分析趋于简单化、方便化。

严格意义上讲,脂肪酸分析也是一种表型鉴定手段,因而它存在自身的缺陷,比如说,实验结果容易受到培养条件等的影响。这就要求在实验室对所有实验条件进行严格的标准化,以使结果具有重现性和可比性。标准化的事项包括,培养基的组成、培养温

度、培养时间、接种量、收获菌量、脂肪酸提取方法、色谱条件等。

此外,脂肪酸分析是一种信息量很大的分析方法,面对大量的数据,应该使用统计学方法进行分析,这就对平时使用统计手段较少的工作者提出了挑战,研究人员应学习使用一些功能强大的统计学软件。

参 考 文 献

[1] 吕均,秦巧玲,郭爱玲,等.GC-MS 技术在鉴定食源性致病菌研究中的应用[J].食品科学,2008,29(2):355-358.

[2] 王秋红,陈亮,林营志,等.福建省青枯雷尔氏菌脂肪酸多态性研究[J].中国农业科学,2007,40(8):1675-1687.

[3] 王道营,徐幸莲,徐为民.磷脂的提取与分析检测技术[J].粮油加工与食品机械,2005(7):51-54.

[4] 刘炎,韩增民.磷脂脂肪酸(PLFAs)图分析技术在微生物生态研究中的应用[J].专题研究,2009,8:146-147.

[5] 张建丽,张娟,宋飞,等.诺卡氏菌型放线菌细胞中脂肪酸的气相色谱分析[J].微生物学通报,2008,35(8):1219-1223.

[6] 朱育菁,苏明星,黄素芳,等.培养条件对青枯雷尔氏菌脂肪酸组成的影响[J].微生物学通报,2009,36(8):1158-1165.

[7] 史伟,李春秀,吴春燕.气相色谱定量分析脂肪酸的影响因素简析[J].合成润滑材料,2012,39(1):17-18.

[8] 崔庆新,王方.气相色谱-质谱联用法在食品分析中的应用——在食品营养成分分析中的应用.聊城大学学报(自然科学版),2009,22(2):25-29.

[9] 刘波,蓝江林,车建美,等.青枯雷尔氏菌脂肪酸型与致病性的关系[J].福中国农业科学,2009,42(2):511-522.

[10] 李莉莉,潘力,罗立新,等.深黄被孢霉和拉曼被孢霉多不饱和脂肪酸代谢的研究[J].食品工业科技,2007(12):104-107.

[11] 郑雪芳,刘波,蓝江林,等.无致病力青枯雷尔氏菌对烟草根系土壤微生物脂肪酸生态学特性的影响[J].生态学报,2012,32(14):4496-4504.

[12] 林营志,刘国红,刘波,等.香蕉枯萎病芽胞杆菌生防菌的筛选及其抑菌特性研究[J].福建农业学报,2011,26(6):1007-1015.

[13] 周晓见,陈毓道,缪莉,等.一株拮抗烟草青枯病菌的真菌的筛选与鉴定[J].生态环境学报,2011,20(10):1418-1423.

[14] 张玲,兰宏兵,云志.脂肪酸甲酯磺酸盐制备和分析方法的研究进展[J].日用化学工业,2010,40(3):210-213.

[15] 乔国平,王兴国,孙冀平,等.脂质分析进展[J].粮食与油脂,2002(4):39-41.

后　记

进入 21 世纪以来,随着高通量测序技术的蓬勃发展,生物种类的检测与分析进入了大数据集成分析的阶段,一些未知的有害生物在新技术的筛查下无所遁形,逐步被发现、被命名、被人类所熟知掌握。以全基因组测序技术为代表的现代生物技术推动了现代生命科学快速发展,理论上植物病原生物新种的鉴定和检测时间由原来的数以月计、年计将被无限压缩。由于篇幅所限,本书无法囊括所有种类的新技术,落叶知秋,从十种技术的原理和应用情况看,新技术存在着一些不足和共性问题。如 MALDI-TOF MS、DH-PLC、焦磷酸测序、传感检测技术对于尖端大型仪器的依赖程度较高,而恒温扩增、基因芯片的试剂成本较高,DNA 条形码与单克隆抗体技术则需要大量的前期数据库构建工作和抗体制备工作。瑕不掩瑜,在研究人员的共同努力下,这些新检测方法将不断完善和成熟,并最终实现标准化。未来,植物病原生物现代检测技术必将沿着检测的手段和方法多样化、检测速度越来越快、检测限越来越低、检测范围越来越广的方向快速发展。提高检测灵敏性、特异性,实现便携、快速、低成本、高通量、自动化的检测,将是今后相关研究的一个重要发展趋势。

21 世纪,农产品检测产业的发展面临重要变革,在现代生物技术已经得到美国、欧盟、日本等发达国家和地区高度重视并通过高投入实现快速发展的情况下,编者建议,我国应迅速采取相应措施,合理布局、重点推进,抓紧时间成立高技术人才组成的植物病原生物现代检测技术研发体系或联盟。可针对不同的专业领域和研究环节,同时组建不同研发团队,科学布局、平行推进,打造集开发、研制、应用、推广等环节为一体的"流水线",推出一批具有自主知识产权、集尖端仪器、试剂盒、技术服务为一体的集团型系列产品。这些成果在具备与国外同类产品相近的竞争力的同时,将填补国内技术空白,形成对我国农业生产可持续发展和生态环境保持稳定有序的重要支撑。

编　者

2015 年 8 月